사례로 배우는

정밀기계제작실습

라미네이터 편

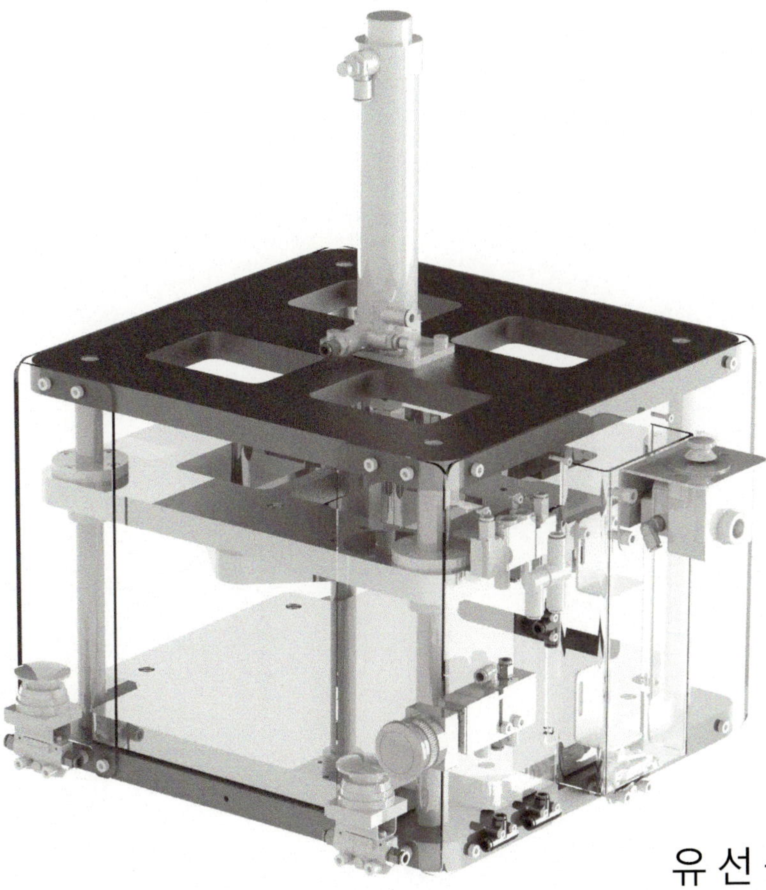

유선중

문운당

[머리말]

본 저서는 4년제 대학의 기계공학과 또는 전문대학의 기계공학과 상급반 학생을 대상으로 정밀기계 제작의 실습 수업을 위해 만들어진 교재이다. 교재의 내용은 전자부품의 대량생산에 실제 사용되고 있는 라미네이터라고 하는 정밀기계를 사례로 하여 전체 제작 단계 즉 '설계 → 가공 → 조립 → 성능측정 → 유지관리'를 통합적이고 유기적으로 실습해 볼 수 있도록 구성되어 있다.

교재를 이용하여 수업에 참여하는 교수와 학생을 위해서, 기계공학과의 일반적인 교과목과 비교하여 본 교재를 이용하는 교과목의 특징에 대해서 다음과 같이 조금 자세히 설명할 필요가 있을 것 같다.

애덤 스미스는 그의 탁월한 저서 국부론의 서두에서 분업을 자본주의 경제체제의 근본원리로 제시하고 있는데, 우리나라 대학 기계공학과의 현재 교육과정도 기본적으로는 동일한 원리에 바탕을 두고 구성되어 있다고 할 수 있다. 즉, 기계를 제작하기 위해 필요한 '설계 → 가공 → 조립 → 성능측정 → 유지관리' 등의 기술을 각각 분리된 교과목으로 구성한 후 각 분야의 전문성을 가지고 있는 교수가 필요한 내용을 학생에게 교육하는 방식이다. 교육과정에서 분업의 장점은 경제체제에서의 그것과 유사하다고 할 수 있는데, 애덤 스미스에 의하면 "숙련도의 향상, 시간의 절약 및 생산성의 향상"이 그것이다.

그러나 교육과정 구성에서 분업은 그 장점에도 불구하고 단점도 널리 알려져 있다. 산업체로부터 공통적으로 지적되고 있는 것은 대학 교육과정을 이수한 후 입사한 학생들의 실무능력이 만족스럽지 않아서 수년간의 추가적인 산업체 현장교육이 필요하다는 것이다. 이와 같은 교육과 실무 간 간극의 원인에 대해서 또 다시 애덤 스미스의 언급을 참조할 수 있을 것이다. 그는 국부론의 후반부에서 서두에서 긍정적으로 제시했던 분업의 문제점에 대해서 강하게 지적하고 있는데, "분업화된 작업에 시간을 바치는 사람은 이해력을 발휘하거나 창조력을 행사할 기회를 가질 수 없다"라고 하였다.

분업화된 교육과정의 한계는 통합적인 방식의 교과목을 일부 적용함으로써 보완될 수 있다. 기계공학과에서도 캡스톤디자인(capstone design)과 같은 프로젝트기반학습법 PBL(Project Based Learning) 및 문제중심학습법 PBL

(Problem Base Learning)을 적용한 교과목이 다양한 주제로 개발되어 적용되고 있다. PBL은 구성주의 학습이론에 기반한 학습자중심교육방법의 한 종류이다. 본 교재는 이와 같은 흐름의 연장선에서 또 다른 형태의 학습자중심교육방법인 사례기반학습법 CBL(Case Based Learning)을 적용하여 내용을 구성하였다. CBL은 구체적인 사례를 중심으로 이를 구성하고 있는 지식과 기술을 명료화하여 학습해 가는 방법이다.

교재에서는 사례로 전자부품 제조장비인 라미네이터의 전체 제작 단계(설계 → 가공 → 조립 → 성능측정 → 유지관리)를 다루고 있다. 교재에 수록되어 있는 각 단계의 내용은 기계공학과 교육과정의 선수과목과 연관되어 다루어지고 있다. 기계공학과의 일반적인 교과목에서 추상적이고 전형적인 공학 주제를 다루는 것과 비교하여, 본 교재에서는 라미네이터 장비와 관련된 구체적이고 개별적인 공학 주제를 다루고 있다. 라미네이터의 제작과 관련된 다양한 공학 주제를 다룸에 있어서는, 주제들이 개별로 분리된 대상을 다루는 것이 아니라 상호 유기적으로 연관된 사례에 대한 것임을 학생들이 이해할 수 있도록 교과목의 구성 및 내용을 배치하였다.

이상과 같은 교재의 특징을 반영하기 위해 내용은 Part I, II, III의 3개 장으로 구분 되어 있다. Part I은 라미네이터를 제작하는 데 필요한 실습으로 전체 내용이 구성되어 있다. 본 교재를 이용해서 수업을 진행하는 교수 및 수업에 참여하는 학생은 Part I 내용을 순서대로 따라 실습함으로써 라미네이터 제작도면으로부터 출발하여 실물 라미네이터를 완성해 내고 이를 대량생산에 적용해보는 경험까지 할 수 있을 것이다.

Part II는 정밀기계 제작의 이론에 대해서 다루고 있다. Part I의 실습을 진행하기 위해서는 Part II의 내용을 선행하여 이해할 필요가 있다. Part II는 대부분 대학의 기계공학과 교육과정의 1~2학년 과정에서 다루어지고 있는 주제로 구성되 있다. 본 교재를 이용하는 교수는 Part II의 모든 내용을 수업에서 다루기보다는 수업의 실정 및 참여 학생의 수준에 맞추어 필요한 부분을 선택적으로 이용할 것을 추천한다.

Part III는 라미네이터의 완전한 제작도면 및 소요부품명세서를 수록하고 있어 Part I 실습에 참조할 수 있도록 되어 있다.

'설계 → 가공 → 조립 → 성능측정 → 유지관리'라고 하는 정밀기계의 전체 제작 단계를 유기적으로 경험해 보는 것이 중요한 이유에 대해서는 본 저자의 산업체 현장 경험을 통해 예를 들고자 한다. 정밀기계를 제조하는 회사의 설계 부서에 배치되는 신입사원의 경우 설계 부서에서 바로 업무를 시작하는 경우보다는 배치 후 즉시 조립 부서에 파견되어 1년 정도를 조립원으로 근무한 후에 설계 부서로 복귀하여 설계 업무를 시작하는 경우가 많이 있었다. 이는 정밀기계의 제작에 있어 그 설계가 단순히 CAD소프트웨어를 이용한 그림 그리기가 아니라 가공, 조립, 성능측정, 유지관리라고 하는 설계 이후 단계에 대한 유기적인 이해와 경험을 필요로 하는 종합적인 작업이기 때문이다. 예를 들면 설계 단계에서 적절한 공차 선택이나 부품 간의 간섭 확인 등은 까다로운 문제로 여겨진다. 그런데 조립 작업을 경험해 본 설계자는 작업 중 자연스럽게 체득한 경험으로 이를 설계에 용이하게 반영할 수 있게 된다.

정밀기계 제작 단계들 간의 유기적인 관계는 정밀기계의 개발과 관련해서도 매우 중요한 역할을 한다. 반도체와 같은 첨단 제품의 대량생산은 핵심 장비에 의해서 좌우되는 경우가 많다. 2021년 발생했던 예로, 당시 전세계적으로 반도체의 공급 부족으로 인하여 이를 이용하는 스마트폰, 자동차 등의 생산도 연달아 문제가 발생하였다. 이는 반도체 제조에 필수적인 정밀 제조장비인 극자외선 노광기(EUV lithography equipment)를 전세계에서 ASML이라고 하는 한 개의 회사만이 제작할 수 있고 이 회사의 연간 장비 생산 대수가 40여대에 불과했기 때문이었다. 그런데 이와 같은 정밀기계의 개발은 우수한 설계 기술만으로 이루어지는 것이 절대 아니다. 극자외선 노광기를 이용해서 반도체를 대량생산하는 삼성전자나 TSMC와 같은 제조업체의 생산 경험이나 데이터는 ASML에서 최신 노광기를 설계하는데 필수적인 기술 정보가 된다. 예를 들면 노광기 내부에서 웨이퍼를 이송하는 모듈의 온도를 ±0.1℃ 수준으로 유지해야만 불량이 발생하지 않는다는 반도체 제조업체의 경험으로부터 노광기 제조사는 해당 모듈에 장착되는 히터의 구조를 재설계할 수 있는 것이다. 즉 정밀기계의 성능측정, 유지관리 단계는 설계 단계와 유기적으로 연결되어 있다.

'설계 → 가공 → 조립 → 성능측정 → 유지관리'라고 하는 정밀기계의 제작 단계는 기계공학과의 교육과정을 이수하고 졸업하는 학생들이 처음 선택하게 되는 기계공학 엔지니어로서의 직무 종류와도 거의 일치한다. 교재의 저자로서 희망하는 것은 학생들이 특정 직무의 전문가로 성장하면서도 정밀기계 제작의 전체 단계에 대한 유기적인 경험과 이해를 가지는 통합적인 능력의 엔지니어가 되었으면 하는 것이다.

본 교재의 완성은 저자가 속한 대학 기계공학과의 선후배 동료 교수의 따뜻한 이해로 가능하였다. 실습 부품, 실습 도구 및 실습실의 활용에 있어서 전폭적인 배려와 조언을 주신 것에 대해서 지면을 통해서 감사의 마음을 전한다. 교재에서 사례로 사용하고 있는 라미네이터는 케이엠티플러스 지용남 대표의 실무적인 조언과 작업이 있었기에 제작이 가능하였다. 진심으로 감사드린다.

2021년 11월

동양미래대학교 기계공학과
유선중 교수

[인용에 관한 감사의 글]

(1) 본 교재의 내용에는 한국표준협회에서 출판한 KS규격의 그림 및 표가 인용되어 있습니다. 인용을 허락해 주신 한국표준협회에 감사의 말씀을 드립니다.

(2) 본 교재의 내용에는 한국미쓰도요 제품 카탈로그의 그림 및 표가 인용되어 있습니다. 인용을 허락해 주신 한국미쓰도요에 감사의 말씀을 드립니다.

(3) 본 교재의 내용에는 한국미스미 제품 카탈로그의 그림 및 표가 인용되어 있습니다. 인용을 허락해 주신 한국미스미에 감사의 말씀을 드립니다.

(4) 본 교재의 내용에는 삼익THK 제품 카탈로그의 그림 및 표가 인용되어 있습니다. 인용을 허락해 주신 삼익THK에 감사의 말씀을 드립니다.

(5) 본 교재의 내용에는 한국SMC 제품 카탈로그의 그림이 인용되어 있습니다. 인용을 허락해 주신 한국SMC에 감사의 말씀을 드립니다.

(6) 본 교재의 내용에는 한국후지필름/후지이미지테크 제품 카탈로그의 그림이 인용되어 있습니다. 인용을 허락해 주신 한국후지필름/후지이미지테크에 감사의 말씀을 드립니다.

(7) 본 교재의 내용에는 연우뉴메틱 제품 카탈로그의 그림이 인용되어 있습니다. 인용을 허락해 주신 연우뉴메틱에 감사의 말씀을 드립니다.

본 교재의 내용 중 인용한 그림 및 표에는 출처를 명기해 두었습니다.

[목 차]

Part I 라미네이터 제작 실습

[목 차]

Part Ⅱ 정밀기계 제작 이론

[목 차]

Part Ⅲ 라미네이터 제작도면

라미네이터 제작 실습

PART I

Part I은 라미네이터를 제작하는 데 필요한 실습으로 전체 내용이 구성되어 있다. 본 교재를 이용해서 수업을 진행하는 교수 및 수업에 참여하는 학생은 Part I 내용을 순서대로 따라 실습함으로써 라미네이터 제작도면으로부터 출발하여 실물 라미네이터를 완성해 내고 이를 대량생산에 적용해보는 경험까지 할 수 있을 것이다.

라미네이터의 제작은 '설계 → 가공 → 조립 → 성능측정 → 유지관리' 단계를 거쳐 이루어진다. 교재에서는 각 단계를 Part I의 1장~8장의 내용으로 구분하여 필요한 실습 내용을 설명하고 있다. 1장~3장은 설계 단계의 내용으로 구성되어 있으며, 라미네이터 제작도면을 이해하는 데 필요한 도면해독이 주요한 실습 내용이다. 가공 단계를 내용으로 하는 4장은 가공된 부품의 실제 치수를 측정해 보고 이를 부품도와 비교해 보는 실습으로 구성되어 있다. 5장, 6장은 조립 단계이며 조립도를 이용해서 부품을 하나하나 조립하여 라미네이터를 완성하는 실습을 진행하게 된다. 7장, 8장은 각각 성능측정 및 유지관리 단계이며 완성된 라미네이터의 성능을 측정하는 실습을 진행한다. 또한, 측정 결과를 대량생산 관점에서 이해하는데 필요한 데이터 분석 실습도 내용에 포함되어 있다.

Part I의 각 장 끝에는 연습문제를 수록해 두었으며 실습 내용을 바탕으로 하여 해결할 수 있는 질문이 제시되어 있다. 실습 내용에 대한 평가 및 학습에도 연습문제를 이용할 수 있을 것이다.

Part I의 실습을 위해 필요한 정밀기계 제작의 이론적인 내용은 Part II에 수록되어 있다. 실습을 진행하는 교수는 학생의 수준을 감안하여 Part II 내용 중 필요한 부분을 선택적으로 수업 내용에 포함할 수 있을 것이다. 이를 위해 Part I 각 장의 앞부분에는 실습에 필요한 Part II의 연관 내용이 표시되어 있다.

Part I 본문에는 실습에 필요한 간략화된 제작도면이 수록되어 있다. 이와 별도로 라미네이터의 완전한 제작도면은 Part III에 제시되어 있는데, Part I 실습 시 필요한 경우 참조하면 될 것이다.

Chapter 1

라미네이터 개요

평판디스플레이[flat panel display], 태양전지[solar cell], 패키지기판[package substrate], 적층세라믹콘덴서[MLCC, multilayer ceramic capacitor] 등의 전자부품은 필름 형태의 두께가 얇은 소재 즉 박막을 여러 종류 적층하여 제작된다. 이와 같은 제조 과정을 보통 박막적층[thin film lamination]이라고 한다.

예를 들면 그림 1.1은 스마트폰 등에서 널리 사용되는 터치스크린의 간략화된 구조이다. 터치스크린은 빛을 만들어 내는 디스플레이 모듈 위에 빛의 통과를 선택적으로 제어하는 ITO[indium tin oxide] 필름 그리고 터치스크린을 보호하는 커버글래스[cover glass]라는 2가지 종류의 박막을 적층한 구조로 되어 있다. 박막을 접착하기 위해서는 OCA[optical clear adhesive]라고 하는 투명 재질의 필름 형태 접착제가 사용된다.

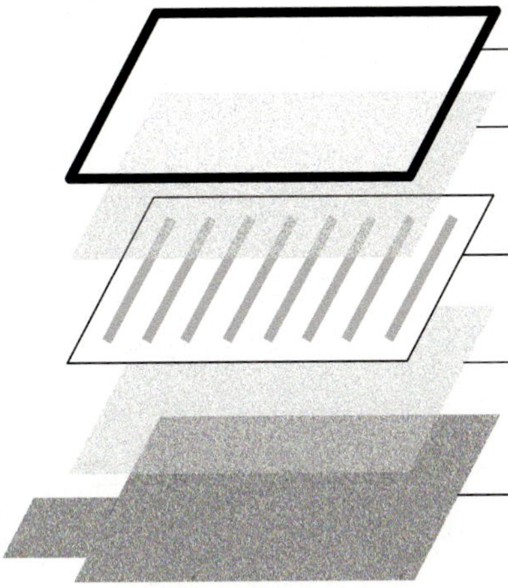

그림 1.1 터치스크린의 박막적층 구조

라미네이터[laminator]는 박막적층 공정에 사용되어 전자부품을 대량생산하기 위해 사용되는 정밀기계인데, 이런 정밀기계를 보통 제조장비[manufacturing machine]라고 부른다.

라미네이터의 기본 구조는 서로 맞닿도록 동작하는 상하 2개의 평판으로 구성되어 있다. 평판 사이에는 전자부품의 재료가 되는 글래스, 필름, 접착제 등 여러 종류의 박막 소재가 삽입된다. 평판의 상하 동작에 의해서 박막 소재에는 압력이 인가되며 이에 의해 상호 간 접착이 이루어지게 되어 있다. 전자부품의 대량생산 시 박막적층 공정에 실제 사용되는 라미네이터는 복잡한 구조의 장비로서 박막의 가압 구조 외에도 가열 및 진공 형성 구조가 필요할 뿐만 아니라 복잡한 자동화 기구도 필수적이다. 따라서 라미네이터 구성 전체를 대학 수업을 목적으로 하는 본 교재에서 다루는 것은 현실적으로 적합하지 않다.

이러한 점을 고려하여 본 교재는 수업에 적합한 단순화된 구조의 라미네이터를 실습에 이용하기로 한다. 이하 내용에서는 장비의 핵심 기능인 가압 구조만으로 이루어진 단순화된 라미네이터를 대상으로 설명을 진행한다. 라미네이터는 7가지 종류의 주요 기구 부품과 공압실린더를 포함하는 몇 종의 구동 부품만으로 구성되어 있다. 이와 같은 단순한 구성에도 불구하고 압력의 인가라는 장비의 핵심 기능은 충분히 구현하고 있어 제조장비의 '설계 → 가공 → 조립 → 성능측정 → 유지관리' 단계의 실습을 충분히 할 수 있도록 되어 있다.

1.1 라미네이터 구조 및 성능

그림 1.2는 입체도로 표현한 라미네이터의 구조이다. 라미네이터의 기본 구조는 BTM STAGE 및 TOP PRESS PLATE라고 명명된 상하 2개의 평판으로 구성되어 있다. BTM STAGE는 고정되어 있는 평판이며 TOP PRESS PLATE는 상하 방향으로 움직일 수 있게 되어 있는 평판이다.

그림에서 BTM STAGE의 상면에는 적층하고자 하는 박막이 놓여 있는데 2장의 박막을 접착하기 위한 모습을 보여주고 있다. 또한, 박막 사이에는 접착제 역할을 하는 필름이 별도로 삽입되어 있다. 접촉 작용이 이루어지기 위해서는 박막을 수직 방향으로 눌러주는 작용 즉 압력이 인가되어야 한다.

압력의 인가는 TOP PRESS PLATE를 아래 방향을 하강시켜 BTM STAGE 상면에 놓여 있는 박막과 물리적으로 접촉하도록 함으로써 이루어진다. TOP PRESS PLATE의 하강은 압축공기로 동작하는 공압실린더의 미는 힘 즉 추력에 의해 이루어진다.

공압실린더와 연결된 TOP PRESS PLATE가 하강하여 박막의 상면에 접촉하게 되면 압력이 발생하게 되며, 이 압력에 의해 접착제의 접착 작용이 활성화되어 박막은 서로 접착된다. 이때 접착의 강도는 인가되는 압력의 크기와 직접적인 관계가 있는 것으로 알려져 있다.

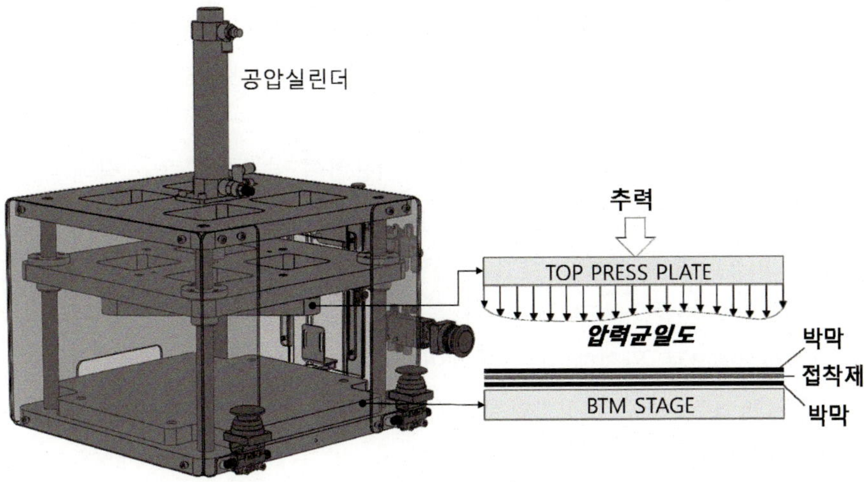

그림 1.2 라미네이터 구조

그런데 박막에 인가되는 압력은 박막의 위치별로 완전히 똑같은 크기가 될 수 없다. 이를 나타내기 위해 그림에서 화살표로 표시된 압력의 크기가 위치에 따라 다르게 표현되어 있다. 위치별로 압력 분포가 균일하지 못한 경우에 박막의 접착 강도 역시 균일하지 못하게 될 것이다. 따라서 라미네이터의 성능으로서 압력의 위치별 균일한 정도가 중요하게 되는데 이를 '압력균일도[pressure uniformity]'라고 한다. 따라서 전자부품을 생산하는 제조장비로서 라미네이터의 성능은 압력균일도로 평가될 수 있다.

그림 1.2에서 라미네이터는 2개의 평판 외에도 여러 가지 종류의 부품으로 구성되어 있다. 이러한 일체의 구조는 결과적으로 압력균일도를 박막적층 공정에서 필요한 수준으로 만들어 내기 위해 신중하게 고려된 결과라고 할 수 있다.

1.2 라미네이터 제작 단계

라미네이터와 같은 정밀기계의 제작은 전형적으로 '설계 → 가공 → 조립 → 성능측정 → 유지관리'라고 하는 단계로 이루어진다.

그림 1.3 라미네이터의 제작 단계

설계는 성능을 구현하는 데 필요한 구조를 고안해 내고 이에 필요한 부품의 형상을 결정하는 단계이다. 이 단계는 또한 각 부품의 역할을 고려하여 필요한 치수를 공차를 고려하여 결정하는 것을 포함한다. 설계 단계에서 고려된 내용은 조립도와 부품도로 구성되는 제작도면으로 최종 완성된다.

가공은 부품도를 기준으로 적절한 가공기를 이용하여 실물 부품을 제작해 내는 단계이다. 이 단계는 또한 제작된 부품의 형상 및 치수가 부품도에 맞게 되었는지를 다양한 측정기를 이용하여 측정하는 작업을 포함한다.

조립은 조립도를 기준으로 제작된 부품을 순서대로 체결하거나 끼워맞추어 작동이 가능한 기계시스템으로 완성해 내는 단계이다.

성능측정은 조립이 완료된 정밀기계를 구동하여 정상적으로 작동하는지 확인하고 주요 성능을 측정해 보는 단계이다.

유지관리는 기계가 대량생산에서 사용될 경우에 제품 생산에 필요한 능력을 계속적으로 발휘하고 있는지를 주기적으로 측정하고 필요할 경우 수리, 세정, 교체 및 업그레이드 등의 작업을 하는 단계이다.

이상과 같이 각 단계를 구분하여 설명하였으나 실제로는 단계들은 상호 유기적으로 연결되어 정밀기계의 전체 제작 과정을 이루게 된다. 예를 들면 설계 단계에서 고려되는 부품의 치수는 가공 단계에서 사용 가능한 가공기의 종류와 가공 비용에 의해서 제약을 받게 된다. 그리고 설계 단계에서 고안된 부품 형상은 조립 단계의 조립성을 고려하여 도면에 반영되어야 한다. 또 다른 예로는 유지관리 단계를 통해 파악된 연속가동 시 기계 성능상의 문제점은 설계 단계로 다시 반영되어 성능이 업그레이드 된 기계를 개발해 낼 수 있는 중요한 정보가 되기도 한다.

본 교재의 'Part I 라미네이터 제작 실습'은 이상 설명한 라미네이터의 제작 단계 순서로 내용의 구성이 이루어져 있다.

Chapter 2

라미네이터 설계 – 기구부

라미네이터의 구조는 기구부와 구동부[공압부]로 구분할 수 있다. 2장에서는 먼저 라미네이터 기구부에 대한 설계 실습을 진행한다. 실습 내용은 라미네이터의 제작도면을 구성하는 조립도와 부품도에 대한 도면해독으로 이루어지는데, 라미네이터의 성능을 구현하기 위해서 도면에 반영되어 있는 기구부 구조 및 중요 치수에 대한 공차를 이해하는 것이 실습의 목표가 된다.

2-1, 2-2절에서는 우선 조립도와 부품도의 계층 구조로 이루어진 라미네이터 제작도면의 구성에 관해서 설명한다. 또한 각각의 조립도에 대해서 이를 구성하고 있는 주요 부품과 그 역할에 관해서도 설명한다. 다음으로 2-3 ~ 2-7절에서는 라미네이터의 성능 구현을 위해 도면에 반영되어 있는 핵심 치수 및 그 공차의 근거 및 원리에 대해서 상세히 해석해 본다. 마지막으로 2-8절에서는 2장의 내용이 종합적으로 반영되어 있는 라미네이터의 부품도를 검도해 보도록 한다.

본 장에서 제시된 도면은 'Part III 라미네이터 제작도면'에 수록된 도면 중 일부를 발췌하여 설명의 편의를 위해 편집된 것이다. 완전한 도면이 필요한 경우 Part III의 해당 도면을 참조하면 될 것이다.

2장의 학습을 위해서는 'Part II 정밀기계 제작 이론' 중 'A 설계 – 기구부' 내용에 대한 이해가 선행되어야 한다. 2장 각 절의 서두에는 관련된 Part II의 항목 번호를 기재해 두었으니 필요한 경우 해당 내용을 먼저 학습할 것을 추천한다.

2.1 제작도면 구성

라미네이터를 제작하는 데 필요한 부품은 사내 가공 또는 외주 가공을 통해서 제작되는 가공품과, 특정 기능의 부품을 전문적으로 제작해서 판매하는 업체로부터 구입하는 구매품으로 구분된다. 가공품의 제작은 제작도면을 기준으로 이루어지며 구매품의 확보는 제품 카탈로그로부터 적절한 부품을 검토 및 선정함으로써 이루어진다. 본 장에서는 가공품 제작도면의 구성에 관해서 설명한다.

라미네이터의 제작도면은 개별 부품 제작에 필요한 부품도 11장과 부품의 상호 조립에 필요한 조립도 6장 등 총 17장의 도면으로 이루어져 있다. 모든 제작도면은 'Part III. 라미네이터 제작도면'에 별도로 수록해 두었다.

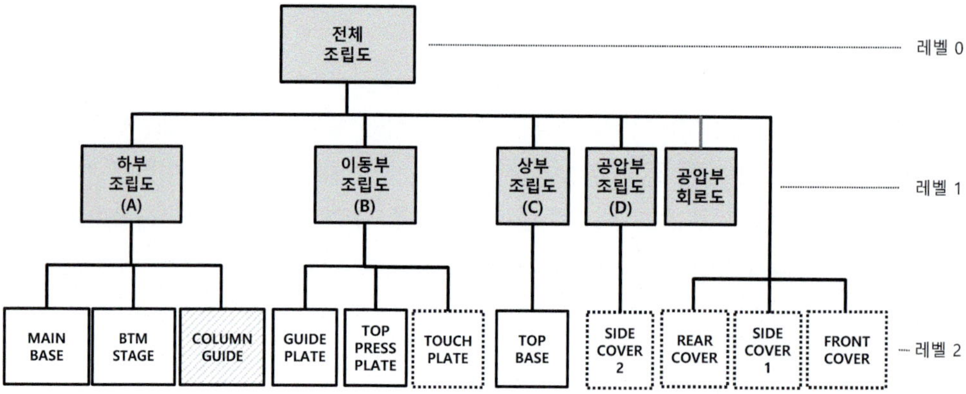

그림 2.1 라미네이터 제작도면의 구성

그림 2.1은 라미네이터의 제작도면 구성도이다. 제작도면은 3개 레벨로 구분되어 있으며 조립에 필요한 도면 상호 간의 관계를 나타내고 있다. 최상위층인 레벨 0는 전체조립도이다. 그 아래인 레벨 1은 전체조립도의 구성요소인 하부조립도, 이동부조립도, 상부조립도, 공압부조립도, 공압회로도의 소조립도로 이루어져 있다.

가장 아래층인 레벨2는 소조립도를 구성하는 요소인 부품도이다. 부품은 사내 가공 또는 외주 가공으로 제작이 된다. 사내에서 직접 가공하여 부품을 제작하는 것이 일반적이나 사내에 부품 가공에 필요한 적절한 가공기가 없거나 또는 비용 상의 이유로 외부 업체에 가공을 의뢰하여 부품을 제작하기도 한다. 라미네이터의 경우 기계의 구조를 형성하는 MAIN BASE, BTM STAGE, GUIDE PLATE, TOP PRESS PLATE, TOP BASE는 사내 가공품이며 커버류에 해당하는 TOUCH PLATE, SIDE COVER 1, SIDE COVER 2, FRONT COVER, REAR COVER는 외주 가공품으로 생각할 수 있다. COLUMN GUIDE는 직선 운동 가이드로서의 특수 기능을 만족하기 위해서 구매품을 이용하였으나 중요 부품이므로 제작도면 구성에 포함 시켰다.

2.2 조립도

그림 2.2는 라미네이터의 조립에 필요한 전체조립도 및 소조립도의 관계를 나타낸 것이다. 라미네이터는 비교적 간단한 구성의 기계시스템이나 전체조립도만으로는 조립에 필요한 부품간의 결합 관계를 완전하게 표현할 수 없다. 따라서 전체조립도는 다시 4개의 소조립 단위로 표현되어 있는데 각각에는 Ⓐ, Ⓑ, Ⓒ, Ⓓ의 기호가 부여되어 있다. 각 단위는 하부조립도, 이동부조립도, 상부조립도, 공압부조립도에 해당한다.

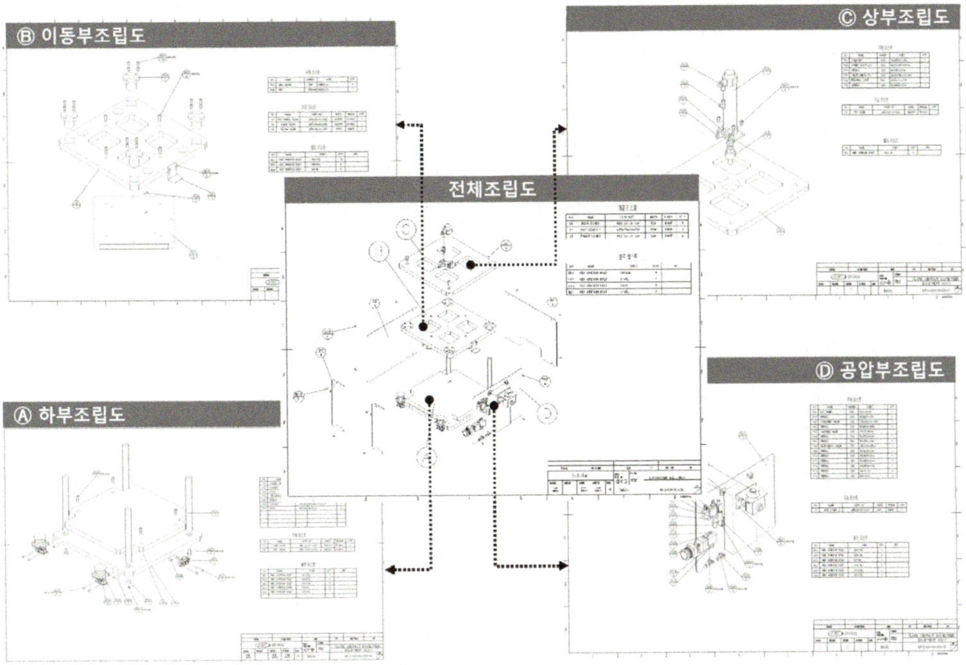

그림 2.2 라미네이터 조립도

각 조립도에는 입체도로 형상이 표현되어 있으며 사용된 부품에는 각각 고유한 기호가 부여되어 있다. 형상과는 별도로 소요부품명세서가 표[리스트]의 형태로 조립도에 기입되 있다. 소요부품명세서는 흔히 BOM[bill of material]이라고도 불린다. 조립도의 소요부품명세서는 부품의 종류별로 가공리스트, 구매리스트, 볼트리스트로 구분되어 있다. 가공리스트에는 사내에서 직접 가공하여 제작해야 하는 부품이 나열되어 있는데 라미네이터의 구조를 형성하고 동작을 구현하는 데 사용되는 부품이 다수이다. 구매리스트에는 외부의 전문 업체에서 구매하여 조립에 이용되는 부품이 표시되어 있는데 라미네이터의 구동에 필요한 공압부품이 대부분을 이루고 있다. 볼트리스트는 부품의 체결에 사용되는 볼트를 정리해 둔 표이다.

[1] 전체조립도

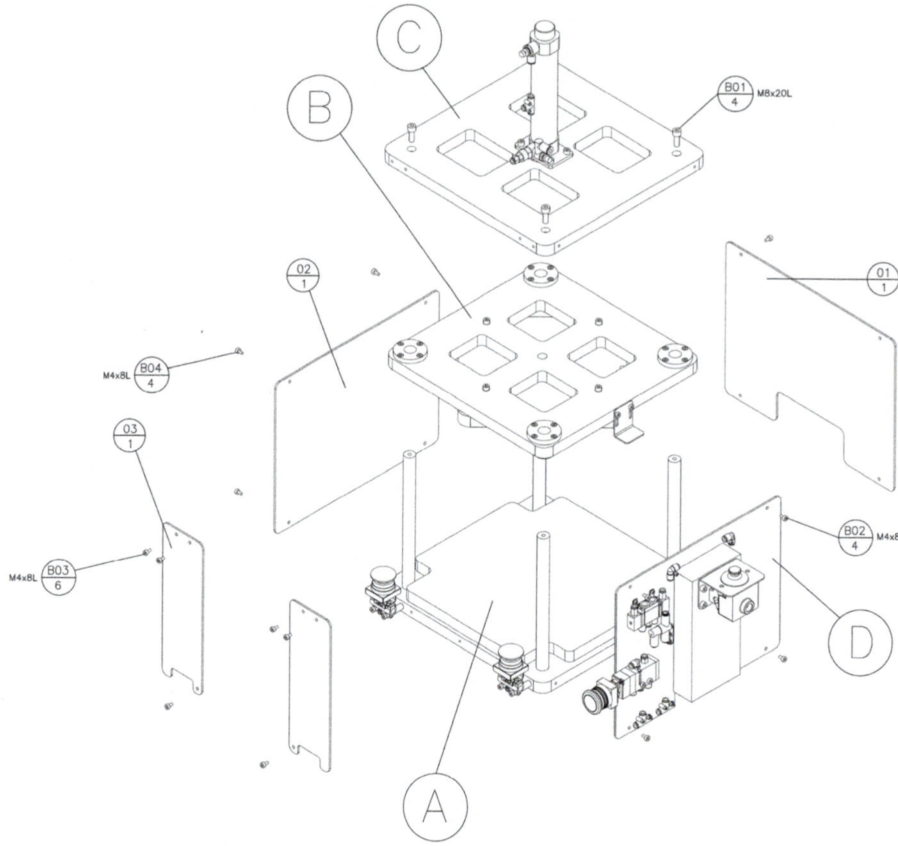

그림 2.3 전체조립도

전체조립도는 4개의 소조립 모듈과 3개의 부품의 결합 관계를 표현한 도면이다. 소조립 모듈은 Ⓐ 하부, Ⓑ 이동부, Ⓒ 상부, Ⓓ 공압부인데 각각 영어 대문자로 기호가 표시되어 있다. 01, 02, 03으로 기호가 부여된 것은 소조립 모듈 외에 조립에 필요한 부품들로서 각각 REAR COVER, SIDE COVER 1, FRONT COVER이다. 이 부품들은 라미네이터의 기능과는 관련이 없으나 외관 또는 안전상 필요한 커버류에 해당한다.

B01~B04는 소조립 모듈과 부품을 결합하여 체결하기 위한 볼트에 부여된 기호이다. 부품 기호의 아래쪽에 있는 숫자는 조립에 사용되는 각 부품의 개수이다. 기호에서 B는 해당 부품이 볼트임을 의미한다.

[2] 하부조립도

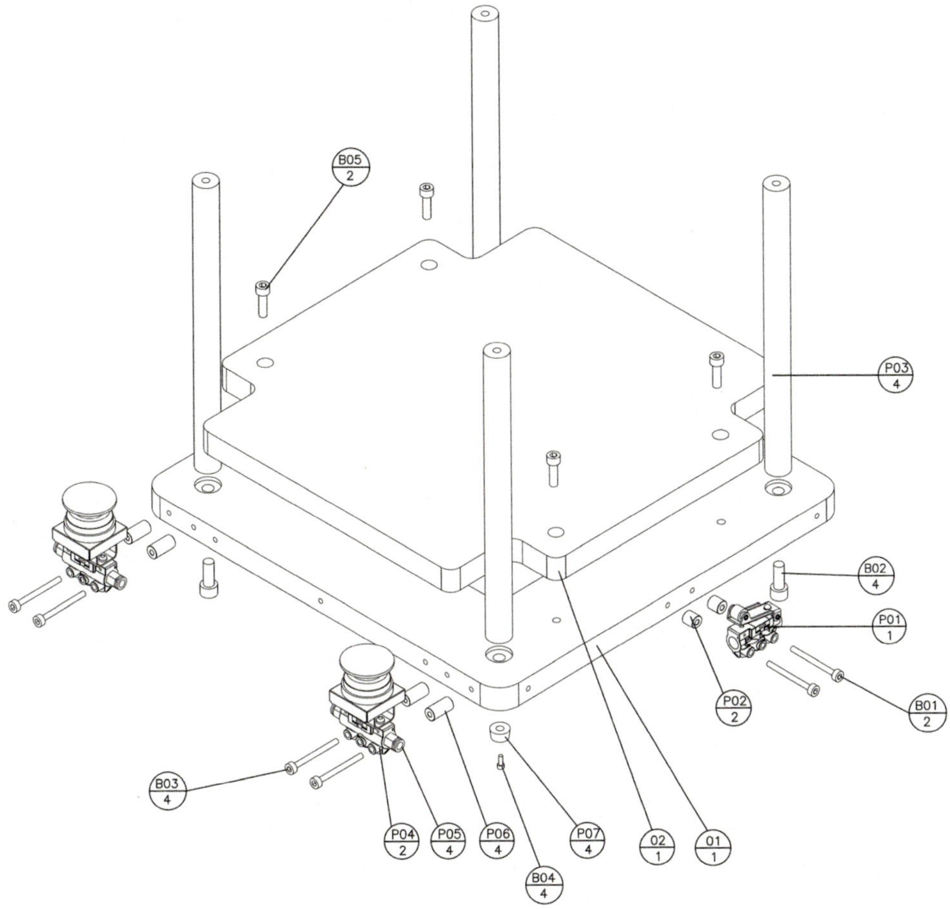

그림 2.4 하부조립도

하부조립도는 라미네이터의 하부를 이루는 3개의 주요한 부품 간의 결합 관계를 나타내고 있다. 01 MAIN BASE는 기계의 베이스에 해당한다. MAIN BASE 바로 위에 결합 되는 02 BTM STAGE는 라미네이터의 가압 동작 시 제품의 하면과 직접 접촉하는 역할을 하는 부품이다. MAIN BASE 상면에 가공된 4개의 구멍에는 P03 COLUMN GUIDE가 조립된다. COLUMN GUIDE는 가압 동작을 하는 이동부모듈의 상하 직선 운동의 가이드 역할을 하는 부품이다. P07은 라미네이터와 설치면 사이에서 방진 역할을 하는 고무 재질의 패드이다. P04 푸쉬버튼밸브 및 P01 롤러레버밸브는 라미네이터의 구동에 필요한 공압부품으로서 MAIN BASE에 조립된다. 기호에서 P는 해당 부품이 구매품임을 의미한다.

[3] 이동부조립도

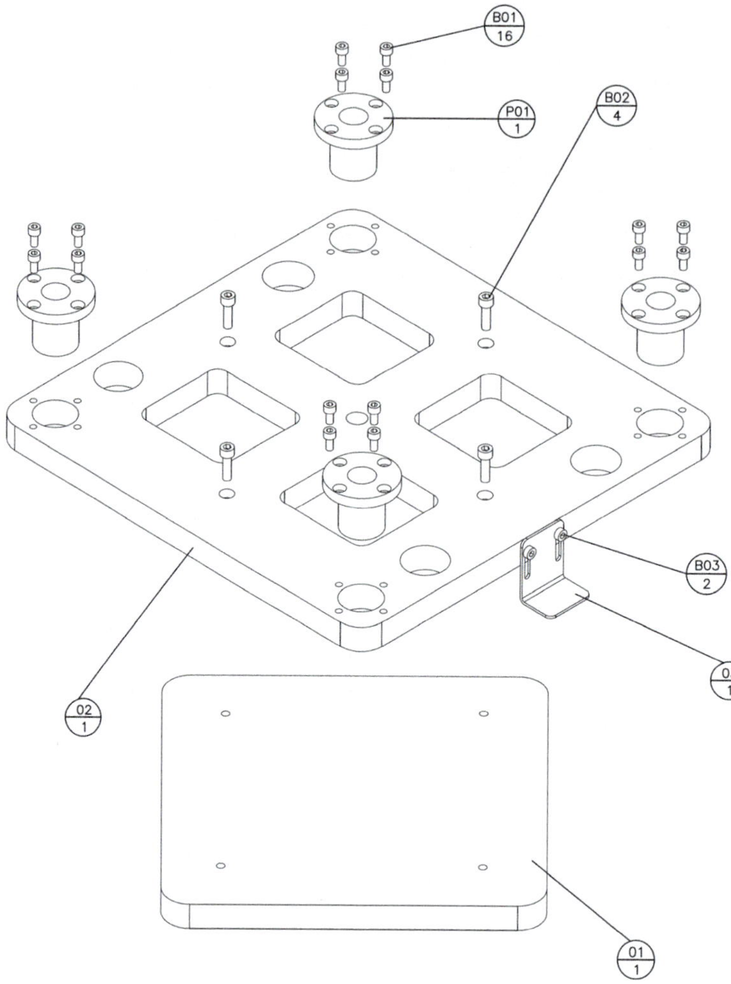

그림 2.5 이동부조립도

02 GUIDE PLATE는 공압실린더와 체결되어 상하로 움직이는 역할을 하는 부품이다. GUIDE PLATE의 아래쪽에는 01 TOP PRESS PLATE가 조립되는데 제품과 직접 접촉하여 가압하는 역할을 한다. P01은 구매품으로서 LINEAR BUSH 또는 BALL BUSH라고 한다. LINEAR BUSH는 일직선으로 상대운동을 하는 두 부품 간에 마찰력을 최소화하면서 접촉력을 지지하는 용도로 사용되는 베어링류의 부품이다. LINEAR BUSH의 외경은 GUIDE PLATE에 가공된 관통구멍에 맞추어 체결되며 LINEAR BUSH의 내경에는 COLUMN GUIDE가 삽입되어 이동부가 상하 운동을 할 수 있게 되어 있다. 03 TOUCH PLATE는 롤러레버밸브를 동작시키는 역할을 하는 부품이다.

[4] 상부조립도

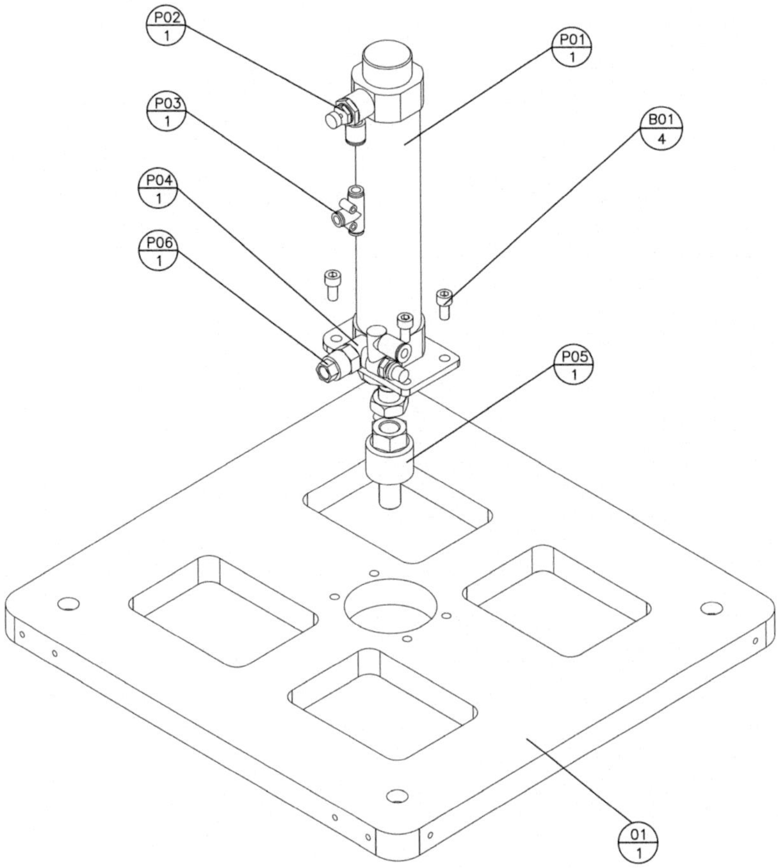

그림 2.6 **상부조립도**

01 TOP BASE는 아래쪽으로 4개의 COLUMN GIUIDE와 체결되어 라미네이터 상부의 수평 구조를 형성하는 부품이다.

P01 공압실린더는 라미네이터의 구동기로서 P05 플로팅조인트를 이용하여 이동부의 GUIDE PLATE와 체결되어 상하 방향의 가압 운동을 구현한다. P02 유량조절밸브는 실린더의 동작 속도를 조절하는 역할을 하며, P04 파일럿체크밸브는 공압 차단 시 이동부의 자중에 의한 공압실린더 하강을 방지하는 안전 부품의 역할을 한다.

[5] 공압부조립도

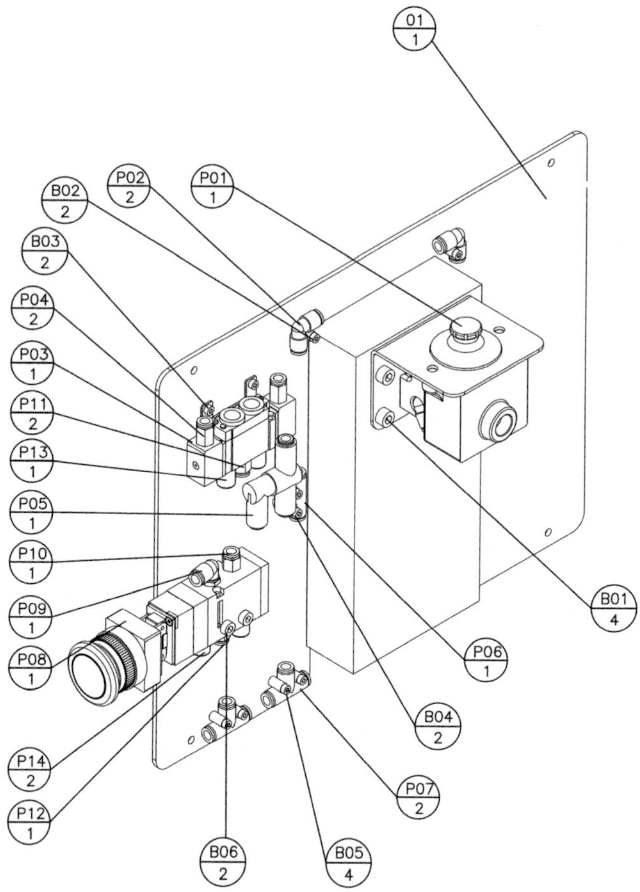

그림 2.7 **공압부조립도**

라미네이터 구동에 필요한 공압부품이 부착되는 01 SIDE COVER 2는 MAIN BASE 및 TOP BASE에 조립된다.

P08 비상정지밸브는 라미네이터 사용 중 이상 발생 시 동작을 정지시키기 위한 안전 부품이다. P03 오퍼레이트밸브는 공압실린더의 상승 하강을 제어하는 역할을 한다. P01 타임딜레이밸브는 라미네이터 상승 하강 동작 사이에 시간 지연을 만들기 위한 공압부품이다. P05는 셔틀밸브로서 비상정지밸브와 롤러레버밸브의 동작을 OR 논리로 연결하기 위한 공압부품이다.

2.3 [도면해독] 평면도, 평행도, 직각도, 구멍깊이

Part Ⅱ 정밀기계 제작 이론 – 연관 내용	
A–1	보통공차
A–3	기하공차

라미네이터는 필름 형태의 박막 제품을 전체 면적에서 균일하게 가압할 수 있어야 한다. 이를 위해서는 제품과 접촉하여 압력을 인가하는 두 개의 마주 보는 평판인 BTM STAGE와 TOP PRESS PLATE가 평행을 이루어 접촉할 수 있도록 기계의 구조를 설계해야 한다. 본 장에서는 이를 위해서 라미네이터의 제작도면에 부여되어야 할 주요 치수 및 공차 조건에 대해서 알아보도록 한다.

[1] 하부 및 상부 가공품

그림 2.8은 이동부를 제외한 라미네이터의 하부 및 상부 구조를 도시한 것이다.

이동부의 TOP PRESS PLATE는 GUIDE PLATE와 결합 되어 COLUMN GUIDE를 따라 수직 방향으로 이동한다. 따라서 BTM STAGE와 TOP PRESS PLATE가 평행을 이루어 접촉하기 위해서는 그림 2.8에서 BTM STAGE와 COLUMN GUIDE가 직각을 이루어 조립되어야 할 것이다. TOP PRESS PLATE와 접촉하는 것은 BTM

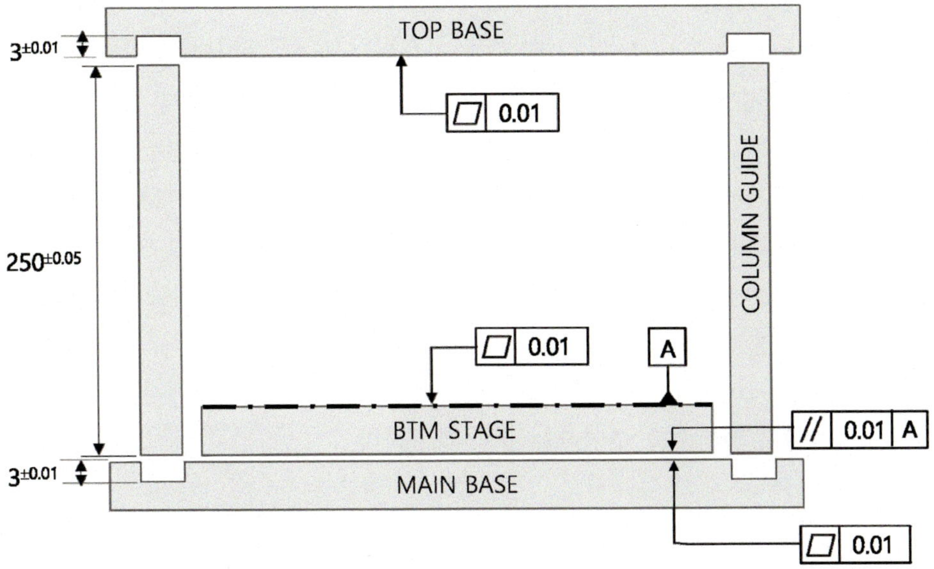

그림 2.8 라미네이터 하부 및 상부 가공품의 평면도, 평행도, 구멍깊이

STAGE의 상면이므로 이를 기준면[일점쇄선]으로 하여 부품이 조립되는 순서를 따라 가면서 필요한 설계 조건을 따져 보도록 한다.

BTM STAGE 상면의 평면도

기준면의 역할 및 제품과 접촉하는 면임을 고려하여 평면도를 적절하게 규제할 필요가 있다. 일반적인 밀링가공으로 얻을 수 있는 평면도는 0.1mm 수준이다. 추가적인 연마가공으로 평면도를 0.01mm 수준까지 향상시킬 수 있다. 이를 고려하여 평면도를 0.01mm로 부여한다.

↓

BTM STAGE 하면의 평행도

BTM STAGE 하면은 MAIN BASE 상면과 접촉하고 MAIN BASE에 COLUMN GUIDE가 조립되는 구조이다. 따라서 BTM STAGE 하면은 BTM STAGE 상면[데이텀 A]을 기준으로 서로 평행해야 한다. 일반적인 밀링가공으로 얻을 수 있는 평행도는 0.1mm 수준이다. 평행도를 향상시키기 위해서는 추가적인 연마가공이 필요하며 0.01mm 수준까지 도달가능하다. 이를 고려하여 0.01mm로 평행도를 부여한다.

↓

MAIN BASE 상면의 평면도

평행도가 규제된 BTM STAGE 하면과 접촉하는 MAIN BASE 상면에는 평면도 규제가 필요하다. 기준면인 BTM STAGE 상면의 평행도 수준인 0.01mm로 규제한다.

↓

MAIN BASE 구멍깊이

BTM STAGE와 COLUMN GUIDE가 직각을 이루어 조립되기 위해서는 BTM STAGE 상면 기준으로 4개의 COLUMN GUIDE 상면까지 거리가 동일해야 한다. 4개의 거리가 서로 차이가 날 경우 COLUMN GUIDE 위에 TOP BASE를 조립하게 되면 TOP BASE가 기울어져 조립될 수도 있을 것이다. 따라서 BTM STAGE 상면 기준으로 COLUMN GUIDE 상면까지 거리에 영향을 미치는 MAIN BASE 구멍깊이에 적절한 허용한계치수를 규제하는 것이 필요하다. 구멍깊이에 중간급 보통공차를 부여하게 되면 깊이 3mm에 대한 허용한계치수는 ±0.1mm로서 이미 규제된 평면도 및 평행도 수준 0.01mm와 많은 차이가 있다. 따라서 구멍깊이에 대해서는 ±0.01mm로 별도의 허용한계치수를 부여하는 것이 적절하다.

↓

COLUMN GUIDE 길이

BTM STAGE 상면 기준으로 4개의 COLUMN GUIDE 상면까지 거리가 동일하기 위해서는 4개의 COLUMN GUIDE 길이 역시 동일해야 할 것이다. COLUMN GUIDE 길이에 대해서 중간급 보통공차를 부여하게 되면 길이 250mm에 대한 허용한계치수는 ±0.5mm이다. 이는 MAIN BASE 구멍깊이에 대한 허용한계치수 ±0.01mm와 비교하여 매우 큰 값이다. 따라서 별도의 허용한계치수를 부여할 필요가 있다. 한편 COLUMN GUIDE는 직선 이송의 가이드 역할을 하는 부품으로 LINEAR BUSH의 볼과 반복적으로 접촉하는 부품이다. 따라서 COLUMN GUIDE의 표면은 경도를 향상시키기 위한 별도 처리가 필요하게 된다. 표면처리와 같은 특수 가공은 사내에서 용이하게 이루어지기 어려우므로 전문 업체의 구매품을 활용하는 것이 일반적이다. 이와 같은 제품은 리니어샤프트라고 하는 명칭으로 판매되고 있다. COLUMN GUIDE는 리니어샤프트의 제품 카탈로그로부터 허용한계치수가 ±0.05mm인 부품을 선정하여 적용하기로 한다.[그림 2.26 ②]

↓

TOP BASE 구멍깊이

TOP BASE 하면에 가공되는 4개의 구멍에는 COLUMN GUIDE가 조립된다. 따라서 MAIN BASE 구멍과 동일한 이유로 깊이 3mm에 대해 ±0.01mm로 허용한계치수를 부여 한다.

↓

TOP BASE 하면 평면도

TOP BASE의 4개의 구멍의 깊이는 TOP BASE 하면을 기준으로 가공된다. 따라서 TOP BASE 하면의 평면도를 규제할 필요가 있다. 이미 규제된 평면도 및 평행도 수준과 동일한 0.01mm로 평면도를 규제한다.

[2] 이동부 가공품

그림 2.9는 라미네이터의 이동부 구조를 도시한 것이다. 이동부는 TOP PRESS PLATE, GUIDE PLATE, LINEAR BUSH를 이용해 조립된다. BTM STAGE와 TOP PRESS PLATE가 평행을 이루어 접촉하기 위해서는 이동부는 COLUMN GUIDE와 수직을 이루어 조립되어야 한다. BTM STAGE와 접촉하는 TOP PRESS PLATE의 하면을 기준면[일점쇄선]으로 하여 부품이 조립되는 순서를 따라가면서 필요한 설계 조건을 따져 보도록 한다.

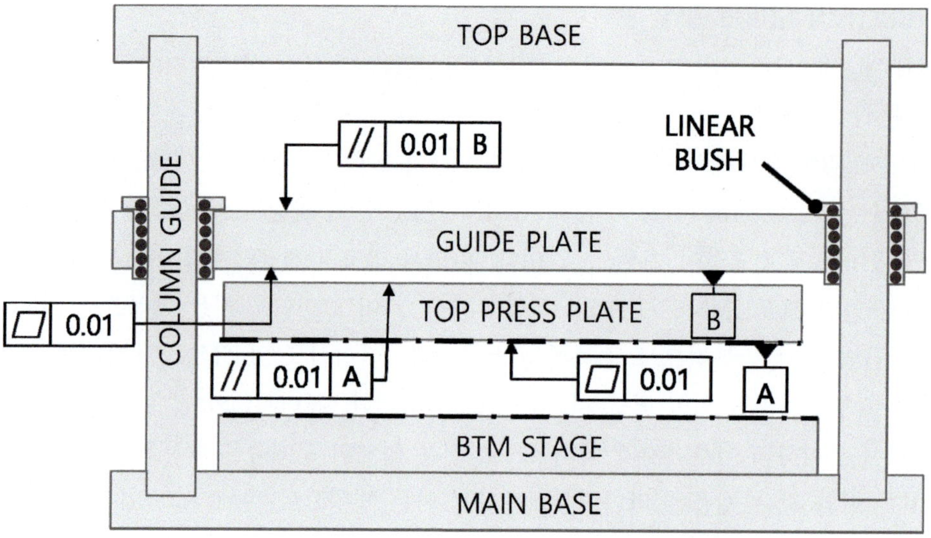

그림 2.9 라미네이터 이동부 가공품의 평면도, 평행도

TOP PRESS PLATE 하면의 평면도

기준면이므로 BTM STAGE 상면과 동일하게 0.01mm 수준으로 평면도를 규제한다.

↓

TOP PRESS PLATE 상면의 평행도

TOP PRESS PLATE는 GUIDE PLATE와 조립되고 GUIDE PLATE는 LINEAR BUSH를 통해 COLUMN GUIDE를 가이드로 해서 수직 방향으로 운동한다. 따라서 GUIDE PLATE와 접촉하여 조립되는 TOP PRESS PLATE 상면의 평행도를 TOP PRESS PLATE 하면[데이텀 A] 기준으로 규제해야 한다. TOP PRESS PLATE 하면의 평면도와 동일 수준인 0.01mm로 평행도를 부여한다.

↓

GUIDE PLATE 하면의 평면도

TOP PRESS PLATE 상면은 GUIDE PLATE 하면과 접촉하여 조립된다. 따라서 GUIDE PLATE 하면의 평면도를 규제해야 한다. TOP PRESS PLATE 상면 평행도와 동일한 수준인 0.01mm로 GUIDE PLATE 하면의 평면도를 부여한다.

↓

GUIDE PLATE 상면의 평행도

LINEAR BUSH의 플랜지 부분이 GUIDE PLATE 상면과 접촉하여 조립된다. 따라서 GUIDE PLATE 상면은 GUIDE PLATE 하면[그림 2.9 데이텀 B]을 기준으로 평행도가 부여되어야 한다. GUIDE PLATE 하면 평면도와 동일하게 0.01mm로 GUIDE PLATE 상면의 평행도를 부여한다.

[3] 구매품

COLUMN GUIDE와 LINEAR BUSH는 구매품으로서 전문 업체의 제품 카탈로그로부터 검토되어 선정된 것이다. 두 부품은 이동부를 수직 방향으로 움직이기 위해 사용되는 부품이다. 만일 기준면[일점쇄선] 대비 기울어지게 조립이 되면 BTM STAGE와 TOP PRESS PLATE가 수평으로 접촉하지 못하게 될 것이다. 따라서 COLUMN GUIDE와 LINEAR BUSH의 기울어짐 정도를 규제하는 직각도에 대한 검토가 필요하다.

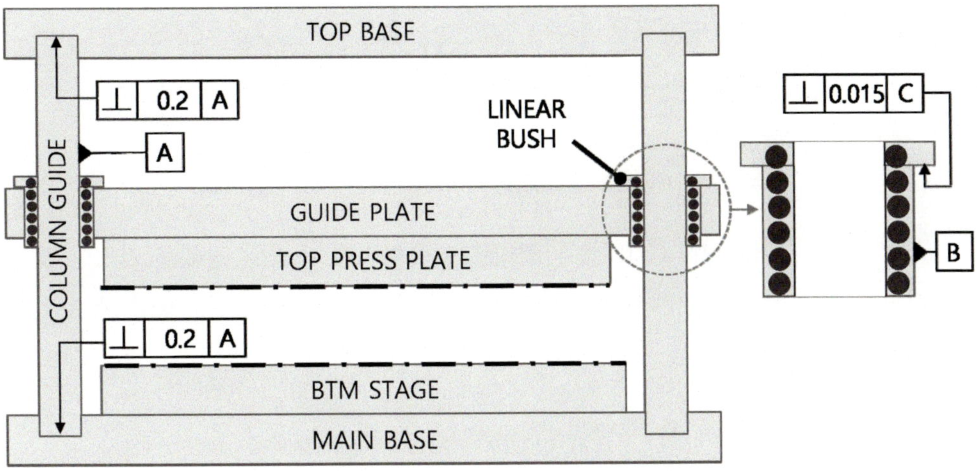

그림 2.10 라미네이터 구매품의 직각도

COLUMN GUIDE 상하면의 직각도

COLUMN GUIDE로 사용되고 있는 리니어샤프트의 제품 카탈로그로부터 직각도 정보를 확인할 수 있다. 선정된 리니어샤프트는 한국미스미사의 'CPSFJW20-250-M8-N8-LKC' 제품이다. 이 제품은 경우 원통의 중심선[데이텀 Ⓐ]을 기준으로 상하면의 직각도가 0.2mm 수준임을 제품 카탈로그로부터 확인할 수 있다.[그림 2.26 ③]

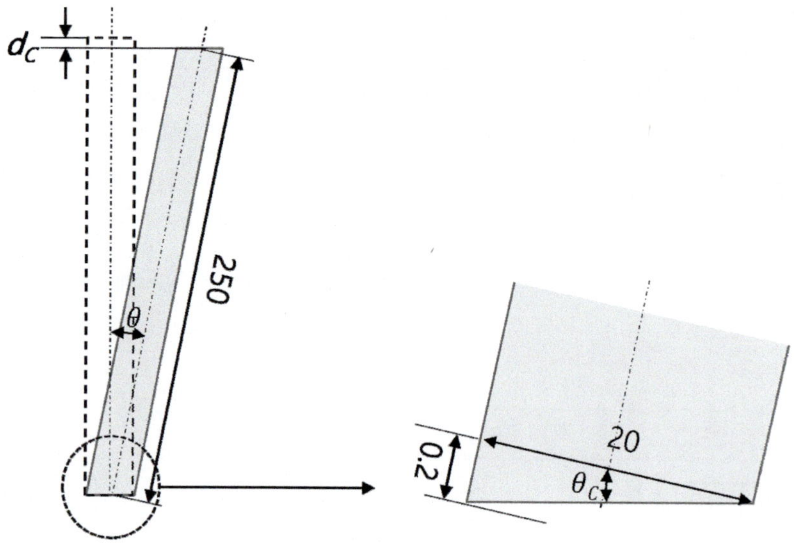

그림 2.11 COLUMN GUIDE 직각도에 따른 기울어짐 정도

그림 2.11은 COLUMN GUIDE가 최대로 기울어지게 조립된 경우를 가정한 것이다. 점선원 내의 확대 그림에서 0.2는 리니어샤프트의 직각도 값이며 20은 외경이다. 기울어진 각도 θ_C 의 값은 다음과 같이 계산할 수 있다.

$$\theta_C = \tan^{-1}(\frac{0.2}{20}) = 0.573°$$

이로부터 COLUMN GUIDE의 기울어짐에 의한 수직 방향 높이 변화값 d_C 는 아래와 같이 계산된다.

$$d_C = 250 - 250 \times \cos(\theta_C) = 0.013$$

이는 가공품의 평면도 및 평행도 수준인 0.01mm과 유사한 값이며 COLUMN GUIDE 길이의 허용한계치수 ±0.05mm보다 작은 값이다. 따라서 선정한 리니어샤프트의 직각도는 허용할 수 있는 수준이라고 결론 내릴 수 있다.

LINEAR BUSH 플랜지 하면의 직각도

LINEAR BUSH의 플랜지의 하면은 GUIDE PLATE의 상면과 접촉하여 조립된다. 또한 이상적인 경우 LINEAR BUSH의 중심선은 COLUMN GUIDE 중심선과 일치하도록 조립된다. 따라서 LINEAR BUSH 중심선[데이텀 B]을 기준으로 한 LINEAR BUSH 플랜지의 하면의 직각도에 의해서 COLUMN GUIDE의 기울어짐 정도가 영향을 받게 된다. 이 경우 기울어진 각도 θ_L의 값은 다음과 같이 계산할 수 있다. 조립에 사용되는 LINEAR BUSH는 삼익THK사의 'LMF20UU' 제품이다. 수식에서 0.015와 54는 각각 제품 카탈로그 상의 직각도 값[그림 2.27 ②]과 플랜지의 외경이다.

$$\theta_L = \tan^{-1}(\frac{0.015}{54}) = 0.016^\circ$$

이로부터 COLUMN GUIDE의 기울어짐에 의한 수직 방향 높이 변화값 d_L은 아래와 같이 계산된다.

$$d_L = 250 - 250 \times \cos(\theta_L) = 0.000$$

즉 구매품 카탈로그로부터 선정된 LINEAR BUSH의 직각도 수준은 라미네이터의 수평 수직 구조에 영향을 주지 않는 것으로 결론 내릴 수 있다.

2.4 [도면해독] 끼워맞춤결합

Part Ⅱ. 정밀기계 제작 이론 – 연관 내용	
A–2	끼워맞춤결합

라미네이터 조립의 많은 부분은 축과 구멍의 끼워맞춤결합으로 이루어진다. 끼워맞춤결합은 헐거운끼워맞춤, 중간끼워맞춤, 억지끼워맞춤으로 구분된다. 조립되는 부품이 기계시스템 내에서 적절한 기능을 수행하기 위해서는 알맞은 끼워맞춤결합의 종류를 선택하고 이를 기준으로 부품도에 공차를 부여하는 것이 필요하다.

그림 2.12는 라미네이터 하부 및 이동부 부품에 선정된 끼워맞춤결합의 종류 및 이에 따라 부여된 공차를 표시한 것이다. 3종의 끼워맞춤결합이 존재하는데 각각 COLUMN GUIDE – MAIN BASE, LINEAR BUSH – GUIDE PLATE, COLUMN GUIDE – LINEAR BUSH에 해당한다. 이번 장에서는 각 경우에 대해서 끼워맞춤결합의 선정 이유 및 그에 따라 공차를 규제하는 방법에 대해서 알아본다.

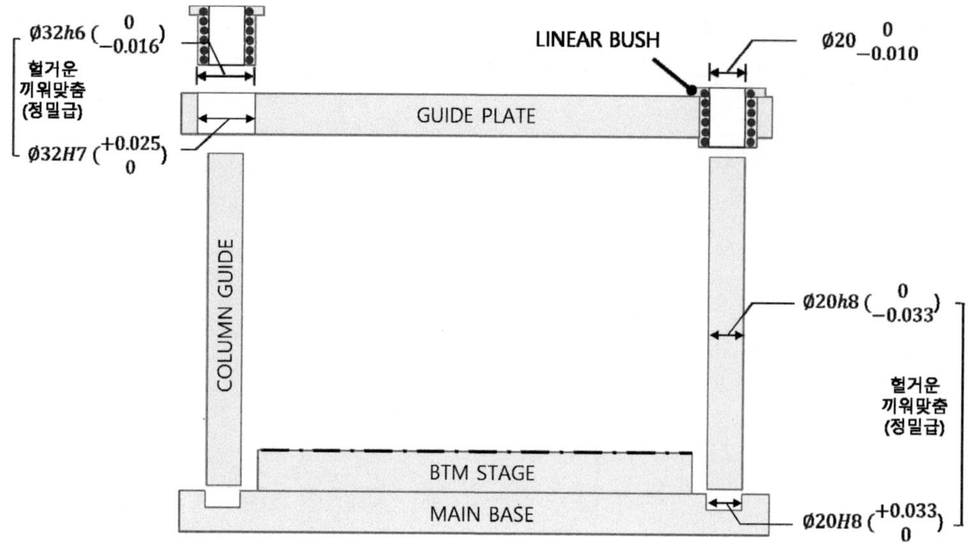

그림 2.12 COLUMN GUIDE와 하부 및 이동부 부품 간의 끼워맞춤결합 결합

[1] COLUMN GUIDE와 MAIN BASE의 끼워맞춤결합

COLUMN GUIDE는 축으로서 MAIN BASE에 가공된 구멍에 조립된다. 먼저 끼워맞춤결합의 종류를 결정해 보자. 대부분의 정밀기계 조립에는 헐거운끼워맞춤이 사용된다. 중간끼워맞춤 및 억지끼워맞춤은 조립 및 분해성이 나빠서 특수한 기능을 하는 부품에만 사용되고 있다. 헐거운끼워맞춤은 다시 보통급, 회전틈새, 정밀급으로 구분된다. COLUMN GUIDE와 MAIN BASE는 조립 시 틈새를 최소한으로 유지하면서도 상대운동의 필요는 없는 부품이다. 따라서 끼워맞춤결합의 종류로는 헐거운끼워맞춤의 정밀급으로 선정하는 것이 적당하다.[Part II – 표 A.2]

다음으로 선정된 끼워맞춤결합에 맞는 축과 구멍의 공차를 정해보자. 먼저 구매품을 사용하는 COLUMN GUIDE의 경우 제품 카탈로그로부터 외경은 기준치수 20mm에 위치수허용차 0, 아래치수허용차 -0.033mm 임을 확인할 수 있다.[그림 2.26 ①] 이는 끼워맞춤결합의 축 기호로는 ∅20h8 에 해당한다.[Part II – 표 A.7] 축을 기준으로 MAIN BASE에 가공된 구멍의 허용한계치수를 결정하기 위해서는 표준을 참조하면 된다. 헐거운끼워맞춤의 정밀급임을 감안하면 8등급인 축에 대한 구멍은 8등급 또는 9등급으로 선정할 수 있다. 라미네이터의 경우 축과 동일한 등급으로 해서 ∅20H8로 선정한다.[Part II – 표 A.9] 이는 위치수허용차 +0.033, 아래치수허용차 0 에 해당한다.[Part II – 표 A.6] ∅20h8−∅20H8 조합인 끼워맞춤결합의 최소틈새는 0, 최대틈새는 0.066mm이다.

[2] LINEAR BUSH와 GUIDE PLATE의 끼워맞춤결합

LINEAR BUSH는 축으로서 GUIDE PLATE에 가공된 구멍에 조립된다. 이 경우에도 조립 시 틈새를 최소한으로 유지하면서도 상대운동의 필요는 없다. 따라서 끼워맞춤결합의 종류로는 헐거운끼워맞춤의 정밀급으로 선정하는 것이 적당하다.[Part II – 표 A.2]

다음으로 선정된 끼워맞춤결합에 맞는 축과 구멍의 공차를 정해보자. 먼저 구매품을 사용하는 LINEAR BUSH의 경우 제품 카탈로그로부터 외경은 기준치수 32mm에 위치수허용차 0, 아래치수허용차 −0.016mm 임을 확인할 수 있다.[그림 2.27 ①] 이는 끼워맞춤결합의 축 기호로는 ∅32h6 에 해당한다.[Part II – 표 A.7] 축을 기준으로 GUIDE PLATE에 가공된 구멍의 허용한계치수를 결정하기 위해서는 표준을 참조하면 된다. 헐거운끼워맞춤의 정밀급임을 감안하면 h6인 축에 대한 구멍은 H6 또는 H7으로 선정할 수 있다. COLUMN GUIDE와 MAIN BASE의 끼워맞춤결합을 8등급으로 정하였으므로 GUIDE PLATE 구멍은 6등급 보다는 7등급이 적당하다. 따라서 GUIDE PLATE 구멍은 ∅32H7로 선정한다.[Part II – 표 A.9] 이는 위치수허용차 +0.025, 아래치수허용차 0에 해당한다.[Part II – 표 A.6] ∅32h6−∅32H7 조합인 끼워맞춤결합의 최소틈새는 0, 최대틈새는 0.041mm이다.

LINEAR BUSH와 같이 부품 간의 상대 운동을 매개하는 요소의 경우, 제조사는 제품의 정상 동작을 보증하기 위한 끼워맞춤결합의 조건을 제품 카탈로그에 제시하는 경우가 많다. 카달로그 상에는 LINEAR BUSH의 외경과 조립되는 '하우징' 내경의 공차를 헐거운끼워맞춤의 경우 H7 그리고 중간끼워맞춤의 경우는 J7으로 제시하고 있다.[그림 2.27 ⑤]

[3] COLUMN GUIDE와 LINEAR BUSH의 끼워맞춤결합

COLUMN GUIDE와 LINEAR BUSH의 조립에 대해서 살펴보자. 이 경우에는 LINEAR BUSH의 카탈로그를 기준으로 끼워맞춤결합의 조건을 결정해 보도록 한다.

먼저 구멍에 해당하는 LINEAR BUSH의 내경을 카탈로그에서 확인해 볼 수 있다. LINEAR BUSH 내경의 아래치수허용차가 −0.01mm로 음의 값으로 되어 있는 것을 확인할 수 있다.[그림 2.27 ③]

다음으로 LINEAR BUSH와 조립되는 축의 조건에 대해서도 LINEAR BUSH 카탈로그에서 확인 할 수 있는데 카탈로그 상 축의 명칭은 'LM 샤프트' 로 되어 있다. 제조사에서 추천하는 조건은 f6, g6, h6 등이다. f6, g6의 축을 사용하는 경우는 카탈로그 상에 '보통 클리얼런스' 로 그리고 h6의 축을 사용하는 경우는 '긴밀 클리어런스' 라는 명칭으로 분류되어 있다. 여기서 '클리어런스'는 LINEAR BUSH 내경과 축의 외경 간의 틈새를 의미한다. 카탈로그에서는 일반적인 경우 '보통 클리어런스' 조건을 사용하고 틈새를 최소화하고자 할 경우에 '긴밀 클리어런스' 조건을 사용할 것을 제시하고 있다.[그림 2.27 ⑥]

한편 LINEAR BUSH 내경의 아래치수허용차가 음의 값이므로 죔새가 발생할 수 있다. 이 경우는 카탈로그 상 '레이디얼 클리어런스 허용차'라고 되어 있는 값 이내에서 죔새가 유지되도록 제품 사용을 권장하고 있다.

이제 카탈로그의 조건을 기준으로 라미네이터에 대해서 검토해 보자. 라미네이터의 COLUMN GUIDE로 선정된 제품은 h8의 공차를 가지고 있다. 이는 LINEAR BUSH 카탈로그의 축 조건과 완전히 일치하는 것은 아니지만 '긴밀 클리어런스' 조건과 유사한 경우이다. 한편 LINEAR BUSH 내경의 아래치수허용차가 −0.01mm이고 COLUMN GUIDE의 위치수허용차가 0mm이므로 조립 시 최소틈새가 −0.01mm가 되어 죔새가 발생한다. LINEAR BUSH 카탈로그에서 '레이디얼 클리어런스 허용차'를 확인해 보면 −9μm로서 최소틈새 −0.01mm와 거의 같은 값임을 알 수 있다.[그림 2.27 ④]

이상과 같이 구매품을 사용하여 조립하는 경우는 제품 카탈로그에서 권장하는 조건과 실제 선정된 제품의 공차 적합성을 검토하는 과정이 반드시 필요하다. 만일 선정된 부품이 카탈로그 상 조건을 만족하지 못하는 경우에는 부품이 정상 기능을 하지 못하게 될 것이다.

2.5 [도면해독] 위치도

Part Ⅱ. 정밀기계 제작 이론 – 연관 내용	
A-4	상호 조립 부품의 끼워맞춤결합 및 위치도 관계

그림 2.13은 라미네이터의 하부 및 이동부 조립까지 완료된 상태에서 TOP BASE를 조립하는 상태를 나타낸 것이다. 본 절에서는 COLUMN GUIDE와 TOP BASE가 조립되는 데 필요한 적절한 끼워맞춤결합에 대해서 알아보고자 한다.

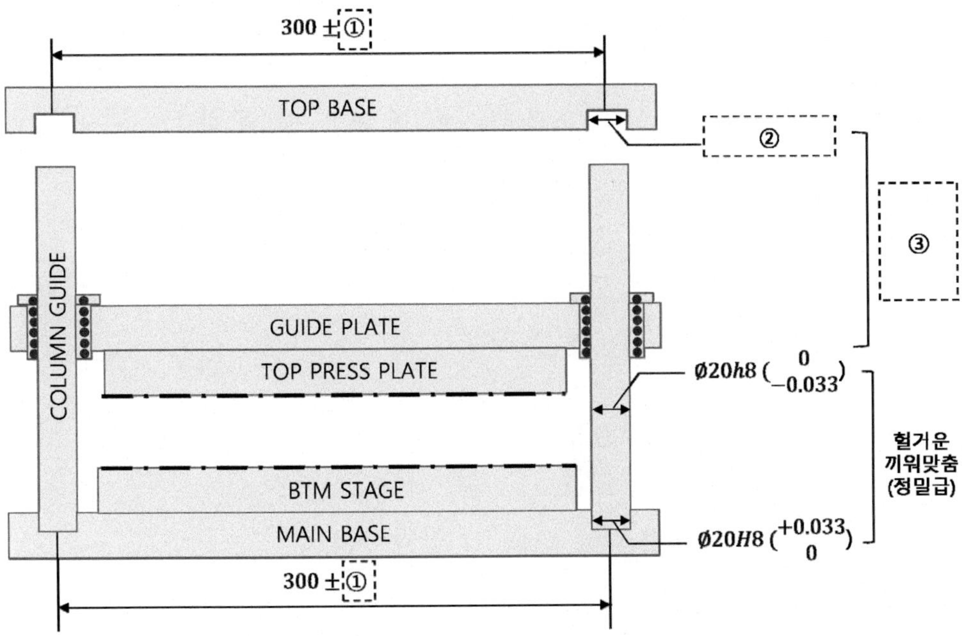

그림 2.13 COLUMN GUIDE와 TOP BASE의 끼워맞춤결합

[1] '헐거운끼워맞춤–정밀급'으로 끼워맞춤결합을 정하는 경우의 문제점

COLUMN GUIDE와 TOP BASE의 조립은 라미네이터의 기능 상 틈새를 최소화하되 상대 운동은 필요 없는 경우에 해당한다. 따라서 COLUMN GUIDE와 MAIN BASE의 조립과 동일하게 '헐거운끼워맞춤–정밀급'이 되도록 축과 구멍의 끼워맞춤결합을 정하면 될 것이다. 이 경우 내경은 ∅20H8로 공차를 부여하면 된다.

그러나 COLUMN GUIDE와 MAIN BASE의 조립과 COLUMN GUIDE와 TOP BASE의 조립은 다음과 같은 조건 때문에 서로 고려해야 할 사항이 다르다. COLUMN GUIDE와 MAIN BASE의 경우 4개의 각각의 축과 구멍은 독립적으로 조립될 수 있다. 그러나 COLUMN GUIDE와 TOP BASE의 조립은 COLUMN GUIDE와 MAIN BASE가 조립된 후에 이루어지게 되므로 각각의 축과 구멍의 조립은 독립적으로 이루어질 수 없는 조건이 된다. 즉, 그림 2.13에서 COLUMN GUIDE 간의 간격이 이미 COLUMN GUIDE와 MAIN BASE 조립 시 정해지게 되는데 이 값이 COLUMN GUIDE와 TOP BASE의 조립 가능 여부에 영향을 주게 된다.

이를 좀 더 알아보기 위해서 그림 2.13에서 COLUMN GUIDE가 조립되는 MAIN BASE 구멍 간격 및 TOP BASE 구멍 간격이 보통공차 300mm로 부여되고 TOP BASE 구멍이 ∅20H8인 경우에 대해서 살펴보자. 두 부품의 조립 가능 여부를 확인하기 위해서는 공차 조건이 조립에 가장 불리한 상태인 최대실체상태[MMC, Maximum Material Condition]를 고찰해 보면 된다. 그림 2.13에서 MAIN BASE 구멍

간 간격이 가장 좁고 TOP BASE 구멍 간 간격이 가장 넓은 경우가 최악의 조립 조건이다. 또한 COLUMN GUIDE의 외경이 가장 크고 TOP BASE 구멍의 내경이 가장 작을 때가 최악의 조립 조건이다. 조건들을 정리해 보면 아래와 같다.

- MAIN BASE 구멍 간 간격 : 300−0.5 [보통공차−중간급]
- TOP BASE 구멍 간 간격 : 300+0.5 [보통공차−중간급]
- COLUMN GUIDE 외경 : 20.0 [∅20h8]
- TOP BASE 구멍 내경 : 20.0 [∅20H8]

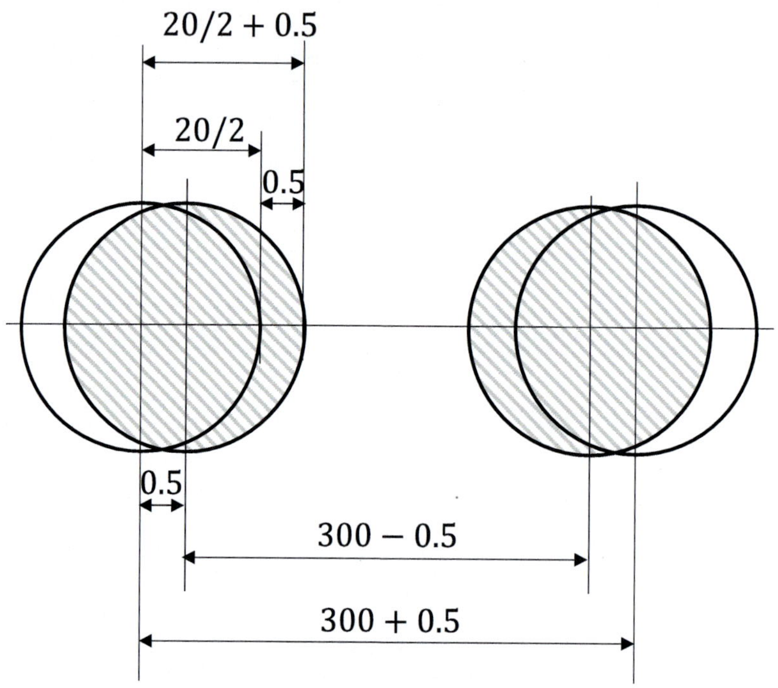

그림 2.14 COLUMN GUIDE와 TOP BASE의 끼워맞춤결합 : '헐거운끼워맞춤−정밀급'

그림 2.14는 그림 2.13을 위쪽에서 바라본 것이다. 빗금이 쳐진 원은 MAIN BASE 구멍에 조립되어 있는 COLUMN GUIDE를, 빗금이 없는 원은 TOP BASE의 구멍을 나타낸다. 그림으로부터 두 원의 중심은 0.5mm 만큼 어긋나게 되는데 따라서 COLUMN GUIDE는 TOP BASE 구멍에 조립될 수 없음을 알 수 있다.

정리하면 MAIN BASE 구멍 간격 및 TOP BASE 구멍 간격의 공차로 인하여 COLUMN GUIDE와 TOP BASE를 '헐거운끼워맞춤−정밀급'으로 조립하는 것은 불가능하다.

[2] 구멍 중심에 대한 위치도 부여의 필요성

이제 COLUMN GUIDE와 TOP BASE가 조립되도록 부품들의 공차를 수정해 보도록 하자. 먼저 MAIN BASE 구멍 간격 및 TOP BASE 구멍 간격의 공차역을 좁게 가져가는 것이 조립에 유리하다는 것은 바로 알 수 있다. 이상적으로는 구멍 간격의 공차를 0으로 하여 설계할 수 있다면 조립에 대한 문제는 사라질 것이다. 그러나 이는 불가능한 일이므로 가능한 범위에서 공차역을 좁게 하도록 해야 할 것이다.

구멍 간격의 기준치수 300mm에 대해 보통공차-중간급을 부여하면 공차역은 ±0.5mm가 된다. 이는 일반적인 작업장에서 밀링, 선반 등의 가공기로 용이하게 달성할 수 있는 수준의 공차역이다. 한편 많은 작업장에서 점점더 보편적인 가공기로 사용되고 있는 머시닝센터를 이용하여 구멍을 가공하는 경우 구멍 중심의 거리를 ±0.01mm 수준까지 규제하여 가공하는 것이 가능하다. 따라서 그림 2.13 ①을 ±0.01로 좁혀서 규제하여 도면에 반영하면 될 것이다.

COLUMN GUIDE와 TOP BASE에 가공되는 구멍은 그림 2.15와 같이 평면도 상에서 4개가 가로세로 격자로 배열되어 있다. 이와 같은 배열의 구멍 중심의 공차를 규제할 때는 그림 2.13과 같이 구멍 간격을 기준치수와 허용한계치수로 규제하는 것보다

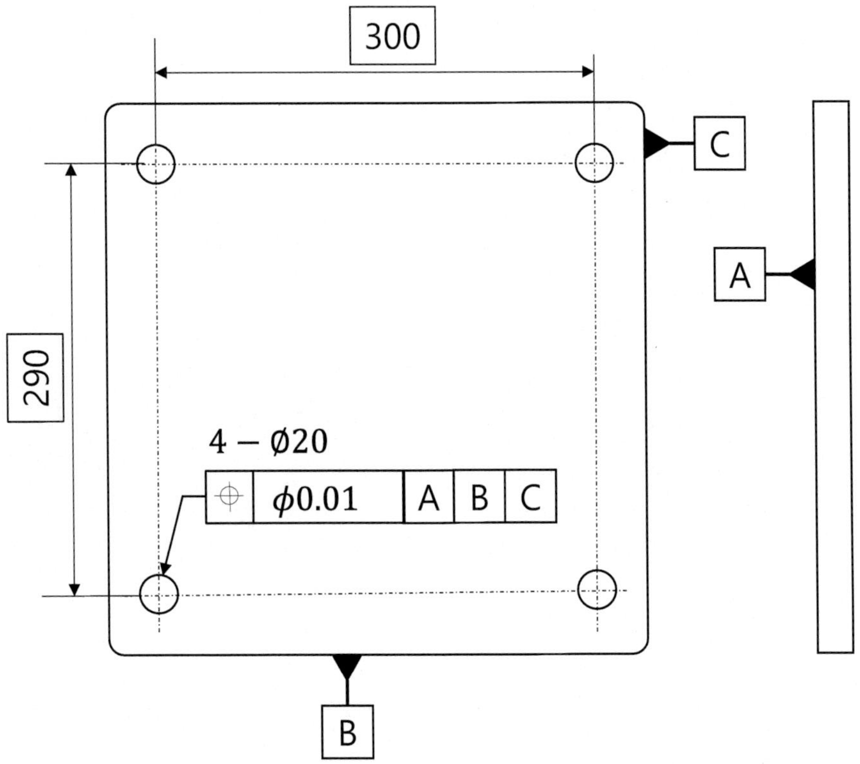

그림 2.15 MAIN BASE와 TOP BASE 구멍 중심의 위치도 규제 [평면도/우측면도]

그림 2.15와 같이 기하공차의 한가지 종류인 위치도로 규제하는 것이 바람직하다.

그림에서 원통 형상으로 가공되는 구멍의 중심 축선의 이상적인 위치는 3개의 데이텀 평면인 A, B, C를 기준으로 규제되고 있다. 3개의 데이텀은 서로 이상적인 직각으로 만나는 평면이다. 중심 간의 이상적인 간격은 가로 방향으로 300mm이며 세로 방향은 290mm이다. 중심 간격의 숫자는 네모 테두리 안에 표시되어 있는데 이상적인 형상이나 수치임을 의미한다. 그림 2.15에서 구멍의 중심 축선 공차역이 ∅0.01mm로 규제되어 있는데 이는 이상적으로 규제된 축선을 중심으로 0.01mm의 지름을 가지는 원통 내부에 가공된 구멍의 실제 중심 축선이 위치해야 함을 의미한다.

[3] 조립이 가능한 끼워맞춤결합의 결정

COLUMN GUIDE와 TOP BASE의 구멍 중심 위치의 공차역을 보통공차보다 좁게 규제하더라 두 부품의 조립이 보장되는 것은 아니다. 그림 2.14의 MMC 조건에서 두 원의 지름이 20mm로 동일하기 때문에 구멍 중심이 조금만 어긋나게 되면 조립은 불가능하다. 따라서 조립이 가능하기 위해서는 COLUMN GUIDE의 외경이 20mm 보다 작아지던지 또는 TOP BASE 구멍의 내경이 20mm 보다 커져야 함을 알 수 있다. 구매품인 COLUMN GUIDE의 외경은 변경할 수 없으므로 TOP BASE 구멍의 내경을 20mm보다 크게 해야 한다.

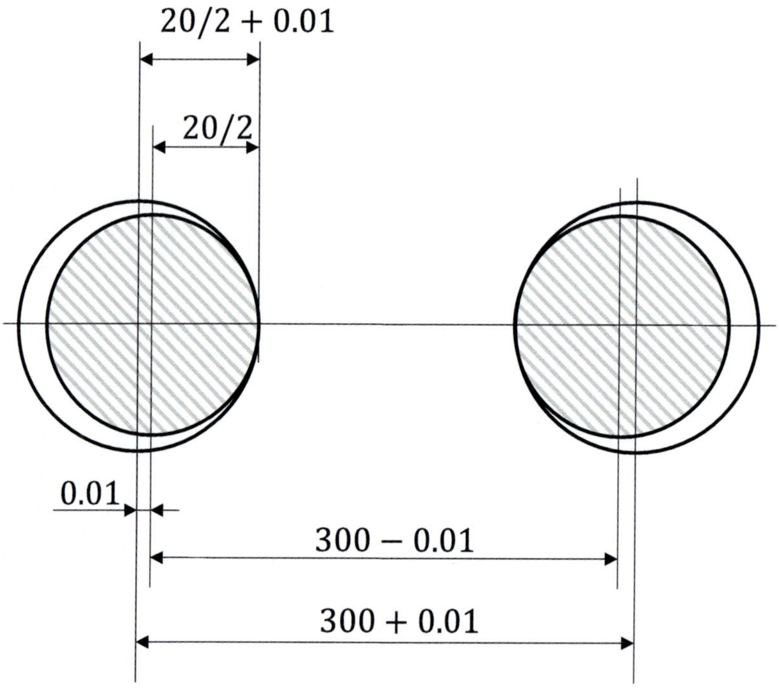

그림 2.16 COLUMN GUIDE와 TOP BASE의 조립이 가능한 조건 [MMC 상태]

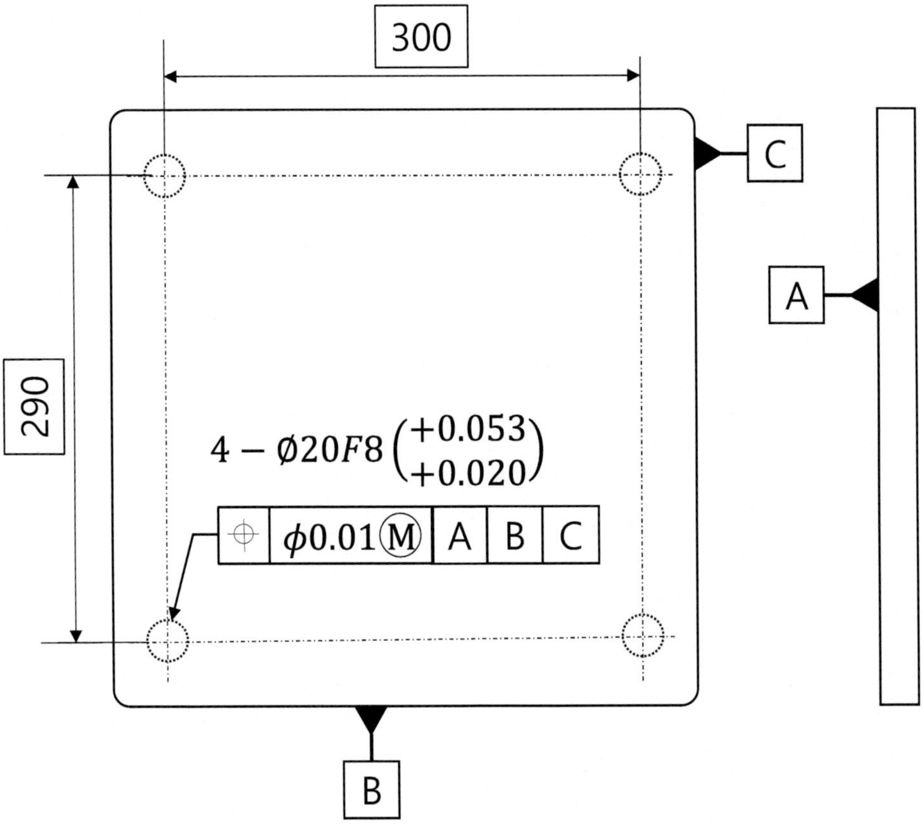

그림 2.17 TOP BASE 구멍의 끼워맞춤결합 공차 [평면도/우측면도]

TOP BASE 구멍의 내경을 얼마까지 키워야 조립이 가능한지는 다시 MMC 조건에서 검토함으로써 알아낼 수 있다. 그림 2.16은 MMC 조건에서 조립 상태를 나타낸 것이다. TOP BASE 구멍 중심 간격은 [300+0.01]mm이며 MAIN BASE 구멍에 조립된 COLUMN GUIDE의 중심 간격은 [300−0.01]mm이다. 또한 COLUMN GUIDE의 외경은 20mm이다. 그림으로부터 TOP BASE 구멍의 내경을 알아낼 수 있다. 그림에서 두 원의 중심은 0.01mm 만큼 어긋나 있다. 따라서 TOP BASE 구멍의 중심에서 최우측까지 거리가 [20/2+0.01]mm가 되며 결과적으로 TOP BASE 구멍의 내경은 20.02mm가 되어야 함을 알 수 있다.

20.02mm는 조립이 가능해지는 TOP BASE 구멍 내경의 최소값이므로 이는 TOP BASE 구멍 내경의 아래치수허용차가 된다. Part II – 표 A.6를 참조해 보면 구멍의 공차역 위치가 F에 해당함을 알 수 있다. 또한 TOP BASE 구멍의 IT등급은 MAIN BASE 구멍과 동일하게 8등급으로 부여할 수 있을 것이다. 이상의 모든 검토로부터 그림 2.13 ②의 구멍의 끼워맞춤결합공차는 ∅20F8로 부여되어야 한다. 그림 2.17은 구멍의 끼워맞춤결합공차를 위치도와 함께 도면에 표시해둔 것이다.

이제 COLUMN GUIDE와 TOP BASE 구멍은 ∅20h8-∅20F8 끼워맞춤결합을 하게 되는데 이는 Part II - 표 A.9으로부터 헐거운끼워맞춤-회전틈새의 조건에 해당함을 확인 할 수 있다.[그림 2.13 ③] 정리해 보면 라미네이터의 COLUMN GUIDE와 MAIN BASE는 '헐거운끼워맞춤-정밀급'으로 틈새를 최소화해서 조립하면 되지만 COLUMN GUIDE와 TOP BASE는 틈새에 여유를 두어 헐거운끼워맞춤-회전틈새로 해야 조립이 가능해 진다.

[4] 구멍 중심 위치도의 '최대실체공차방식' 규제

한편, 그림 2.17에서 구멍 중심의 위치도 공차역 ∅0.01에 기호 Ⓜ이 병기되어 있다. 이것은 '최대실체공차방식'으로 공차역을 규제함으로써 공차역을 조립에 가장 불리한 MMC 상태[Maximum Material Condition] 뿐만 아니라 조립에 가장 유리한 경우인 LMC 상태[Least Material Condition]에서도 유동적으로 결정할 수 있도록 한 것이다.

그림 2.18는 LMC 조건에서 COLUMN GUIDE와 TOP BASE 구멍이 조립된 상태이다. 이 경우 COLUMN GUIDE 외경은 [20-0.033]mm이며 TOP BASE 구멍 내경은 [20+0.053]mm이다. 따라서 두 원의 중심이 0.043mm 만큼 어긋나게 되더라도 COLUMN GUIDE와 TOP BASE는 조립이 가능해진다. 이는 그림 2.16의 MMC 조건일 때와 비교해 보면 TOP BASE 구멍 중심의 위치도 공차역을 ∅0.01에서

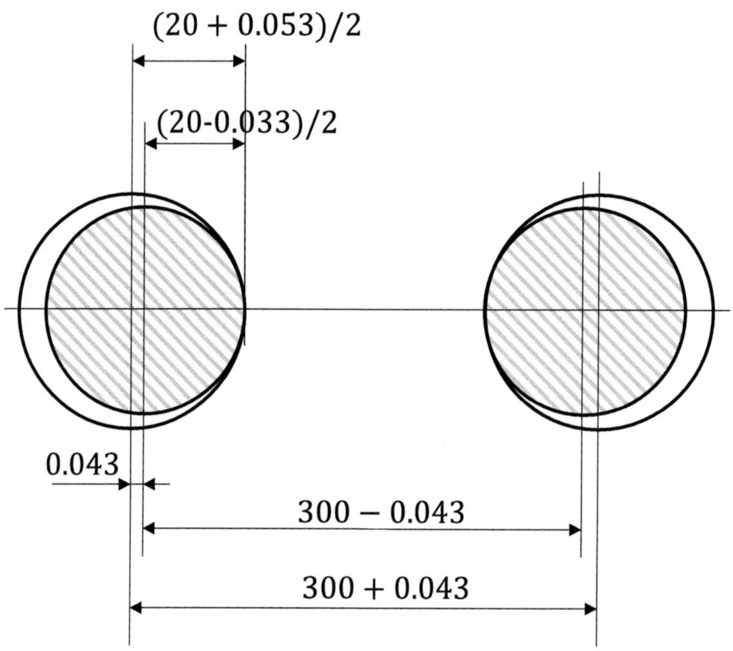

그림 2.18 COLUMN GUIDE와 TOP BASE의 조립이 가능한 조건[LMC 상태]

∅0.043으로 완화해서 규제할 수 있음을 의미한다.

이상의 고려를 확장하여 표 2.1에 MMC 조건에서 LMC 조건까지 COLUMN GUIDE 외경과 TOP BASE 구멍 내경이 변화하는 몇가지 경우에 대해 조립이 가능한 TOP BASE 구멍 중심 위치도의 공차역을 제시해 두었다. 위치도를 '최대실체공차방식'으로 규제함으로써 공차역을 표 2.1과 같이 유동적으로 정할 수 있게 되며, 따라서 구멍의 가공에 여유를 가질 수 있게 되는 장점이 있다.

표 2.1 '최대실체공차방식'으로 규제된 TOP BASE 구멍 중심의 위치도 공차역

상태	COLUMN GUIDE 외경 [∅20h8]	TOP BASE 구멍 내경 [∅20F8]	조립이 가능한 TOP BASE 구멍 중심 위치도의 공차역
MMC	20–0.000	20+0.020	∅0.010
	20–0.010	20+0.030	∅0.020
	20–0.020	20+0.040	∅0.030
	20–0.030	20+0.050	∅0.040
LMC	20–0.033	20+0.053	∅0.043

2.6 [도면해독] 표면거칠기

Part Ⅱ. 정밀기계 제작 이론 – 연관 내용	
A–5	표면거칠기

라미네이터를 구성하는 가공품의 제작은 주로 밀링 가공을 통하여 이루어지며 구멍 가공을 위해서는 드릴링 가공이 추가된다. 이와 같은 가공 방법으로 얻어지는 가공품의 표면거칠기는 산술평균거칠기로 6.3μmRa 수준이다.

가공품의 표면 중 제품과 직접 접촉을 하게 되는 BTM STAGE 상면과 TOP PRESS PLATE 하면의 표면거칠기는 제품에 손상을 주지 않아야 하므로 추가로 향상시킬 필요가 있다. 표면거칠기의 향상은 연마 가공을 통하여 이루어질 수 있다. 연마를 통해서 얻을 수 있는 표면거칠기는 1.6μmRa 수준이다.

또한 가공품의 표면 중 설계 단계에서 평면도 및 평행도가 0.01mm 수준으로 규제되는 것이 있다. 일반적인 밀링 가공으로 얻을 수 있는 평면도 및 평행도 수준은 0.1mm 수준이다. 따라서 평면도 및 평행도가 규제된 표면에는 연마 가공이 추가로

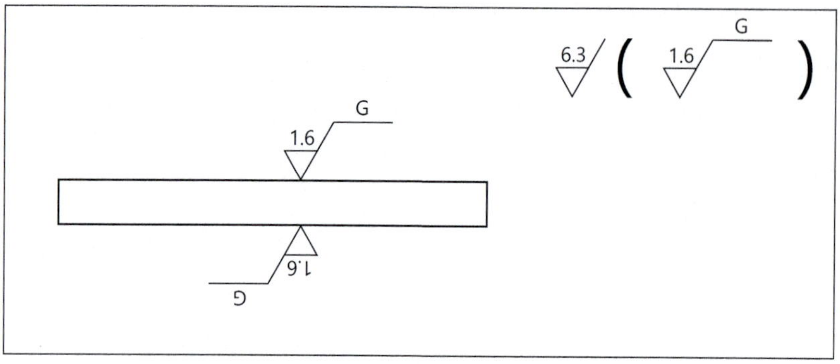

그림 2.19 가공품 상하면의 표면거칠기 지시

필요하게 된다.

이상을 종합해 보면 라미네이터의 가공품 즉 MAIN BASE, BTM STAGE, GUIDE PLATE, TOP PRESS PLATE, TOP BASE의 상하면은 밀링 가공에 추가하여 연마 가공을 도면에 지시할 필요가 있다. 그림 2.19는 가공품 도면에 표면거칠기 기호를 부여하는 방법을 나타낸 것이다. 표면거칠기 지시가 없는 면은 6.3μmRa로 공통적으로 규제한 것이며, 연마 가공이 필요한 면은 1.6μmRa으로 별도 규제하면서 연마 가공의 기호인 'G'를 병기 해 두었다.

2.7 [도면해독] 중심 어긋남

공압실린더는 그림 2.20과 같이 TOP BASE와 GUIDE PLATE에 동시에 체결되어야 한다. 이 경우 조립 상 고려할 사항에 대해서 알아보자.

공압실린더 플렌지의 ∅7 구멍과 TOP BASE의 M6 볼트구멍은 M6 육각렌치볼트에 의해 체결된다. 구멍과 나사 사이에 최대 1mm의 유격이 발생할 수 있다. 또한 공압실린더 로드 끝단의 M14 수나사는 GUIDE PLATE의 M14 암나사와 체결된다. 수나사와 암나사 간에도 유격이 존재함에 유의하자. 더우기 GUIDE PLATE의 M14 암나사 중심에는 별도의 위치도가 부여되어 있지도 않다. 이상의 고찰로부터 공압실린더를 TOP BASE에 먼저 조립한 후 GUIDE PLATE와 조립하고자 할 때 그림과 같이 로드 중심과 GUIDE PLATE 암나사 중심이 불가피하게 δ만큼 어긋나게 되어 조립이 불가능해 진다.

공압실린더의 경우 플로팅조인트라고 불리는 중간 부품을 사용하여 로드와 체결 부품 간의 편심 어긋남을 흡수할 수 있다. 그림 2.20에 플로팅조인트를 이용한 조립 모습이

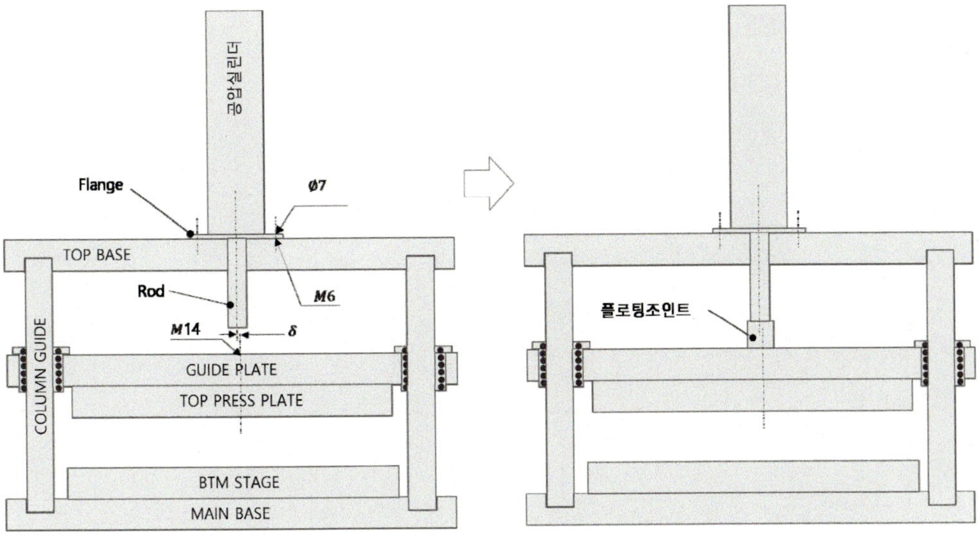

그림 2.20 플로팅조인트를 이용한 중심 어긋남 해결

도시되어 있다. 플로팅조인트가 공압실린더 로드와 GUIDE PLATE 사이에 체결되어 있다. 플로팅조인트는 최대 수mm 정도의 편심 어긋남을 허용한다.[그림 2.28 ①]

2.8 부품도

본 절에서는 지금까지 검토한 2-3 ~ 2-7절 도면해독 내용이 가공품 도면에 어떤 방법으로 기입되어 있는지는 확인해 보도록 한다. 구매품의 경우는 제품 카탈로그에서 확인이 필요했던 부분을 찾아보도록 할 것이다. 이하 그림에서는 도면해독 내용에서 검토된 치수 및 공차를 위주로 부품도를 검도해 본다.

참고로 부품도에는 도면해독에서 검토한 치수 외에도 부품의 형상을 규제하기 위한 외곽 치수 및 부품의 조립에 필요한 체결 구멍의 치수 등이 추가로 규제되어 있다. 이러한 치수들은 라미네이터의 성능에는 영향을 주지 않는 것들이며 따라서 별도의 공차 없이 기준치수만 도면에 기입한다. 부품 제작 시는 보통공차의 기준에 따른 허용한계치수 내에서 가공하면 될 것이다. 부품도의 완전한 도면은 Part III를 참조하기 바란다.

[1] MAIN BASE

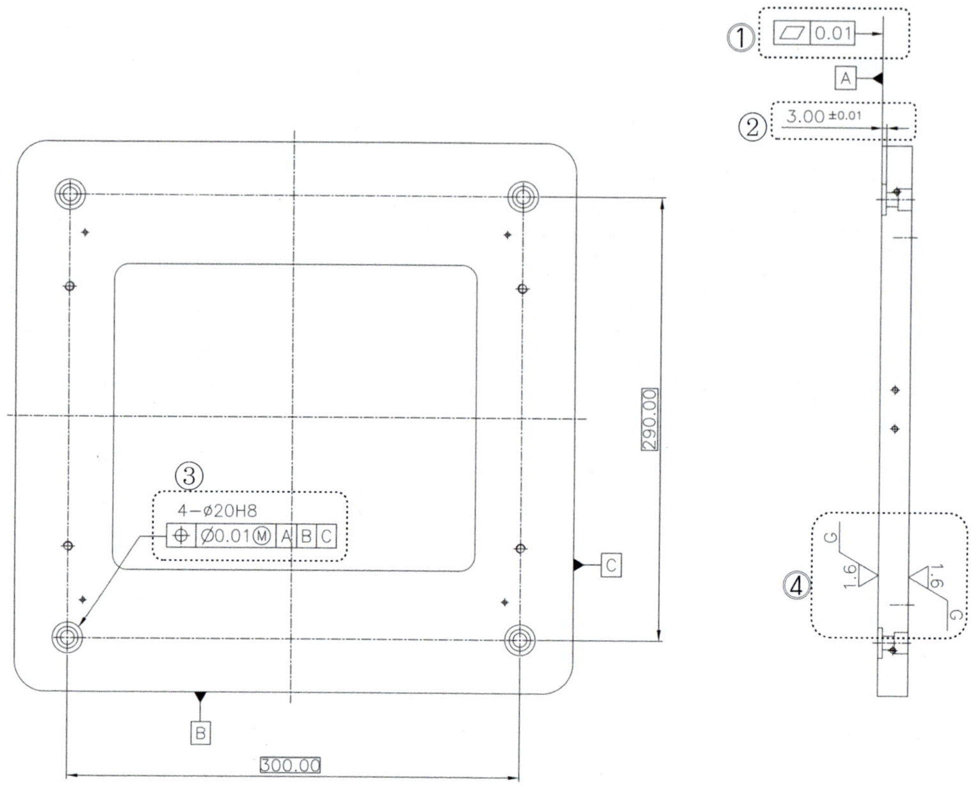

그림 2.21 부품도 : MAIN BASE [평면도-우측면도]

①：BTM STAGE 하면과 접촉하는 면의 평면도 규제

②：COLUMN GUIDE가 조립되는 구멍의 깊이 규제

③：COLUMN GUIDE가 조립되는 구멍의 끼워맞춤결합 공차 규제
데이텀[Ⓐ, Ⓑ, Ⓒ]과 이상적 거리[300.00, 290.00]를 기준으로 구멍의 위치도 규제

④：평면도 및 평행도 규제를 만족하기 위한 연마 가공 지시

[2] BTM STAGE

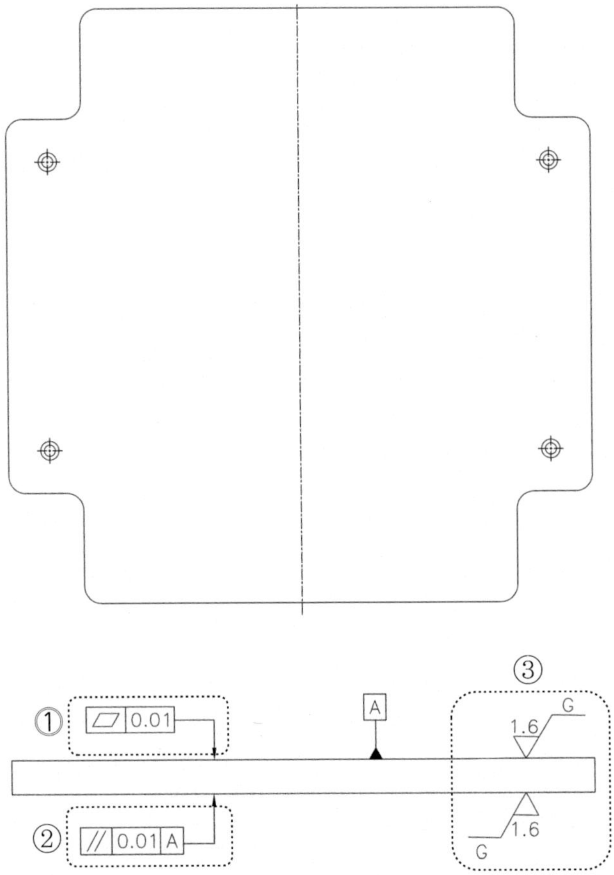

그림 2.22 부품도 : BTM STAGE [평면도–정면도]

① : 제품과 접촉하는 면. 기준면의 평면도 규제

② : MAIN BASE 상면과 접촉하는 면. 상면[A] 기준으로 하면의 평행도 규제

③ : 평면도, 평행도 규제 및 제품 접촉을 고려한 연마 가공 지시

[3] GUIDE PLATE

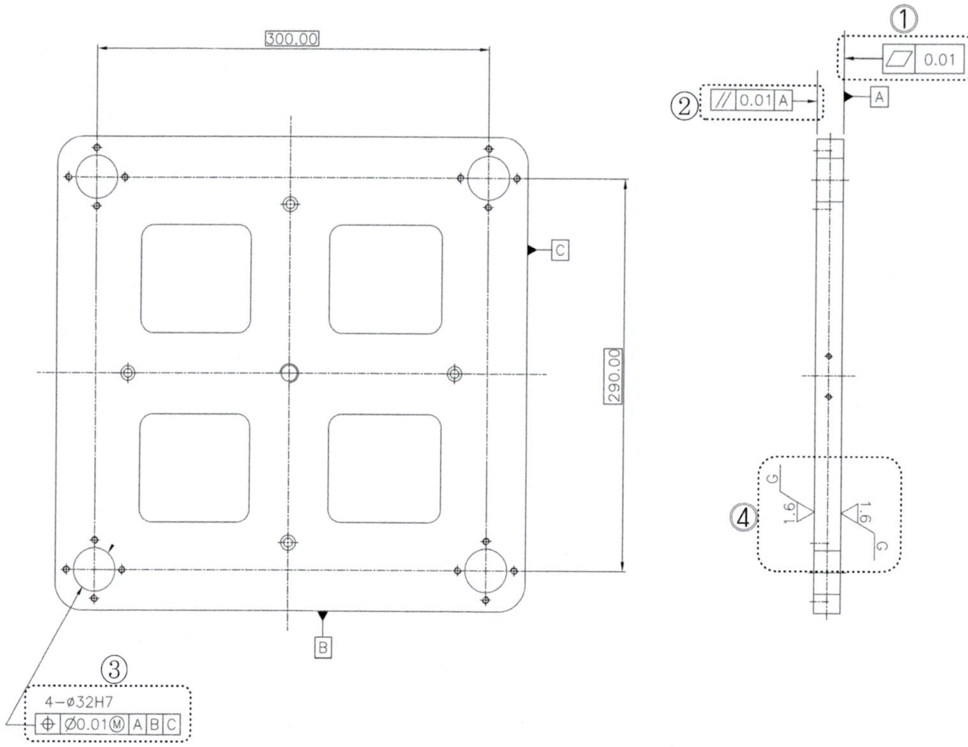

그림 2.23 부품도 : GUIDE PLATE [평면도-우측면도]

① : TOP PRESS PLATE 상면과 접촉하는 면의 평면도 규제

② : LINEAR BUSH의 플랜지와 접촉하는 면. 하면[A] 기준으로 상면의 평행도 규제

③ : LINEAR BUSH가 조립되는 구멍의 끼워맞춤결합 공차 규제
데이텀[A, B, C]과 이상적 거리[300.00, 290.00]를 기준으로 구멍의 위치도 규제

④ : 평면도 및 평행도 규제를 만족하기 위한 연마 가공 지시

[4] TOP PRESS PLATE

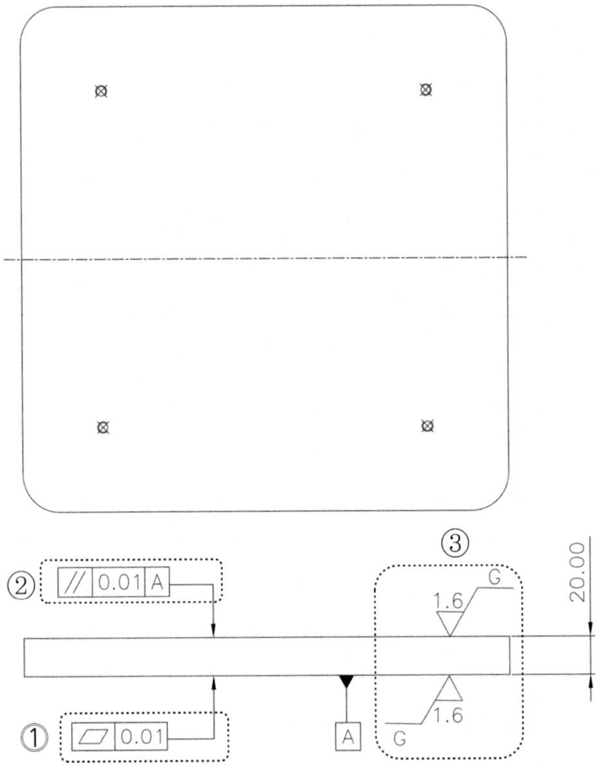

그림 2.24 부품도 : TOP PRESS PLATE [평면도-정면도]

① : 제품과 접촉하는 면. 기준면의 평면도 규제

② : GUIDE PLATE 하면과 접촉하는 면. 하면[A] 기준으로 상면의 평행도 규제

③ : 평면도, 평행도 규제 및 제품 접촉을 고려한 연마 가공 지시

[5] TOP BASE

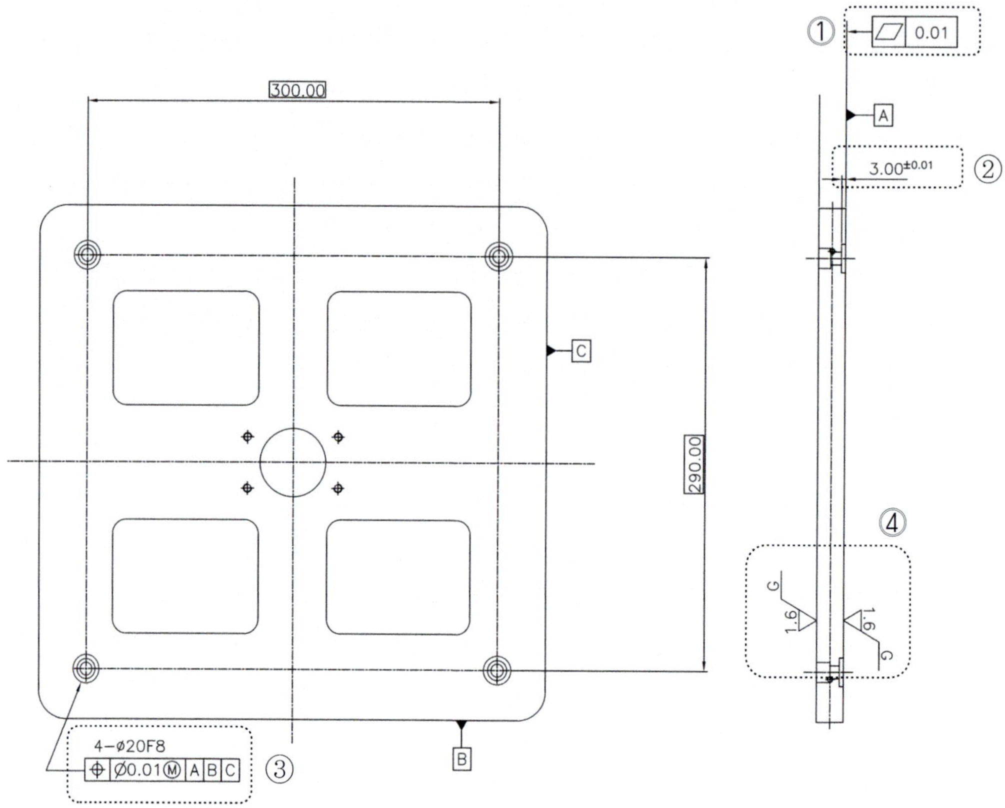

그림 2.25 부품도 : TOP BASE [평면도-우측면도]

①: 구멍 가공을 위한 기준면의 평면도 규제

②: COLUMN GUIDE가 조립되는 구멍의 깊이 규제

③: COLUMN GUIDE가 조립되는 구멍의 끼워맞춤결합 공차 규제
데이텀[A, B, C]과 이상적 거리[300.00, 290.00]를 기준으로 구멍의 위치도 규제

④: 평면도 및 평행도 규제를 만족하기 위한 연마 가공 지시

[6] COLUMN GUIDE

- 제조사 : 한국미스미
- 제품명 : 리니어샤프트
- 규격 : CPSFJW20-250-M8-N8-LKC

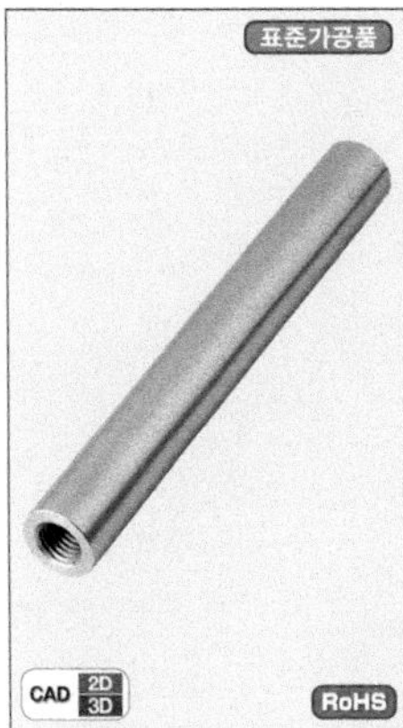

Type	D공차	M재질	H경도		S표면처리
CSFJW	h8	S45C상당	55HRC~	고주파 열처리 유효 경화층 깊이 P.99	-
CPSFJW					경질 크롬 도금 도금 경도 HV750~ 도금 두께 5μ 이상

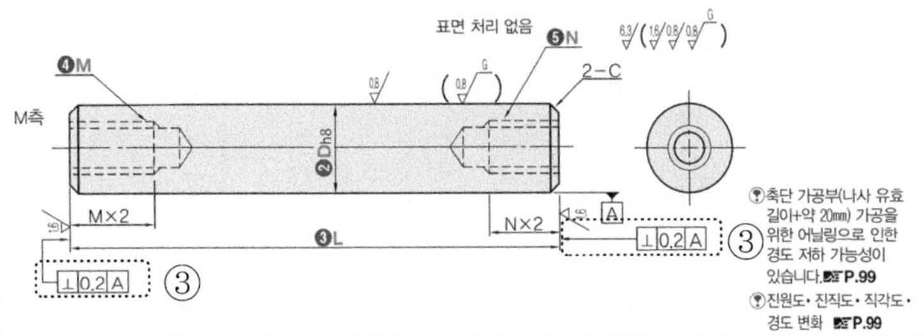

형식			❸L 지정 1mm 단위	❹M(일반 나사) · ❺N(일반 나사) 선택								C
❶Type	❷Dh8											
CSFJW CPSFJW	6	0 -0.018	20~ 600	3								0.5 이하
	8	0 -0.022	20~ 800	3	4	5						
	10		20~ 800	3	4	5	6					
	12	0 -0.027	20~1000		4	5	6	8				
	13		25~1000		4	5	6	8				
	16		30~1200		4	5	6	8	10			
CPSFJW	20	0 -0.033 ①	30~1200		4	5	6	8	10	12		1.0 이하
	25		35~1200		4	5	6	8	10	12	16	
	30		35~1200				6	8	10	12	16	20

Alterations	Code	Spec.
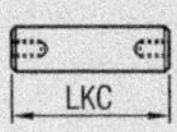 LKC	LKC	L 치수 공차 변경 지정방법 LKC LKC를 사용하는 경우, L 치수 0.1mm 단위 지정 가능 L<200 → L±0.03 200≦L<500 → L±0.05 ② L≧500 → L±0.1

그림 2.26 **구매품 카탈로그** : COLUMN GUIDE [출처 : 한국미스미 제품 카탈로그]

① : 끼워맞춤결합을 위한 외경 규제

② : 샤프트 길이 규제

③ : 데이텀[샤프트 중심선, A] 기준 샤프트 바닥면 직각도 규제

[7] LINEAR BUSH

- 제조사 : 삼익THK
- 제품명 : LINEAR BUSH
- 규격 : LMF20UU

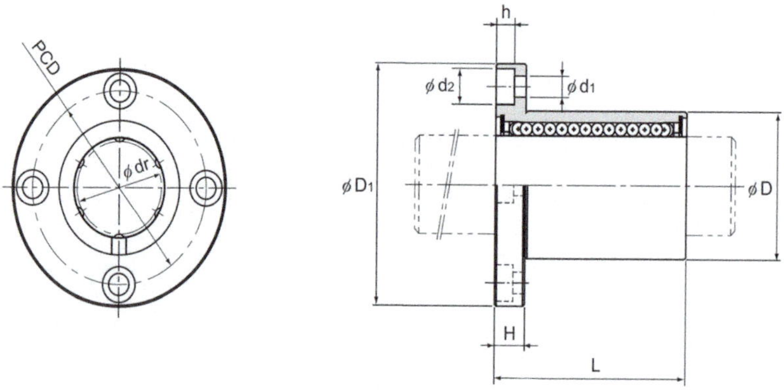

호칭형번 표준형	볼 조열	주요 내접원경 dr	내접원경 허용차	외경 D	외경 허용차	플랜지 직각도 μm	편심 (최대) μm	레이디얼 클리어런스 허용차 μm
LMF 6	4	6	0 -0.009	12	0 -0.011	12	12	-5
LMF 8S	4	8		15		12	12	-5
LMF 8	4	8		15		12	12	-5
LMF 10	4	10		19	0 -0.013	12	12	-5
LMF 12	4	12		21		12	12	-5
LMF 13	4	13		23		12	12	-7
LMF 16	5	16		28		12	12	-7
LMF 20	5	20	③ 0 -0.010	32	① 0 -0.016	15	15	-9
LMF 25	6	25		40		15 ②	15	-9 ④
LMF 30	6	30		45		15	15	-9
LMF 35	6	35	0 -0.012	52	0 -0.019	20	20	-13
LMF 40	6	40		60		20	20	-13
LMF 50	6	50		80		20	20	-13
LMF 60	6	60	0 -0.015	90	0 -0.022	25	25	-13

형식 호칭형번	형식 정도	하우징 헐거운 끼워맞춤	하우징 중간끼워맞춤
LM	상급 (무기호)	H7	J7
	정밀급(P)	H6	J6
LME	—	H7	K6, J6
LMF LMK LMH LM-L LMF-L LMK-L LMH-L LMIF LMIK	상급 (무기호)	⑤ H7	J7

형식 호칭형번	형식 정도	LM 샤프트 보통 클리어런스	LM 샤프트 긴밀 클리어런스
LM	상급 (기호없음)	f6, g6	h6
	정밀급(P)	f5, g5	h5
LME	—	h7	k6
LMF LMK LMH LM-L LMF-L LMK-L LMH-L LMIF LMIK	상급 (기호없음)	⑥ f6, g6	h6

그림 2.27 구매품 카탈로그 : LINEAR BUSH [출처 : 삼익THK 제품 카탈로그]

①：끼워맞춤결합을 위한 외경 규제

②：GUIDE PLATE 상면과 접촉하는 플랜지 직각도 규제

③：샤프트와 접촉하는 볼 접촉면의 내경 규제

④：클리어런스를 마이너스로 하는 경우 죔쇄의 한계 규제

⑤：끼워맞춤결합을 위한 하우징 내경 규제

⑥：끼워맞춤결합을 위한 샤프트 외경 규제

[8] 플로팅조인트

• 제조사：한국SMC

• 제품명：플로팅조인트

• 규격：JA40−14−150

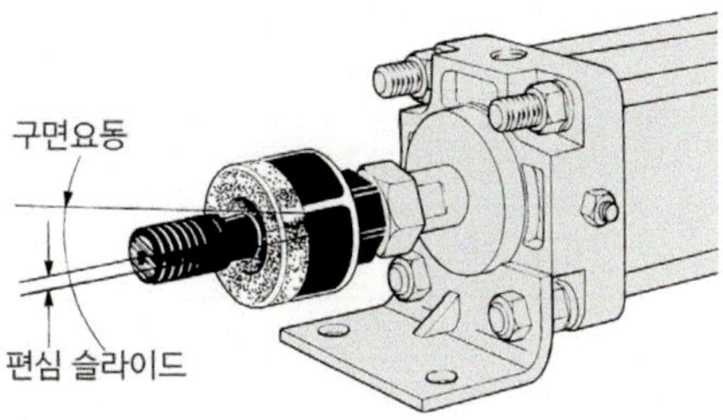

형식	적용실린더 튜브내경 (mm)	적용실린더 나사 호칭	최대 사용 인장 압축력 N			허용 편심량 Umm	요동 각도
			기본형	플랜지형	푸트형		
표준품／나사 호칭							
JA6-3-050	6	M3×0.5	19	−	−	0.5	
JA10-4-070	10	M4×0.7	54	−	−	0.5	
JA15-5-080	10·15	M5×0.8	123	−	−	0.5	
JA15-6-100	15	M6×1	123	−	−	0.5	
JA□20-8-125	20	M8×1.25	1100	1100	1000	0.5	
JA□30-10-125	25·32	M10×1.25	2500	2500	2000	0.5	±5° ②
JA□40-14-150	40	M14×1.5	4400	4400	4400	0.75 ①	

그림 2.28 구매품 카탈로그：플로팅조인트 [출처：한국SMC 제품 카탈로그]

①：허용 편심량

②：허용 요동 각도

2.9 연습문제

그림 2.29의 라미네이터는 본문의 라미네이터와는 TOP BASE, MAIN BASE 구멍 중심 거리 및 COLUMN GUILDE 외경이 다르게 제시되어 있다. [1]~[4]의 물음에 답하시오.

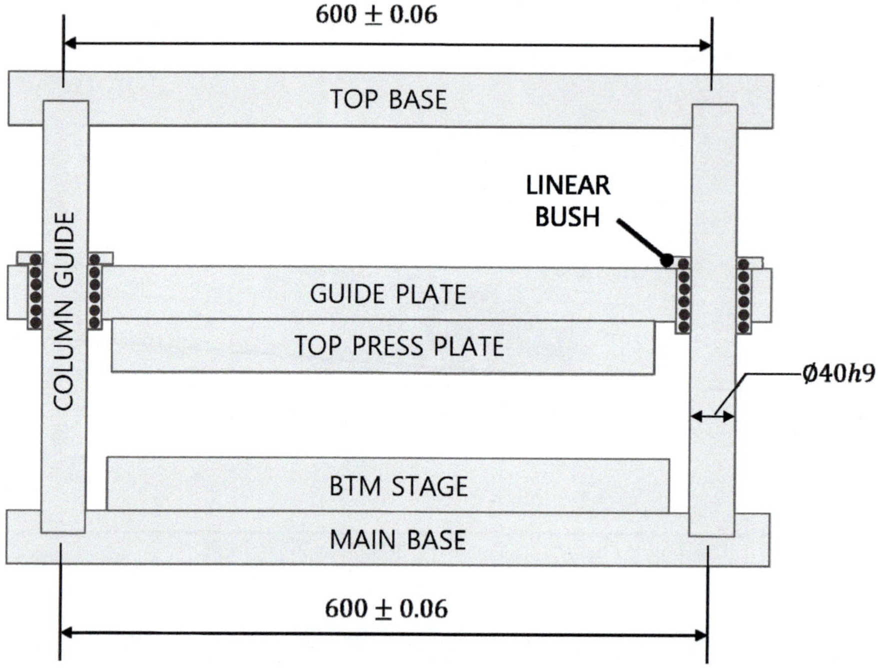

그림 2.29 라미네이터 – 연습문제

[1] COLUMN GUIDE와 MAIN BASE의 끼워맞춤결합

① COLUMN GUIDE 외경의 위치수허용차 및 아래치수허용차를 구하시오.

② COLUMN GUIDE와 MAIN BASE 구멍을 '헐거운끼워맞춤–정밀급'으로 조립하고자 한다. MAIN BASE 구멍의 치수공차는 얼마로 정해야 하는가? [축기준끼워맞춤으로 고려하고 구멍의 IT등급은 축의 등급과 동일하게 할 것]

[2] LINEAR BUSH와 GUIDE PLATE의 끼워맞춤결합

① COLUMN GUIDE와 조립되기 위해서는 LINEAR BUSH의 내경이 40mm가 되어야 한다. 적합한 LINEAR BUSH의 호칭형번을 선정해 보시오. [Part III c–2

참조]

② 선정된 LINEAR BUSH 외경의 기준치수, 위치수허용차, 아래치수허용차는 얼마인가? [Part III c-2 참조]

③ 선정된 LINEAR BUSH 외경의 치수공차를 끼워맞춤결합 기호로 표시해 보시오.

④ LINEAR BUSH 외경과 GUIDE PLATE 구멍을 '헐거운끼워맞춤-정밀급'으로 조립하고자 한다. GUIDE PLATE 구멍의 치수공차는 얼마로 정해야 하는가? [축기준끼워맞춤으로 고려 할 것]

⑤ LINEAR BUSH의 카탈로그에서 제시되고 있는 하우징[GUIDE PLATE 구멍] 내경의 치수공차는 얼마인가? 이를 근거로 GUIDE PLATE 구멍의 치수공차를 ④에서 선정한 값 중 최종 결정해 보시오. [Part III c-2 참조]

[3] COLUMN GUIDE와 LINEAR BUSH의 끼워맞춤결합

① LINEAR BUSH 내경의 위치수허용차 및 아래치수허용차는 얼마인가? [Part III c-2 참조]

② LINEAR BUSH 내경과 COLUMN GUIDE 외경의 최대 죔새는 얼마인가?

③ LINEAR BUSH 카탈로그에서 제시하고 있는 레이디얼 클리어런스 허용차는 얼마인가? 이 값을 [8]에서 구한 값과 비교해 보고 선정된 LINEAR BUSH가 적합한 것인지 설명해 보시오.

[4] COLUMN GUIDE와 TOP BASE의 조립

① COLUMN GUIDE와 TOP BASE의 조립 가능 여부는 MMC 상태를 고려해 보면 된다. 그림 2.16을 수정하여 그려보시오.

② TOP BASE 구멍의 아래치수허용차는 얼마인가?

③ TOP BASE 구멍의 IT등급을 COLUMN GUIDE와 동일하게 결정할 경우 TOP BASE 구멍의 치수공차를 끼워맞춤결합 기호로 표시해 보시오.

④ TOP BASE 구멍의 치수공차를 ③과 같이 선정하는 경우 COLUMN GUIDE와 TOP BASE의 끼워맞춤결합의 종류는 어떤 것인가?

⑤ TOP BASE의 도면을 그림 2.17을 수정하여 그려보시오.

⑥ TOP BASE 제작도면이 ⑤와 같을 경우 LMC 조건에서 조립이 가능하기 위한 상태를 그림 2.18을 수정하여 그려보시오. 또한 이때 허용가능한 TOP BASE 구멍 중심의 최대 거리는 얼마인가?

Chapter 3 라미네이터 설계 - 구동부[공압부]

3장에서는 기구부와 구동부[공압부]로 구성된 라미네이터 구조 중 구동부[공압부]에 대한 설계 실습을 진행한다. 구동부의 주요 부품인 공압실린더는 압축공기에 의해 상하 운동을 하게 되며 이를 이용하며 기구부의 필요한 동작이 구현된다. 실습은 공압 부품들로 구성된 공압회로의 도면 즉 공압회로도를 이해하는 것을 목표로 해서 내용이 구성되어 있다.

3-1절에서는 먼저 공압회로 설계의 기준이 되는 라미네이터의 공압 제어 동작을 설명한다. 다음으로 3-2 ~ 3-6절에서는 공압 제어 동작을 단계별로 구분하여 각각에 대해서 공압회로도에 구현되어 있는 세부 내용을 자세히 살펴본다.

3장의 학습을 위해서는 'Part II 정밀기계 제작 이론' 중 'B 설계 – 구동부[공압부]' 내용에 대한 이해가 선행되어야 한다. 3장 각 절의 서두에는 관련된 Part II의 항목 번호를 기재해 두었으니 필요한 경우 해당 내용을 먼저 학습할 것을 추천한다.

3.1 공압회로도

Part Ⅱ. 정밀기계 제작 이론 – 연관 내용	
B–1	공압 시스템

라미네이터의 가압 동작은 공압실린더[PNEUMATIC CYLINDER]의 상하 동작으로 구현이 되는데 이를 세부적으로 구분해서 설명하면 다음과 같다.

- 압력 공급 시 동작 : 압력소스[PRESSURE SOURCE]로부터 압축공기가 공급되면 공압실린더는 상승 동작을 한다.
- 하강 동작 : 푸쉬버튼밸브[PUSH BUTTON VALVE] 2개를 동시에 누르면 공압실린더가 하강한다
- 상승 동작 : 공압실린더의 하강 동작에 의해 GUIDE PLATE에 부착 되어 있는 TOUCH PLATE가 롤러레버밸브[ROLLER LEVER VALVE]를 누르게 되면 타임딜레이밸브에 설정된 시간이 경과한 후 공압실린더가 다시 상승한다.

- 비상정지 시 동작 : 비상정지밸브[EMERGENCY STOP VALVE]를 누르면 공압 실린더는 상승한다.
- 압력 차단 시 동작 : 압력소스로부터 압축공기가 차단되어도 공압실린더와 연결된 GUIDE PLATE는 자중에 의해 낙하하지 않는다.

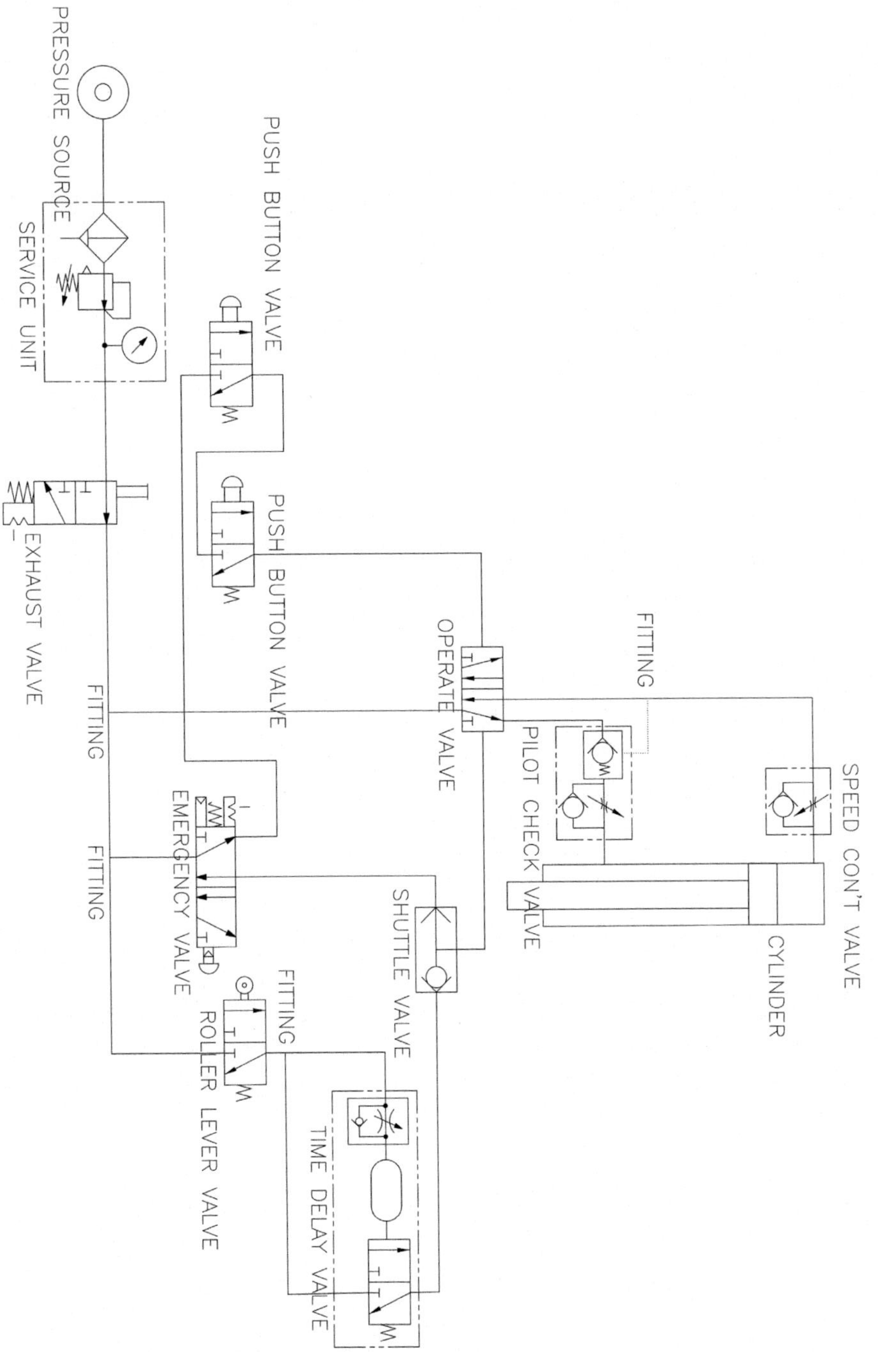

그림 3.1 라미네이터의 공압회로도

그림 3.1은 이상과 같은 공압실린더의 동작을 공압 시스템으로 구현한 공압회로도이다. 이하 내용에서는 공압 시스템의 작동을 이해하기 위해서 공압회로도를 기준으로 동작 단계별로 구분하여 설명하기로 한다.

3.2 [도면해독] 공압실린더 상승, 하강 제어 [1]

Part Ⅱ. 정밀기계 제작 이론 – 연관 내용	
B–2	서비스유닛
B–3	공압실린더
B–4	방향제어밸브
B–7	잔압배기밸브

GUIDE PLATE의 상하 동작은 복동실린더와 방향제어밸브에 의해서 제어된다. 그림 3.2는 각각 복동실린더의 상승 및 하강 동작에서 방향제어밸브의 연결 상태를 나타낸 공압회로도이다.

복동실린더의 상승 하강 동작을 위해서는 작동압을 실린더에 공급함과 동시에 실린더 내부의 배압은 대기로 배출하여야 한다. 이를 위해서 사용되는 것이 오퍼레이트밸브[OPERATE VALVE]이다. 오퍼레이트밸브는 복동실린더 제어를 위해 사용되는 5포트 2위치 방향제어밸브의 한 종류이다.

그림에서 압력소스로부터 유입되는 압축공기는 서비스유닛[SERVICE UNIT] 및 잔압배기밸브[EXHAUST VALVE]를 통과하여 오퍼레이트밸브의 파워포트로 공급되고 있다.

그림 3.2 [a]에서 오퍼레이트밸브는 오른쪽 위치에 있다. 압축공기는 오퍼레이트밸브에 의해 실린더의 하부포트로 공급된다. 동시에 실린더 내부의 배압은 실린더의 상부포트로 배출되어 오퍼레이트밸브에 의해 대기로 배출된다. 이 경우 실린더는 상승 동작을 하게 된다.

그림 3.2 [b]에서 오퍼레이트밸브는 왼쪽으로 위치가 전환되어 있다. 압축공기는 오퍼레이트밸브에 의해 실린더의 상부포트로 공급된다. 동시에 실린더 내부의 배압은 실린더의 하부포트로 배출되어 오퍼레이트밸브에 의해 대기로 배출된다. 이 경우 실린더는 하강 동작을 하게 된다.

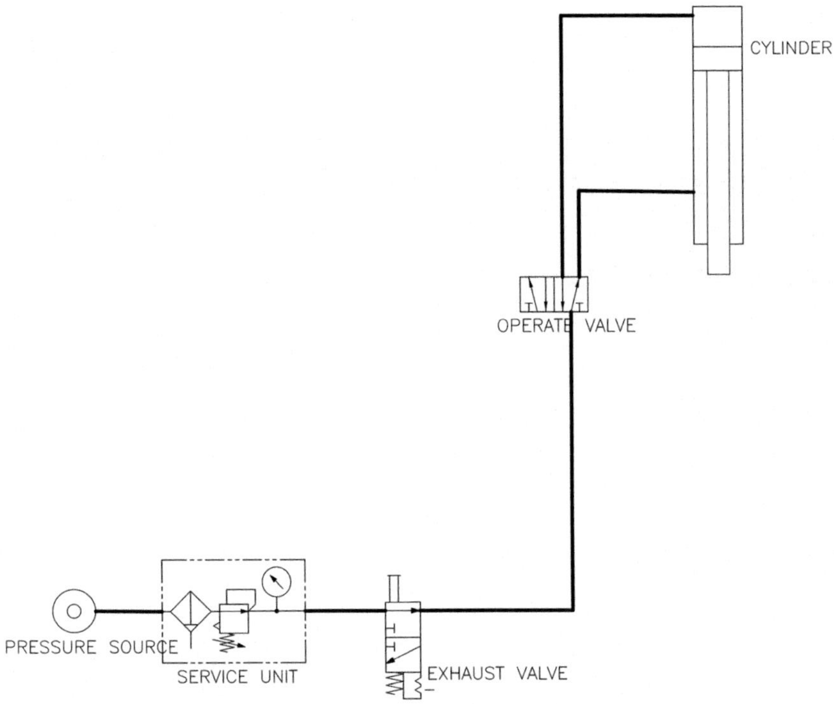

[a] 공압실린더의 상승 제어

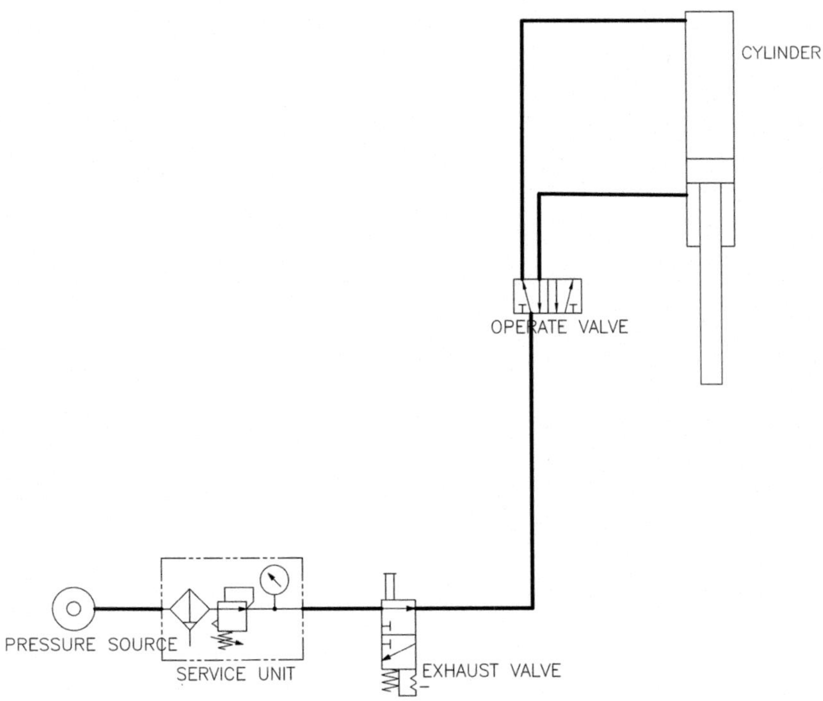

[b] 공압실린더의 하강 제어

그림 3.2 공압실린더 상승, 하강 제어 [1]

3.3 [도면해독] 공압실린더 상승, 하강 제어 [2]

Part Ⅱ. 정밀기계 제작 이론 – 연관 내용	
B–4	방향제어밸브
B–8	롤러레버밸브

오퍼레이트밸브의 위치 전환은 제어포트의 압축공기 유입에 의해서 결정된다. 그림 3.3에서 제어포트는 각각 푸쉬버튼밸브 및 롤러레버밸브와 연결되어 있다. 압력소스 및 잔압배기밸브를 통해 공급되는 압축공기는 피팅[FITTING]을 통해 푸쉬버튼밸브 및 롤러레버밸브로 분기되고 있다.

그림 3.3 [a]에서는 압력소스로부터 공급되는 압축공기는 직렬로 연결된 2개의 푸쉬버튼밸브를 통하여 오퍼레이트밸브의 왼쪽 제어포트로 공급된다. 푸쉬버튼밸브는 3포트/2위치 방향제어밸브의 한 종류로 압축공기의 흐름을 연결 또는 차단하는 역할을 한다. 작업자가 푸쉬버튼을 손으로 누름으로써 압축공기의 흐름은 연결로 전환된다. 이 경우 오퍼레이트밸브의 제어에 의해 실린더는 하강 동작을 하게 된다.

푸쉬버튼밸브를 2개를 양손으로 동시에 눌러야 실린더가 하강하게 되는데 이와 같은 조작 방식을 양수버튼 방식라고 한다. 기계를 조작하기 위해 작업자가 두손을 모두 사용하게 함으로써 손의 끼임에 의한 신체사고를 방지하기 위해 사용되는 공압회로이다.

그림 3.3 [b]에서는 압력소스로부터 공급되는 압축공기는 롤러레버밸브를 통하여 오퍼레이트밸브의 오른쪽 제어포트로 공급된다. 롤러레버밸브 역시 3포트/2위치 방향제어밸브의 한 종류로 압축공기의 흐름을 연결 또는 차단하는 역할을 한다. GUIDE PLATE에 부착된 TOUCH PLATE가 롤러레버를 누름으로써 압축공기의 흐름은 연결로 전환된다. 이 경우 오퍼레이트밸브의 제어에 의해 실린더는 상승 동작을 하게 된다.

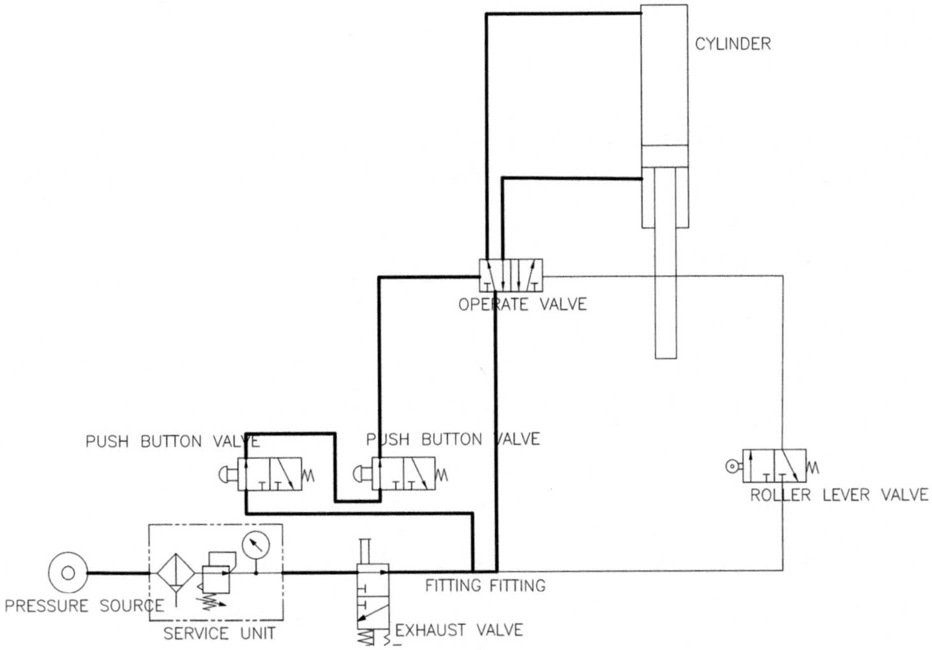

[a] 푸쉬버튼밸브 눌림

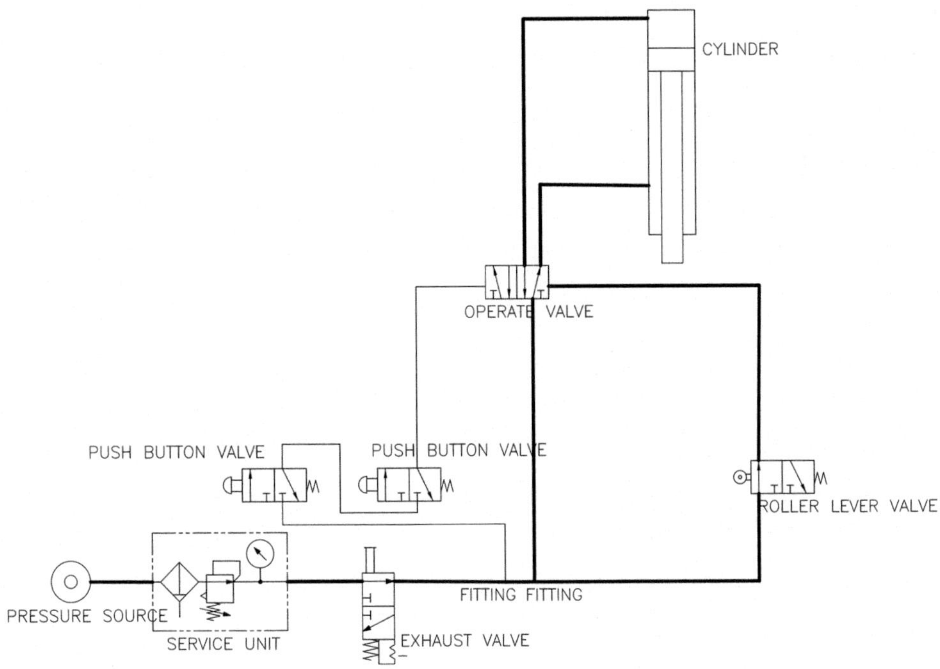

[b] 롤러레버밸브 눌림

그림 3.3 공압실린더 상승, 하강 제어 [2]

3.4 [도면해독] 공압실린더 속도 제어

Part Ⅱ. 정밀기계 제작 이론 – 연관 내용	
B–5	유량조절밸브
B–10	파일럿체크밸브

실린더의 상승 및 하강 속도 제어는 유량조절밸브의 교축밸브를 조정하는 방식으로 이루어진다. 그림 3.4에서 실린더의 상부포트 및 하부포트에는 미터–아웃 방식의 유량조절밸브가 연결되 있어 실린더 배압의 유량을 조절할 수 있도록 되어 있다.

그림 3.4 [a]는 실린더가 상승하는 경우이다. 오퍼레이트밸브에 의해서 실린더의 하부포트로 압축공기가 유입된다. 이때는 유량조절밸브의 체크밸브쪽을 통해서 압축공기가 흐른다. 한편 실린더의 상부포트로는 배압이 대기로 배출되는데 이때는 유량조절밸브의 체크밸브 쪽으로는 공기 흐름이 차단되며 모든 공기는 교축밸브를 통해서만 흐르게 된다. 따라서 교축밸브의 유로를 조절함으로써 배압의 유량을 변경시킬 수 있다. 이와 같은 방법으로 실린더 상승 속도를 조절한다.

그림 3.4 [b]는 실린더가 하강하는 경우의 압축공기의 흐름이다. 방향제어밸브에 의해서 실린더의 상부포트로 압축공기가 유입된다. 이때는 유량조절밸브의 체크밸브쪽을 통해서 압축공기가 흐른다. 한편 실린더의 하부포트로는 배압이 대기로 배출되는데 이때는 유량조절밸브의 체크밸브 쪽으로는 흐름이 차단되기 때문에 모든 공기는 교축밸브를 통해서만 흐르게 된다. 따라서 교축밸브를 유로를 조절함으로써 배압의 유량을 변경시킬 수 있다. 이와 같은 방법으로 실린더 하강 속도를 조절한다.

그림에서 실린더의 하부포트에는 실제로는 일반적인 유량조절밸브 대신 파일럿체크밸브가 연결되어 있다. 따라서 실린더 하강 시 파일럿체크밸브의 체크밸브 기능은 배압의 배출을 위해 해제되어야 한다. 방향조절밸브에서 공급되는 작동압이 피팅에 의해 분기되어 파일럿 유로를 통해 체크밸브 기능을 해제하게 되어 있다.

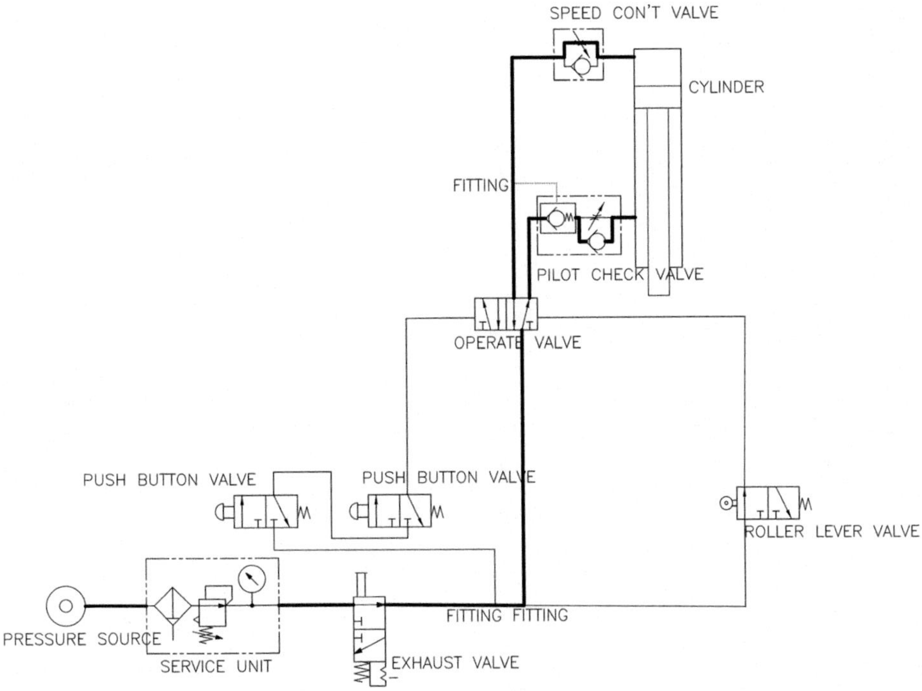

[a] 상승 속도 제어

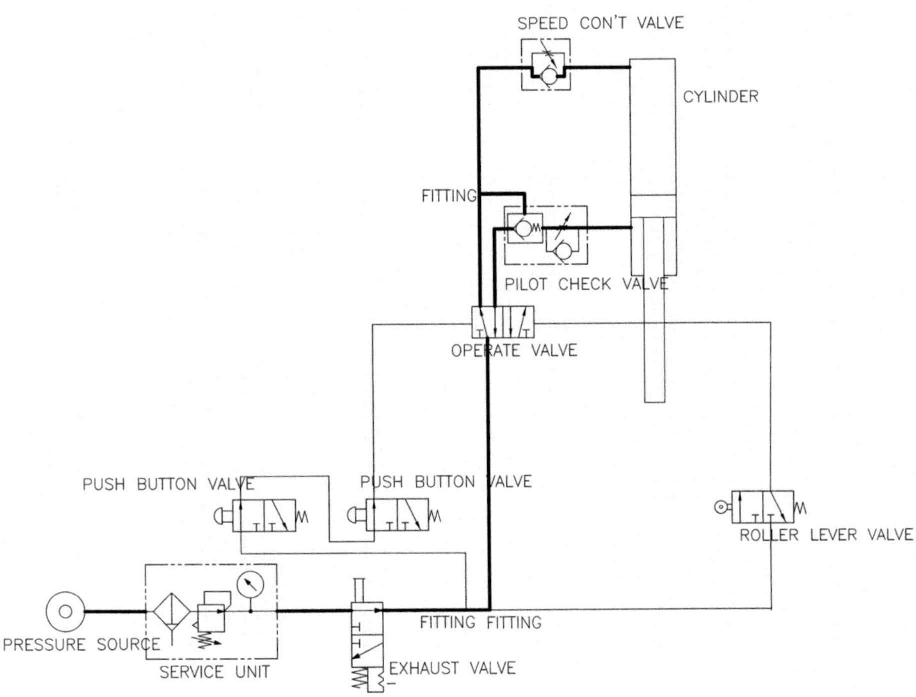

[b] 하강 속도 제어

그림 3.4 공압실린더 속도 제어

3.5 [도면해독] 타임딜레이 제어

Part Ⅱ. 정밀기계 제작 이론 – 연관 내용	
B-9	타임딜레이밸브

GUIDE PLATE가 하강하여 가압이 일정 시간 지속된 후 GUIDE PLATE가 상승하도록 공압회로를 구성해 보자. 공압회로에서 시간 지연 요소는 타임딜레이밸브에 의해서 구현된다. 타임딜레이밸브는 유량조절밸브, 탱크, 3포트/2위치 방향제어밸브로 구성되는 공압부품이다. 그림 3.5를 보면 롤러레버밸브와 오퍼레이트밸브 사이에 타임딜레이밸브가 위치하고 있는 것을 알 수 있다. 롤러레버밸브를 통과한 압축공기는 피팅에 의해 분기되어 타임딜레이밸브의 파워포트 및 제어포트 측으로 공급된다.

그림 3.5 [a]는 GUIDE PLATE의 TOUCH PLATE가 롤러레버밸브를 누른 시점에서 압축공기의 흐름을 나타낸 것이다. 이번에는 롤러레버밸브가 눌렸음에도 불구하고 오퍼레이트밸브의 위치가 오른쪽으로 즉시 전환되지는 않는다. 이는 타임딜레이밸브의 탱크에 압력이 채워질 때까지 시간이 걸리기 때문이다. 따라서 이 시점에서는 오퍼레이트밸브는 왼쪽 위치를 계속 유지하게 되고 GUIDE PLATE는 가압 동작을 일정 시간 유지하게 된다.

그림 3.5 [b]는 타임딜레이밸브의 설정 시간이 경과 하여 탱크에 압력이 채워진 이후의 압축공기의 흐름을 나타낸 것이다. 타임딜레이밸브가 왼쪽 위치로 전환이 되어 있고 따라서 오퍼레이트밸브는 오른쪽 위치로 전환된다. 이에 따라 실린더는 상승 동작을 하게 된다.

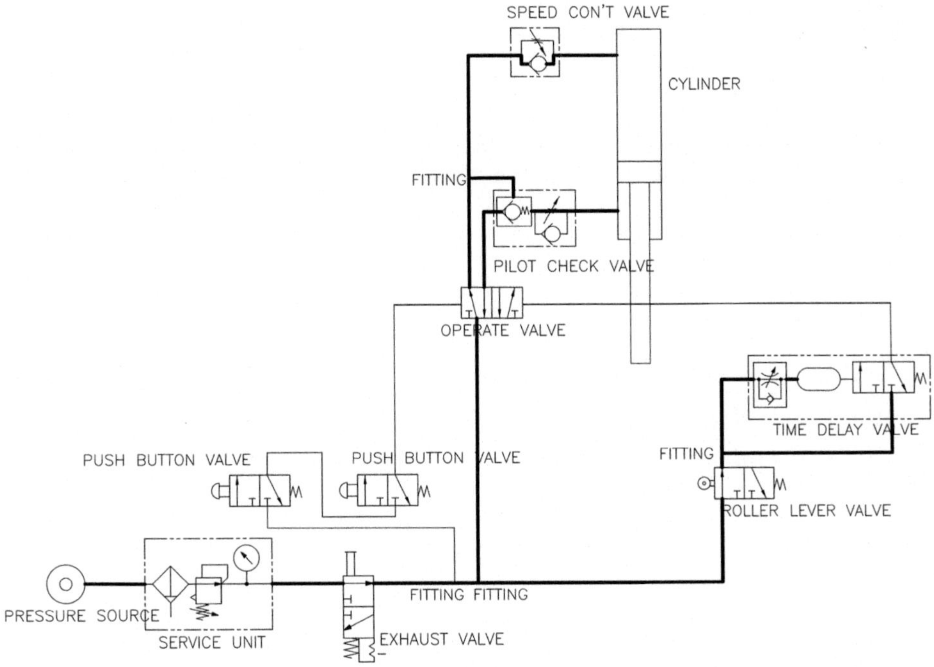

[a] 롤러레버밸브 눌림 시

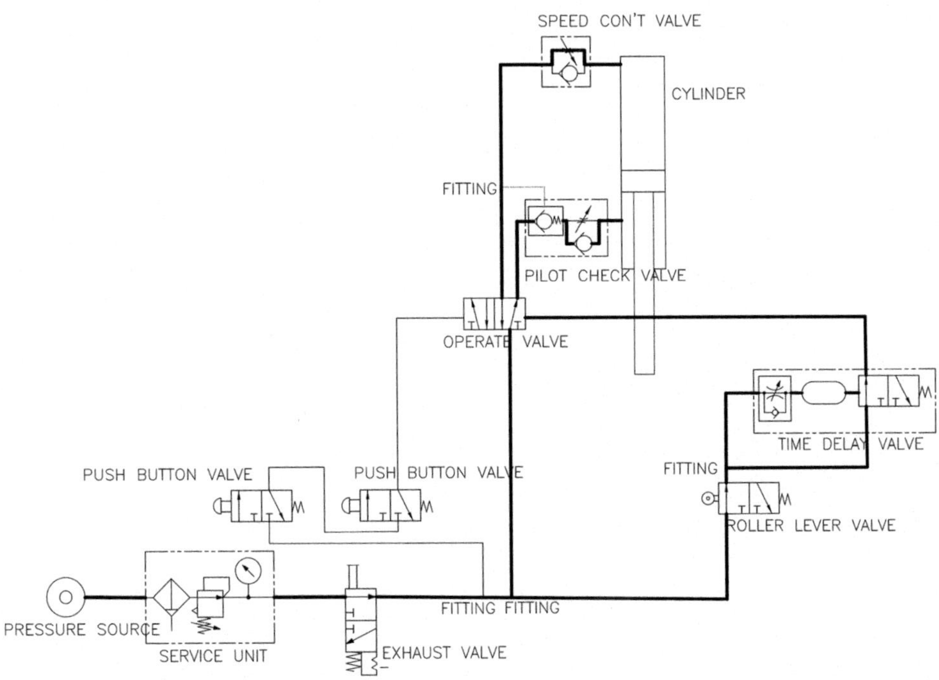

[b] 롤러레버밸브 눌림 후 설정 시간 경과

그림 3.5 타임딜레이 제어

3.6 [도면해독] 비상정지 제어

Part Ⅱ. 정밀기계 제작 이론 – 연관 내용	
B-6	셔틀밸브
B-11	비상정지밸브

작업자가 비상정지밸브를 누르게 되면 실린더는 즉시 상승 동작을 하여야 한다. 라미네이터의 경우 이상 동작에 의해 실린더가 하강하게 되면 제품 파손 또는 신체 협착 등의 사고가 발생할 수 있기 때문이다. 그림 3.6에서 비상정지밸브는 누름버튼밸브 측과는 직렬 연결되어 있으며, 롤러레버밸브 측과는 셔틀밸브를 통하여 병렬 연결되어 있다.

그림 3.6 [a]는 실린더가 정상적인 하강 동작을 할 때 비상정비밸브를 통한 압축공기의 흐름을 나타낸다. 비상정지밸브는 왼쪽 위치를 유지하고 있으며 압축공기는 푸쉬버튼밸브 측으로만 연결되고 셔틀밸브쪽으로는 차단된 상태이다.

그림 3.6 [b]는 실린더 하강 동작 중 비상 상황이 발생하여 비상정지밸브를 작업자가 누른 경우이다. 이에 따라 비상정지밸브의 위치가 오른쪽으로 전환되었다. 이제 압축공기의 흐름은 셔틀밸브를 통하여 오퍼레이트밸브의 제어포트 측으로 전환된다. 따라서 오퍼레이트밸브는 오른쪽 위치로 전환되며 실린더는 하강 동작을 멈추고 상승 동작을 하게 된다.

정리해 보면 실린더의 상승 동작은 롤러레버밸브와 비상정지밸브에 의해 OR 조건으로 이루어져야 하는데 이를 위하여 셔틀밸브가 사용되고 있음을 알 수 있다.

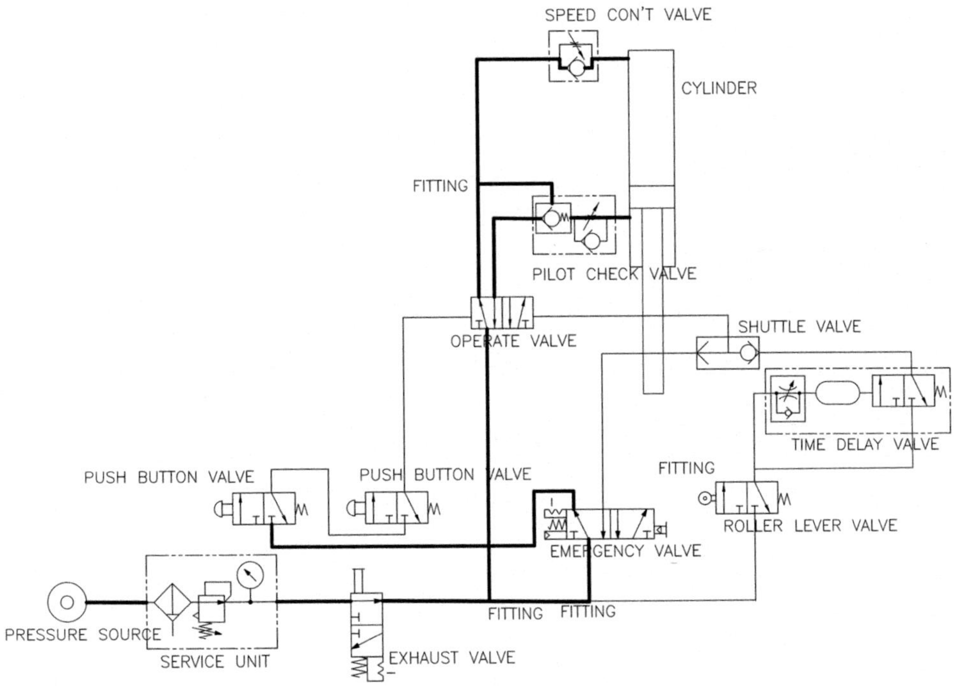

[a] 실린더 하강 [비상정지밸브 해제 상태]

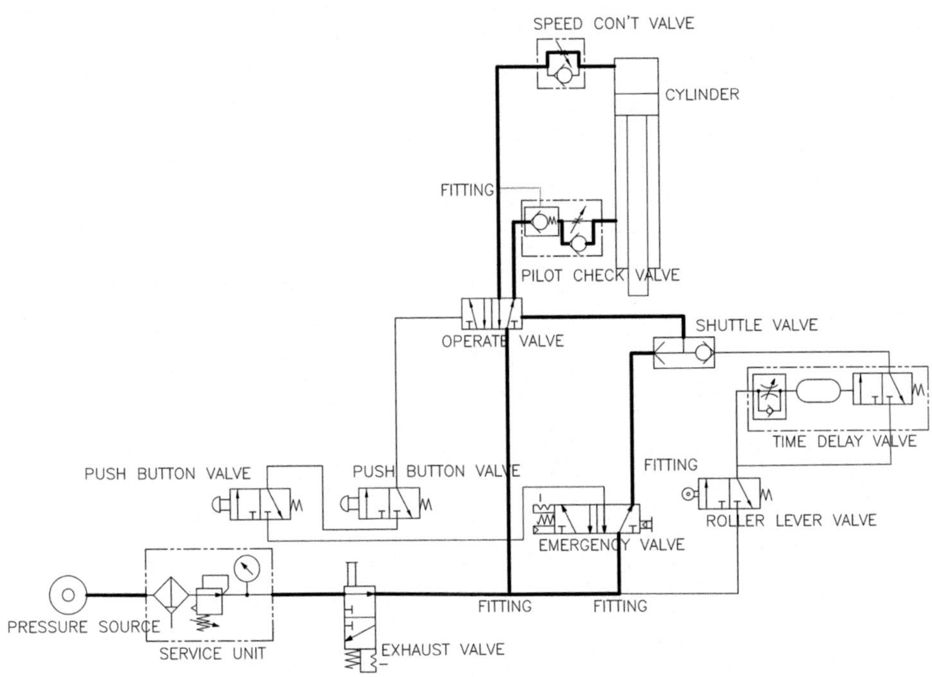

[b] 비상정비밸브 눌림

그림 3.6 비상정지 제어

3.7 연습문제

그림 3.7은 라미네이터의 동작 타이밍차트이다. 타이밍차트는 시간의 흐름에 대한 누름버튼밸브, 롤러레버밸브, 비상정지밸브의 상태를 표현하고 있다. 아래의 조건을 바탕으로 [1]~[3]의 물음에 답하시오

- 초기상태에서 공압실린더는 상승 끝에 위치 함.
- 공압실린더의 상승 및 하강 속도는 동일해 지도록 유량조절밸브 및 파일럿체크밸브가 조절되어 있음.
- 타임딜레이밸브의 설정 시간은 10초임.

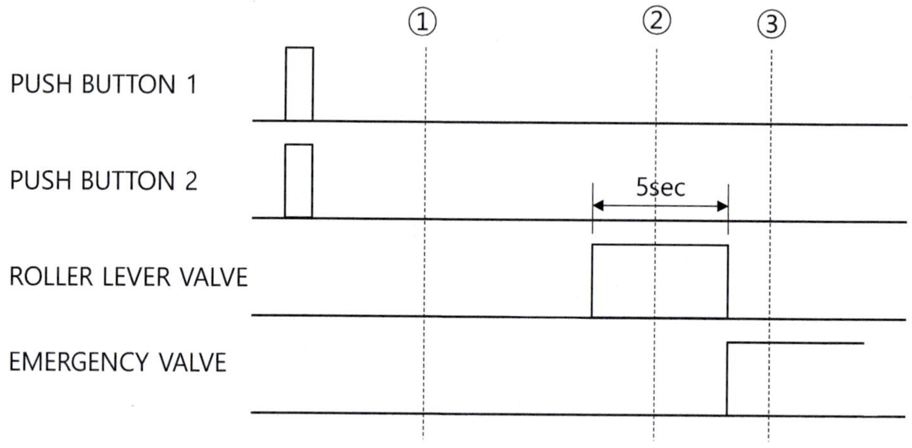

그림 3.7 라미네이터 동작 타이밍차트 – 연습문제

[1] 시각 ①에서 공압실린더의 동작을 설명해 보시오. 또한, 작동압, 배압 및 제어압의 흐름을 그림 3.1의 공압회로도에 진한색 선으로 표시해 보시오

[2] 시각 ②에서 공압실린더의 동작을 설명해 보시오. 또한, 작동압, 배압 및 제어압의 흐름을 그림 3.1의 공압회로도에 진한색 선으로 표시해 보시오

[3] 시각 ③에서 공압실린더의 동작을 설명해 보시오. 또한, 작동압, 배압 및 제어압의 흐름을 그림 3.1의 공압회로도에 진한색 선으로 표시해 보시오

Chapter 4

라미네이터 가공

부품의 가공은 부품도를 기준으로 사내 또는 외주 제작으로 이루어진다. 부품이 올바르게 가공되기 위해서는 가공 환경, 가공기 종류 및 가공 방법에 대한 이해 및 세심한 선택이 필요하다. 그런데 가공 단계에서는 부품이 제작되었다는 사실만으로는 충분하지 않으며 반드시 치수를 실제로 측정하는 작업이 함께 이루어져야 한다. 가공 중 다양한 원인에 의해 부품도에 부여된 공차를 만족시키지 못하는 부품이 만들어지는 경우가 흔히 있다. 이러한 부품이 그대로 조립에 사용되어 장비가 완성되는 경우 설계에서 목적으로 했던 장비의 성능이 구현되지 못하거나 저하될 수도 있다.

4장에서는 라미네이터 부품의 제작을 직접적으로 다루지는 않는다. 대신 가공이 완료된 실물 부품의 치수를 측정해 보는 실습을 진행한다. 실습의 주요 목표는 '2장 라미네이터 설계 – 기구부'에서 다루었던 치수 및 공차와 실제 측정 결과를 비교해 보는 것이다.

실습은 4-1 ~ 4-5절 까지 5개로 구성되어 있는데 평면도, 평행도, 깊이, 내경, 구멍 중심의 위치에 대한 측정으로 그 내용이 이루어져 있다. 각 실습에 대해서는 측정 항목에 알맞은 측정기, 측정 방법을 먼저 설명하고 실습 결과는 측정값 기록 시트에 정리하여 기록할 수 있도록 하였다.

부품 중 가공품 외에 구매품의 경우는 보통 전문 업체에 의해 높은 정도로 제작이 이루어지므로 측정 실습에서 제외하였다. 또한, 고가의 측정기가 필요한 표면거칠기 측정 역시 내용에서 제외하였다.

4장의 학습을 위해서는 'Part II 정밀기계 제작 이론' 중에서 'C 가공' 내용에 대한 이해가 선행되어야 한다. 4장 각 절의 서두에는 관련된 Part II의 항목 번호를 기재해 두었으니 필요한 경우 해당 내용을 먼저 학습할 것을 추천한다.

4.1 [실습] 평면도 측정

Part Ⅱ. 정밀기계 제작 이론 – 연관 내용	
C-1	가공품 치수의 산포
C-2	측정 환경
C-3	측정 기준면
C-9	하이트게이지
C-10	다이알인디케이터

라미네이터 부품 중 평면도에 대한 측정이 필요한 치수 항목은 표 4.1과 같다. 모든 항목의 평면도 공차는 0.01mm로 규제되어 있다. 평면도의 측정 방법은 모든 치수 항목이 같으므로 이하 내용에서는 BTM STAGE 상면의 평면도 측정에 대해서만 설명한다.

표 4.1 평면도 측정 항목

부품명	측정 항목	공차[mm]
BTM STAGE	상면 평면도	0.01
MAIN BASE	상면 평면도	0.01
TOP PRESS PLATE	하면 평면도	0.01
GUIDE PLATE	하면 평면도	0.01
TOP BASE	하면 평면도	0.01

[1] 측정기

평면도의 측정에는 다이알인디케이터와 하이트게이지가 널리 사용된다. 제작도면에 규제된 평면도의 공차는 0.01mm이므로 측정기는 정도가 그보다 높은 것을 사용하여야 할 것이다. 다이알인디케이터를 사용할 경우 2.5μm의 정도로 평면도를 측정할 수 있다. 평면도 측정 시 측정의 정도는 다이알인디케이터에 의해 결정된다. 하이트게이지는 다이알인디케이터를 수직 방향으로 고정하고 정반면 위에서 슬라이딩 하도록 하는 역할을 하므로 측정의 정도에는 영향을 미치지 않는다.

평면도 측정에 다이알인디케이터와 하이트게이지 대신 리니어하이트를 이용할 수도 있다. 리니어하이트를 이용할 경우 1.1μm의 정도로 평면도를 측정하는 것이 가능하다. 표 4.2은 평면도 측정에 필요한 측정기의 규격과 정도의 예를 제시한 것이다.

표 4.2 평면도 측정기 [출처 : 한국미쓰도요 제품 카탈로그]

측정기	규 격	정 도
하이트게이지	한국미쓰도요 192-131	±0.0 5mm
다이알인디케이터	한국미쓰도요 1013S-10	2.5 μm
리니어하이트	한국미쓰도요 LH-600E	1.1+0.6L/600 μm

[2] 측정 방법

기준면

평면도 측정 시 측정기인 하이트게이지의 베이스는 정반면에 밀착하여 사용해야 한다. 따라서 평면도를 측정하고자 하는 부품면도 정반면과 평행을 이루도록 해야 할 것이다. 이를 위해서 그림 4.1과 같이 3개의 잭스크류[jack screw]를 이용하여 부품을 지지하는 방법을 사용한다. 잭스크류는 부품을 점접촉으로 지지할 수 있도록 한쪽 끝이 볼 형태로 되어 있으며 나사를 이용해서 지지 높이를 미세하게 조절할 수 있는 기계요소이다. 3개의 잭스크류의 나사를 각각 조절하여 지지 지점의 다이알인디케이터의 눈금이 모두 같아지도록 한다.

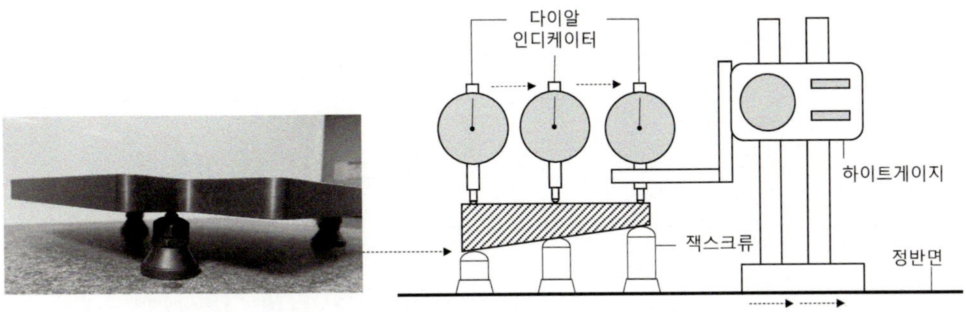

그림 4.1 잭스크류를 이용한 기준면 설정

측정 방법

평면도의 측정을 위해서는 측정면 영역을 격자로 구분하여 다이알인디케이터로 각각의 높이를 측정한다. 그림 4.2는 측정면 영역을 21개로 나누어 구분해 놓은 것이다. ①번 위치에서 다이알인디케이터를 영점 조정한 후 ㉑번 위치까지 차례대로 이동시켜 가면서 눈금값을 읽는다. 그림 4.3은 다이알인디케이터와 하이트게이지를 이용해서 평면도를 측정하고 있는 사진이다.

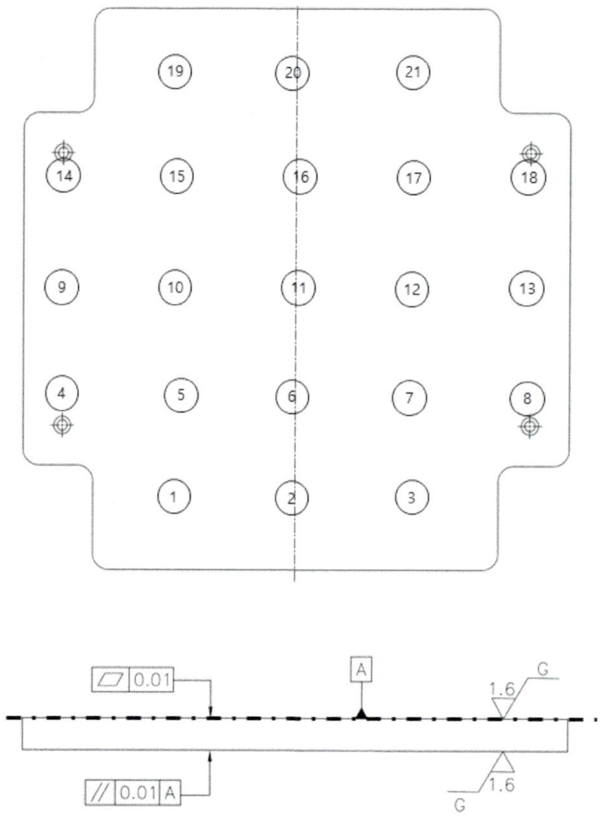

그림 4.2 평면도 측정 방법 [BTM STAGE]

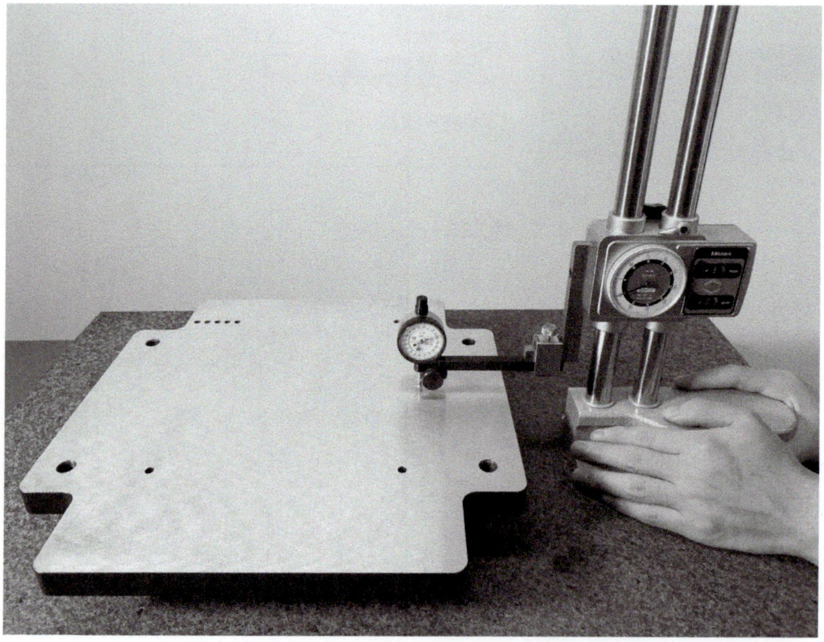

그림 4.3 평면도 측정 : 하이트게이지 + 다이알인디케이터

[3] 측정값 기록

측정값은 그림 4.4와 같은 시트에 기록한다. 각 측정 위치에 대해서 3회씩 반복 측정한 평균값을 기록한다. 평면도는 모든 측정 위치 중 최대값 및 최소값의 차이로 계산할 수 있다. 측정한 평면도 값은 도면의 공차와 비교하여 부품의 양품과 불량품 여부를 판정한다.

라미네이터 번호:
날짜:

부품명: BTM STAGE
온도(°C):
습도(%):

측정기: 하이트게이지, 다이알인디케이터
측정 담당자:

측정 항목: 평면도
기준치수: -
공차: 0.01.mm

측정 위치	측정 횟수				최대	최소	평면도	양품/불량품
	1회	2회	3회	평균				
1								
2								
3								
4								
5								
6								
7								
8								
9								
10								
11								
12								
13								
14								
15								
16								
17								
18								
19								
20								
21								

그림 4.4 측정값 기록 시트 : 평면도

4.2 [실습] 평행도 측정

Part Ⅱ. 정밀기계 제작 이론 – 연관 내용	
C–1	가공품의 치수 산포
C–2	측정 환경
C–3	측정 기준면
C–9	하이트게이지
C–10	다이알인디케이터

라미네이터 부품 중 평행도에 대한 측정이 필요한 치수 항목은 표 4.3과 같다. 모든 항목의 평행도 공차는 0.01mm 로 규제되어 있다. 평행도의 측정 방법은 모든 치수 항목이 동일하므로 이하 내용에서는 BTM STAGE 하면의 평행도 측정을 기준으로 설명한다.

표 4.3 평행도 측정 항목

부품명	측정 항목	공차[mm]
BTM STAGE	하면 평행도	0.01
TOP PRESS PLATE	상면 평행도	0.01
GUIDE PLATE	상면 평행도	0.01

[1] 측정기

평행도 측정에 사용되는 측정기는 평면도의 경우와 동일하다.

표 4.4 평행도 측정기[출처 : 한국미쓰도요 제품 카탈로그]

측정기	규 격	정 도
하이트게이지	한국미쓰도요 192–131	±0.05 mm
다이알인디케이터	한국미쓰도요 1013S–10	2.5 μm
리니어하이트	한국미쓰도요 LH–600E	1.1+0.6L/600 μm

[2] 측정 방법

기준면

평면도는 데이텀 면을 기준으로 평행한 정도를 규제하는 기하공차이다. 따라서 평면도 측정 시 데이텀 면을 정반면에 밀착시킨 후 위치에 따른 측정면의 높이 변화를 정면 기준으로 측정해야 한다. 그림 4.5에서 일점쇄선으로 표시된 평행도의 데이텀 면 A를 정반면에 밀착시킨 후 평행도를 측정하면 된다.

측정 방법

평행도의 측정 위치는 평면도의 경우와 동일하다.

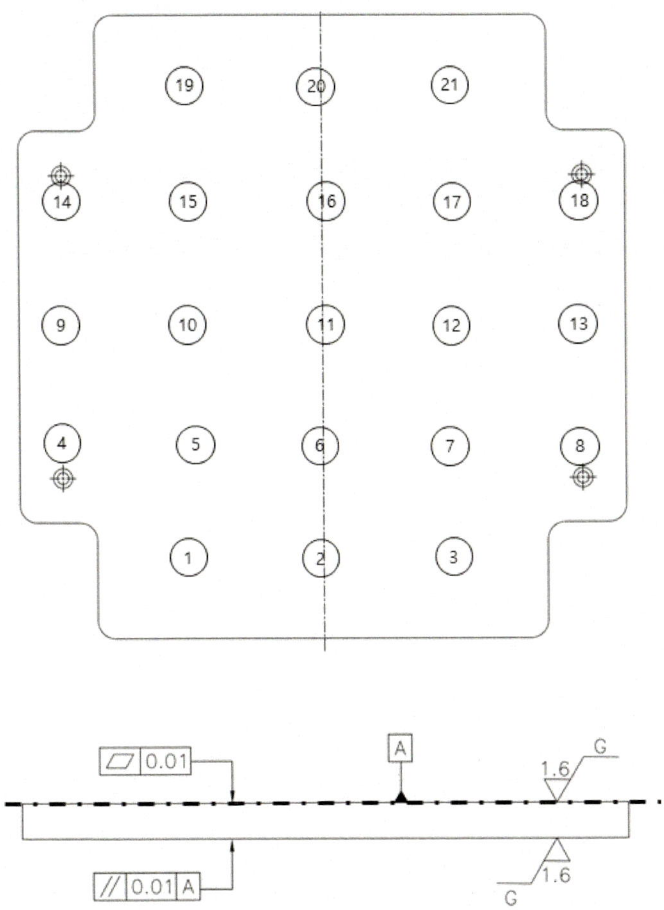

그림 4.5 평행도 측정 방법 [BTM STAGE]

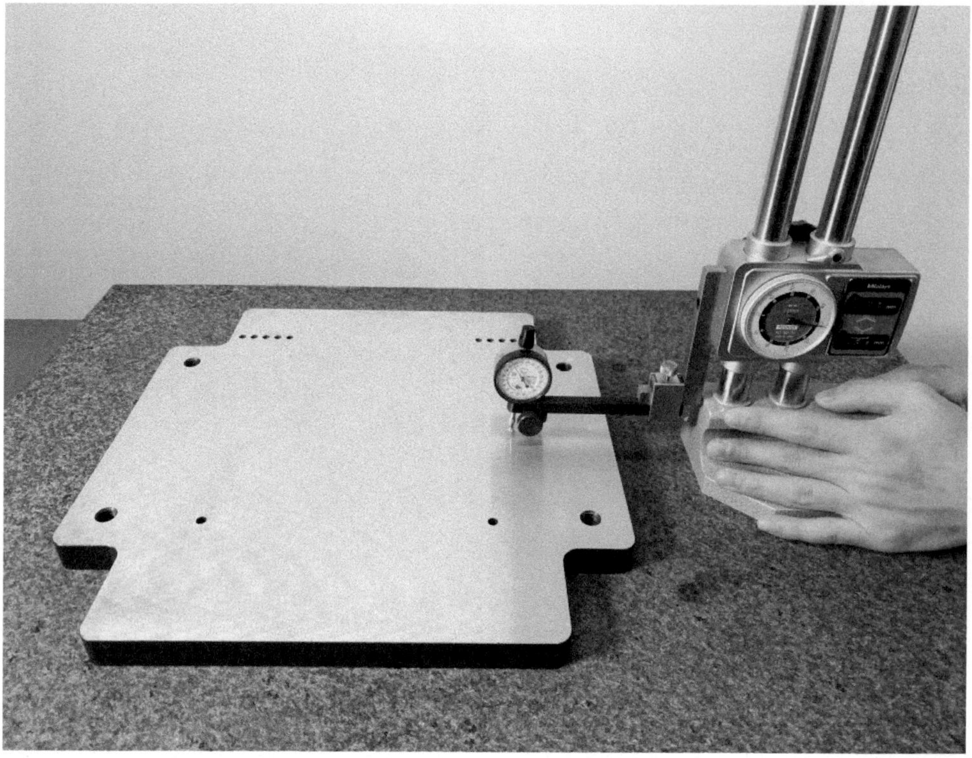

그림 4.6 평행도 측정 : 리니어하이트 + 다이알인디케이터

[3] 측정값 기록

평행도의 측정값 기록 방법은 평면도의 경우와 동일하며 그림 4.7 시트에 기록한다.

라미네이터 번호:

날짜:

부품명: BTM STAGE

온도(°C):

습도(%):

측정기: 하이트게이지, 다이알인디케이터

측정 담당자:

측정 항목: 평행도

기준치수: -

공차: 0.01.mm

측정 위치	측정 횟수				최대	최소	평행도	양품/불량품
	1회	2회	3회	평균				
1								
2								
3								
4								
5								
6								
7								
8								
9								
10								
11								
12								
13								
14								
15								
16								
17								
18								
19								
20								
21								

그림 4.7 측정값 기록 시트 : 평행도

4.3 [실습] 구멍깊이 측정

Part Ⅱ. 정밀기계 제작 이론 – 연관 내용	
C-1	가공품의 치수 산포
C-2	측정 환경
C-3	측정 기준면
C-8	깊이마이크로미터

라미네이터 부품 중 구멍깊이에 대한 측정이 필요한 치수 항목은 표 4.5와 같다. 각 부품에 가공된 구멍별로 깊이에 대한 위치수허용차 및 아래치수허용차가 규제되어 있다. 깊이의 측정 방법은 모든 치수 항목이 동일하므로 이하 내용에서는 MAIN BASE에 가공된 구멍깊이 측정을 기준으로 설명한다.

표 4.5 구멍깊이 측정 항목

부품명	측정 항목	기준치수[mm]	공차[mm]
MAIN BASE	깊이	3	+0.01 −0.01
TOP BASE	깊이	3	+0.01 −0.01

[1] 측정기

구멍깊이의 치수는 깊이마이크로미터를 이용하여 측정한다. 측정하고자 하는 구멍깊이의 공차역이 0.02mm 수준이므로 측정기의 정도는 이보다 높은 것을 선택하여야 할 것이다. 깊이마이크로미터를 사용하는 경우 ±0.003mm 수준의 정도로 깊이를 측정하는 것이 가능하다. 표 4.6은 구멍깊이 측정에 필요한 측정기의 규격과 정도의 예를 제시한 것이다.

표 4.6 구멍깊이 측정기[출처 : 한국미쓰도요 제품 카탈로그]

측정기	규 격	정 도
깊이마이크로미터	한국미쓰도요 128-101	±0.003mm

[2] 측정 방법

기준면

그림 4.8에서 일점쇄선으로 표시된 기준면에 깊이마이크로미터의 베이스를 밀착시킨 후 측정자를 하강시켜 깊이를 측정한다.

측정 방법

그림 4.8과 같이 MAIN BASE에 가공되어 있는 4개의 구멍 ①~④의 깊이를 깊이마이크로미터를 이용해서 측정한다.

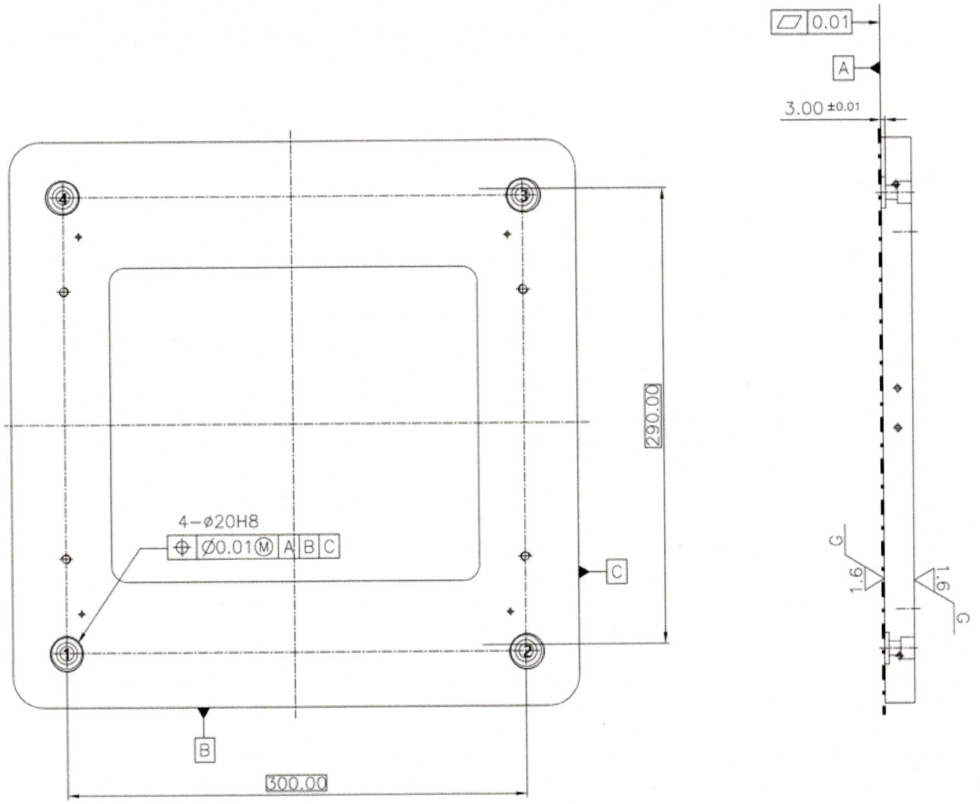

그림 4.8 구멍깊이 측정 방법 [MAIN BASE]

그림 4.9 구멍깊이 측정 : 깊이마이크로미터

[3] 측정값 기록

측정값은 그림 4.10의 시트에 기록한다. 각 측정 위치에 대해서 3회씩 반복 측정한 평균값을 기록한다. 측정된 깊이는 도면의 기준치수 및 공차와 비교하여 부품의 양품과 불량품 여부를 판정한다.

라미네이터 번호:

부품명: MAIN BASE

측정기: 깊이마이크로미터

측정 항목: 구멍 깊이
기준치수: 3mm
공차: -0.01 / +0.01mm

날짜:

온도(°C):
습도(%):

측정 담당자:

측정 위치	측정값				양품/불량품
	1회	2회	3회	평균	
1					
2					
3					
4					

그림 4.10 측정값 기록 시트 : 구멍깊이

4.4 [실습] 내경 측정

Part Ⅱ. 정밀기계 제작 이론 – 연관 내용	
C-1	가공품의 치수 산포
C-2	측정 환경
C-3	측정 기준면
C-7	내경마이크로미터

라미네이터 부품 중 내경에 대한 측정이 필요한 치수 항목은 표 4.7과 같다. 각 부품에 가공된 구멍별로 내경에 대한 위치수허용차 및 아래치수허용차가 규제되어 있다. 내경의 측정 방법은 모든 치수 항목이 동일하므로 이하 내용에서는 MAIN BASE에 가공된 구멍의 내경 측정을 기준으로 설명한다.

표 4.7 내경 측정 항목

부품명	측정 항목	기준치수[mm]	공차[mm]
MAIN BASE	내경	20	+0.033 0
GUIDE PLATE	내경	32	+0.025 0
TOP BASE	내경	20	+0.053 +0.020

[1] 측정기

구멍 내경의 치수는 내경마이크로미터를 이용하여 측정한다. 측정하고자 하는 내경의 공차역이 0.025~0.033mm 수준이므로 측정기의 정도는 이보다 높은 것을 선택하여야 할 것이다. 내경마이크로미터를 사용하는 경우 ±0.003mm 수준의 정도로 내경을 측정하는 것이 가능하다.

표 4.8 구멍깊이 측정기 [출처 : 한국미쓰도요 제품 카탈로그]

측정기	규 격	정 도
내경마이크로미터	한국미쓰도요 368-913	±0.003mm

[2] 측정 방법

측정 방법

그림 4.11과 같이 MAIN BASE에 가공된 4개의 구멍 ①~④의 내경을 내경마이크로미터를 이용해서 측정한다.

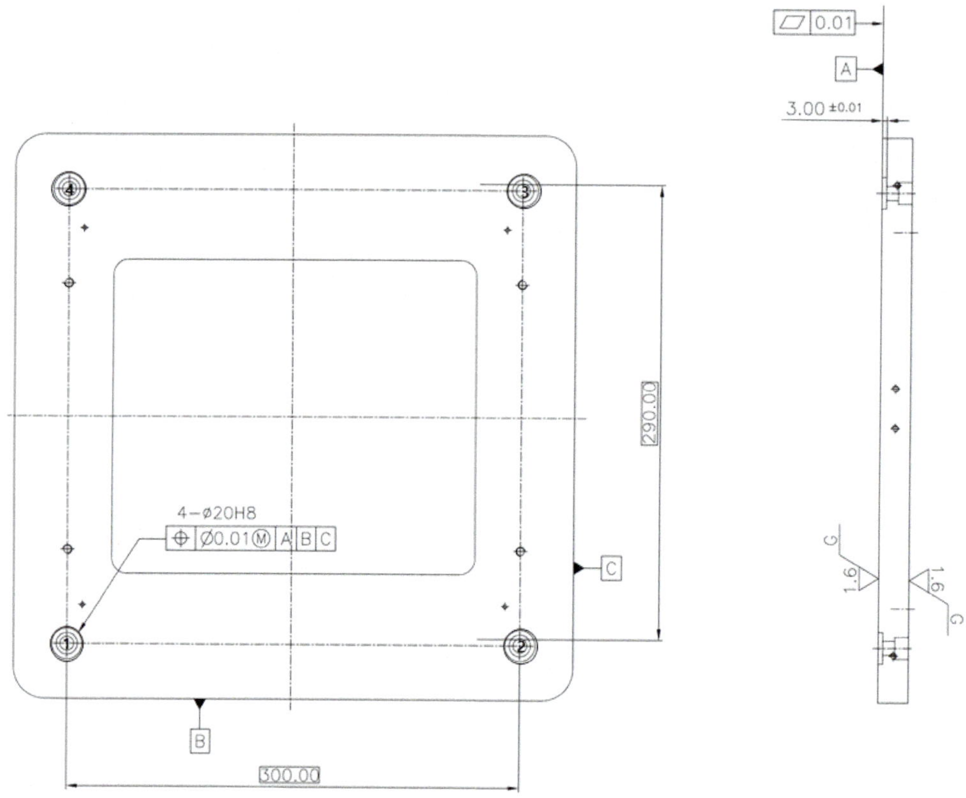

그림 4.11 내경 측정 방법 [MAIN BASE]

그림 4.12 내경 측정 : 내경마이크로미터

[3] 측정값 기록

측정값은 그림 4.13의 시트에 기록한다. 각 측정 위치에 대해서 3회씩 반복 측정한 평균값을 기록한다. 측정된 내경은 도면의 기준치수 및 공차와 비교하여 부품의 양품과 불량품 여부를 판정한다.

라미네이터 번호:

날짜:

부품명: MAIN BASE

온도(°C):
습도(%):

측정기: 내경 마이크로미터

측정 담당자:

측정 항목: 내경
기준치수: 20mm
공차: 0 / 0.033mm

측정 위치	측정값				양품/불량품
	1회	2회	3회	평균	
1					
2					
3					
4					

그림 4.13 측정값 기록 시트 : 내경

4.5 [실습] 위치도 측정

Part Ⅱ. 정밀기계 제작 이론 – 연관 내용	
C–1	가공품의 치수 산포
C–2	측정 환경
C–3	측정 기준면
C–9	하이트게이지
C–11	테스트인디케이터

라미네이터 부품 중 구멍 중심의 위치도 측정이 필요한 치수 항목은 표 4.9와 같다. 모든 항목의 위치도 공차는 ∅0.01mm로 규제되어 있다. 위치도의 측정 방법은 모든 치수 항목이 동일하므로 이하 내용에서는 MAIN BASE 상면에 가공된 구멍의 중심

위치도 측정을 기준으로 설명한다.

표 4.9 위치도 측정 항목

부품명	측정 항목	기준치수 [mm]	공차 [mm]
MAIN BASE	위치도	300/290	∅0.01
GUIDE PLATE	위치도	300/290	∅0.01
TOP BASE	위치도	300/290	∅0.01

[1] 측정기

좌표측정기

위치도는 2차원 평면에서 데이텀을 기준으로 구멍 중심의 좌표값을 알아냄으로써 측정할 수 있다. 측정기로는 2차원 또는 3차원 좌표측정기인 투영기, 화상측정기, 3차원 측정기 등이 있다. 그러나 이러한 측정기들은 고가의 장비로서 정밀기계를 제조하는 작업장에서 일반적으로 구비 되어 있는 경우는 드물다.

하이트게이지

2차원 또는 3차원의 좌표측정기 대신 1차원 길이 측정기인 하이트게이지를 이용하여 위치도를 측정할 수도 있다. 이 경우 공차역이 원형으로 규제된 구멍 중심의 위치도 값을 직접 측정할 수는 없으나 대신 구멍 중심 간의 거리를 측정하는 것은 가능하다.

하이트게이지를 이용하여 거리를 측정하는 경우 하이트게이지 슬라이더에 테스트인디케이터를 부착하여 사용한다. 이 경우 정반면을 데이텀면 또는 기준면으로 하여 수직 방향의 거리를 측정할 수 있다. 이 경우 측정의 정도는 하이트게이지에 의존하게 되는데 ±0.05mm 수준이다. 테스트인디케이터는 측정자로서만 역할을 하는 것이므로 측정의 정도에는 영향을 미치지 않는다.

라미네이터의 경우 측정해야 할 위치도의 공차역이 ∅0.01mm 수준이므로 정도가 ±0.05mm인 하이트게지를 이용할 경우 필요한 정도로는 측정값을 얻을 수 없는 것에 유의해야 한다.

리니어하이트

역시 1차원 측정기인 리니어하이트를 사용하면 2μm 수준의 정도로 길이를 측정하는 것이 가능하다. 이 경우 위치도 공차역 ∅0.01mm와 비교하여 충분한 정도를 가지고 측정값을 얻을 수 있다.

표 4.10 평면도 측정기 [출처 : 한국미쓰도요 제품 카탈로그]

측정기	규 격	정 도
하이트게이지	한국미쓰도요 192-131	±0.05mm
테스트인디케이터	한국미쓰도요 513-404	8 μm
리니어하이트	한국미쓰도요 LH-600E	1.1+0.6L/600 μm

[2] 측정 방법

기준면

그림 4.14에는 4개의 구멍 중심 간 거리가 ①~④의 기호로 표시어 있다. 측정의 기준면은 일점쇄선으로 표시되어 있는데 기준면이 정반면에 밀착되도록 부품을 위치시킨 후 측정하면 된다. 거리 ①, ③에 대해서는 수평의 일점쇄선을 ②, ④에 대해서는 수직의 일점쇄선을 기준면으로 삼는다.

측정 방법

하이트게이지 및 테스트인디케이터 이용하여 측정하는 경우에 대해서 설명한다. 그림 4.14에서 거리 ①~④의 측정 방법은 모두 동일하다. 따라서 거리 ①에 대해서만 자세히 설명한다.

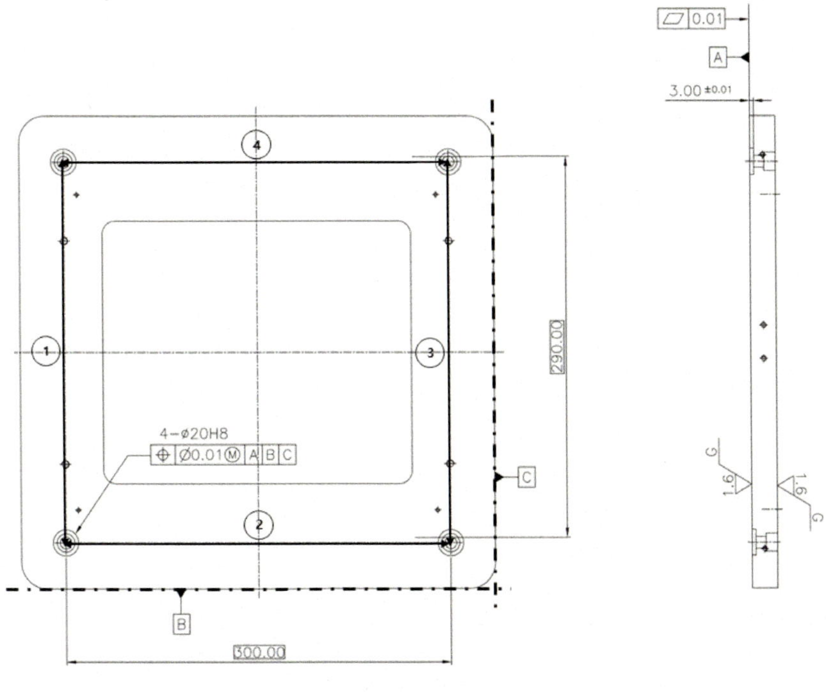

그림 4.14 위치도 [구멍 중심 간 거리] 측정 방법 [MAIN BASE]

①의 값은 2개의 구멍의 중심간 거리이므로 하이트게이지로 직접 측정할 수는 없는데, 구멍 중심은 공간 상의 가상의 점이기 때문이다. 이런 경우는 간접측정 방법을 이용하여야 한다.

①의 값은 h_1, h_3 및 d_1, d_2를 측정함으로써 간접적으로 계산해 낼 수 있다. 먼저 d_1, d_2는 구멍의 내경으로서 그 값은 내경마이크로미터를 이용함으로써 측정할 수 있음을 이미 설명하였다. 다음으로 h_1, h_3는 기준면에서 각 구멍의 최하점까지의 거리로서 이는 하이트게이지와 테스트인디케이터로 측정할 수 있다.

d_1, d_2, h_1, h_3 측정값으로부터 h_2, h_4의 값을 다음과 같이 간접적으로 계산할 수 있다. h_2, h_4는 기준면에서 각 구멍 중심까지의 거리이다.

$$h_2 = \frac{d_1}{2} + h_1$$

$$h_4 = \frac{d_2}{2} + h_3$$

이제 h_2, h_4로부터 다시 ①의 값을 아래와 같이 계산함으로 구멍 중심 거리의 값을 계산해 낼 수 있다.

$$① = h_4 - h_2$$

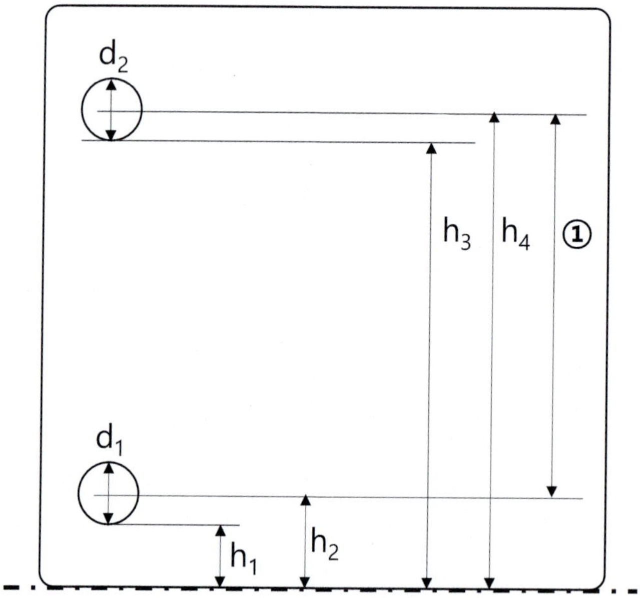

그림 4.15 위치도[구멍 중심 간 거리] 간접측정

[a] 하부 구멍 측정

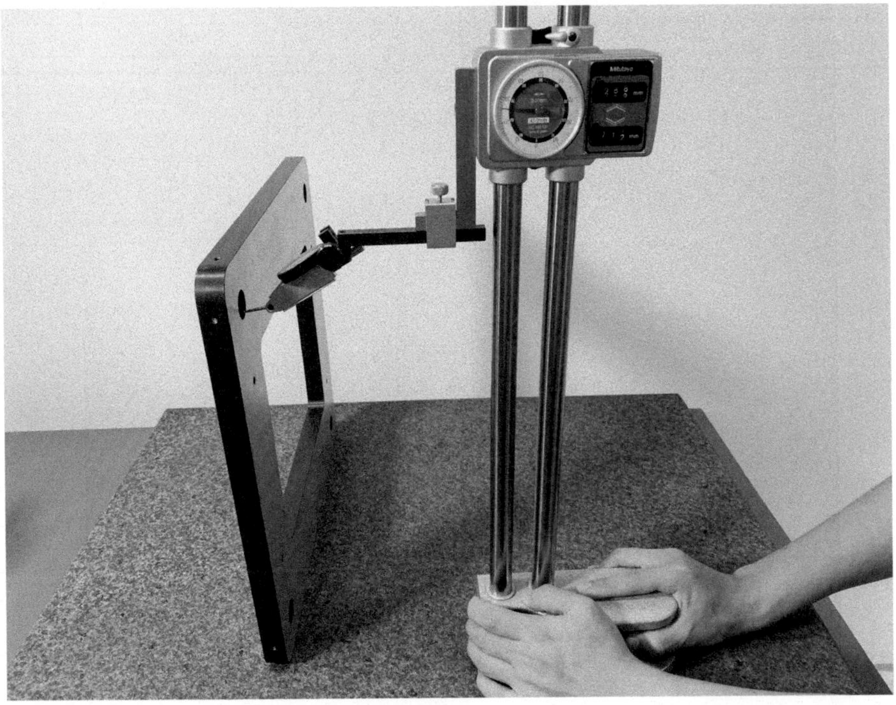

[b] 상부 구멍 측정

그림 4.16 위치도 측정 : 하이트게이지 및 테스트인디케이터

[3] 측정값 기록

측정값은 그림 4.17의 시트에 기록한다. 측정값인 h_1, h_3 및 d_1, d_2를 먼저 기록한 후 이 값들로부터 h_2, h_4 및 구멍 중심 거리 값을 계산하여 기입한다. 측정값은 3회씩 반복 측정한 평균값을 사용하는 것이 좋다. 측정된 구멍 중심 거리를 도면의 기준치수 및 공차와 비교하여 부품의 양품과 불량품 여부를 판정한다.

라미네이터 번호: 날짜:

부품명: MAIN BASE

온도(°C):
습도(%):

측정기: 내경마이크로미터 / 하이트게이지 / 테스트인디케이터

측정 담당자:

측정 항목: 구멍 중심 거리
기준치수: 290mm
공차: -0.01 / +0.01mm

측정 위치	측정값				계산값			양품/불량품
	d_1	d_2	h_1	h_3	h_2	h_4	거리	
1								
2								
3								
4								

그림 4.17 측정값 기록 시트 : 구멍 중심 거리

4.6 연습문제

GUIDE PLATE에는 LINEAR BUSH가 조립되기 위한 구멍이 가공되어 있다. 구멍의 내경은 32H7으로 공차가 부여되어 있다. 그림 4.18의 사진은 구멍 내경을 내경 마이크로미터를 이용해서 측정하는 경우 그 눈금 값이다. [1]~[2]의 물음에 답하시오.

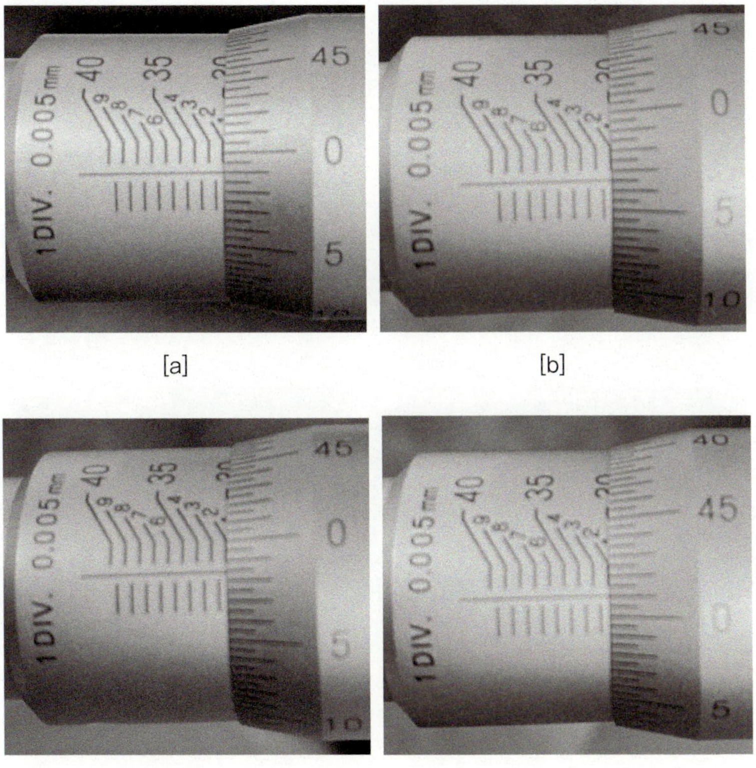

그림 4.18 내경 측정 – 연습문제

[1] 그림 4.18의 각각의 사진의 눈금값을 읽어 보시오.

	[a]	[b]	[c]	[d]
눈금값				

[2] 그림 4.18의 사진 중 구멍 가공이 잘못된 것은 어느 것인가? 이 경우 라미네이터를 조립할 때 어떤 문제가 발생 수 있는지 설명해 보시오.

MAIN BASE에 가공되어 있는 구멍의 중심간 거리를 그림 4.15와 같이 측정하고자 한다. 그림 4.19 [a], [b]는 d_1, d_2를 내경마이크로미터로 측정한 눈금의 사진이며, 그림 4.18 [c], [d]는 h_1, h_3를 하이트게이지로 측정한 눈금의 사진이다. [3]~[6]의 물음에 답하시오.

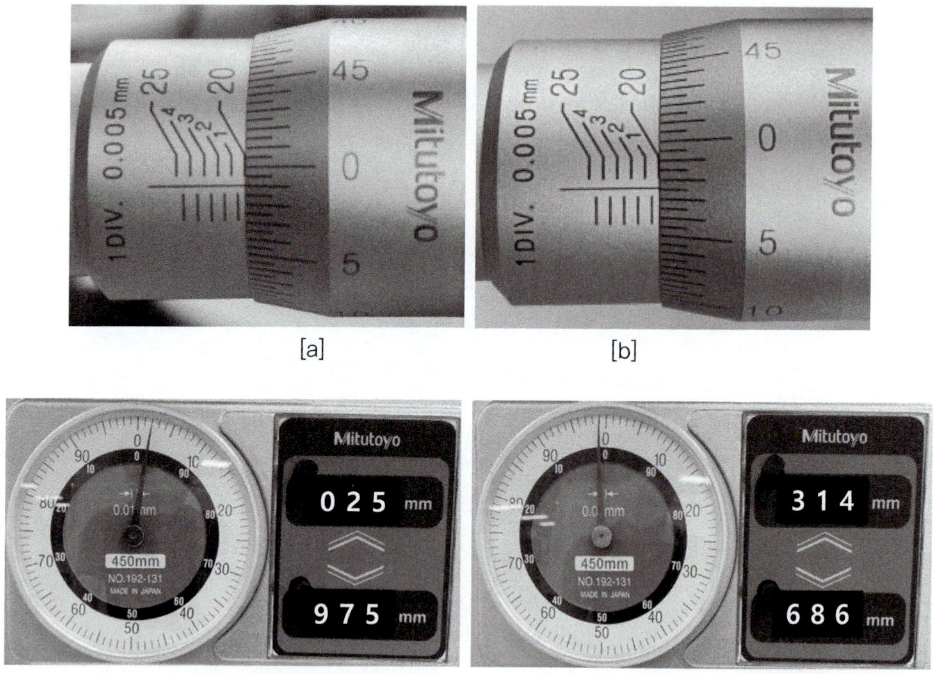

[a] [b]

[c] [d]

그림 4.19 구멍 중심 간 거리 측정 – 연습문제

[3] 아래의 측정값 기록 시트를 완성해 보시오. [계산값은 소수점 이하 3자리까지 기록할 것]

측정 위치	측정값				계산값			양품/불량품
	d_1	d_2	h_1	h_3	h_2	h_4	거리	
1								

[4] 하이트게이지의 정도를 고려할 때 계산된 구멍 중심간 거리값의 참값은 어떤 범위에 있는가? 이 경우 양품/불량품의 판정을 신뢰할 수 있는가?

[5] 아래 측정값 기록 시트는 h_1, h_3를 하이트게이지 대신 리니어하이트를 이용하여 측정한 값이다. 시트를 완성하시오.

측정 위치	측정값				계산값			양품/불량품
	d_1	d_2	h_1	h_3	h_2	h_4	거리	
1			24.996	314.993				

[6] [5]의 경우 리니어하이트의 정도를 고려할 때 양품/불량품의 판정을 신뢰할 수 있는가?

4 라미네이터 가공

Chapter 5 라미네이터 조립 – 기구부

5장은 라미네이터 기구부의 조립 실습으로 구성된다. 조립은 필요한 가공품과 구매품을 체결요소를 이용해서 하나하나 결합시켜 구동이 가능한 완성된 시스템으로 만들어 내는 작업이다. 실습의 목표는 먼저 조립도의 내용을 이해하고 필요한 부품과 체결요소를 확인한 후 이를 순서대로 조립해서 라미네이터의 기구부 구조를 완성해 내는 경험을 하는 것이다.

실습은 조립도 단위로 이루어지는데 5.1절의 하부 조립을 시작으로 5.3절의 전체 조립으로 완료된다. 모든 조립도는 'Part III 라미네이터 제작도면'에 수록되어 있다. 각 실습의 도입부에는 조립도에서 발췌된 필요 부품, 체결요소, 공구가 별도 표로 정리되어 있다. 실습에 참여하는 학생은 이를 먼저 준비한 이후 본문의 조립 사진을 조립도와 대조해 가면서 실물 부품을 수작업으로 하나하나 조립해 가면 되겠다.

5장의 학습을 위해서는 'Part II 정밀기계 제작 이론' 중 'D 조립 – 기구부' 내용에 대한 이해가 선행되어야 한다. 5장 각 절의 서두에는 관련된 Part II의 항목 번호를 기재해 두었으니 필요한 경우 해당 내용을 먼저 학습할 것을 추천한다.

5.1 [실습] 하부 조립

Part Ⅱ. 정밀기계 제작 이론 – 연관 내용	
D-1	조립용 공구
D-2	볼트 체결 토크

라미네이터의 하부 조립은 소조립도 중 하부조립도를 기준으로 이루어진다. 조립에 필요한 주요 부품으로는 MAIN BASE, BTM STAGE, COLUMN GUIDE가 있다. 이하 내용에서는 하부조립도 및 관련 부품도를 참조하여 조립 작업을 단계별로 설명한다.

[1] MAIN BASE – FOOT 조립

표 5.1 필요 부품, 체결요소, 공구 [MAIN BASE – FOOT 조립]

구 분	부품명	규 격	수 량
가공품	MAIN BASE	–	1
구매품	FOOT	한국미스미 ECRK15	4
체결요소	육각렌치볼트	M3×8L	4
공구	L렌치	–	

[그림 5.1 [a]]

- MAIN BASE를 작업대에 뒤집어서 놓아둔다. MAIN BASE 하면의 M3 볼트구멍에 FOOT를 L렌치를 이용하여 체결한다.

[그림 5.1 [b]]

- FOOT 4개를 동일한 방법으로 차례대로 조립한다.

[a]

[b]

그림 5.1 조립 사진 [MAIN BASE – FOOT 조립]

[2] MAIN BASE – COLUMN GUIDE 조립

표 5.2 필요 부품, 체결요소, 공구 [MAIN BASE – COLUMN GUIDE 조립]

구분	부품명	규 격	수량
가공품	MAIN BASE	–	1
구매품	COLUMN GUIDE	한국미스미 CPSFJW20-250-M8-N8-LKC	4
체결요소	육각렌치볼트	M8×20L	4
공구	L렌치	–	
공구	토크렌치	–	

[그림 5.2 [a]]

- MAIN BASE를 작업대에 측면으로 세운다.
- COLUMN GUIDE와 ∅20 구멍은 '헐거운끼워맞춤–정밀급'으로 조립된다.
- 조립 전 면보루를 이용하여 COLUMN GUIDE의 외경과 MAIN BASE 상면의 ∅20 구멍 내경을 닦아내어 먼지와 이물을 제거한다.
- 한 손으로 COLUMN GUIDE를 ∅20 구멍에 끼워맞춘다. 조립 중 끼이지 않도록 손에 힘을 주지 않고 천천히 COLUMN GUIDE를 ∅20 구멍에 삽입한다.
- 다른 한 손으로 MAIN BASE 하면의 ∅9 관통구멍을 통하여 M8 볼트를 COLUMN GUIDE 하면에 L렌치를 이용하여 대략 체결한다.

[그림 5.2 [b]]

• 공구를 토크렌치로 바꾸어 볼트 호칭에 적합한 토크로 M8 볼트를 최종 체결한다. [Part II – 표 D.1 참조]

[그림 5.2 [c]]

• 이상과 동일한 방법으로 4개의 COLUMN GUIDE를 MAIN BASE에 차례대로 조립한다.

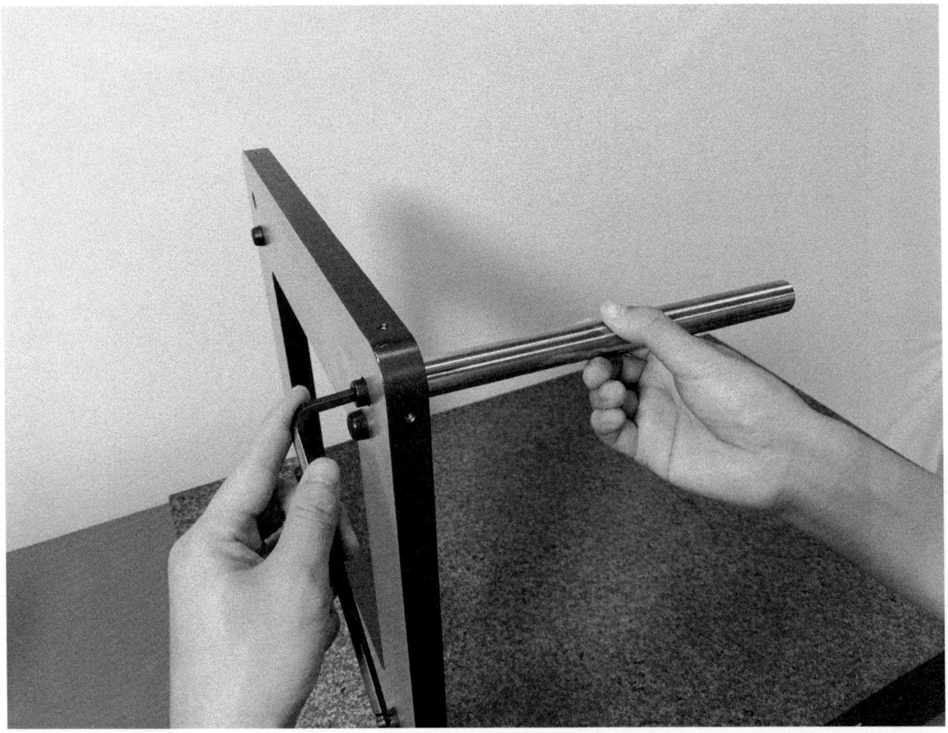

[a]

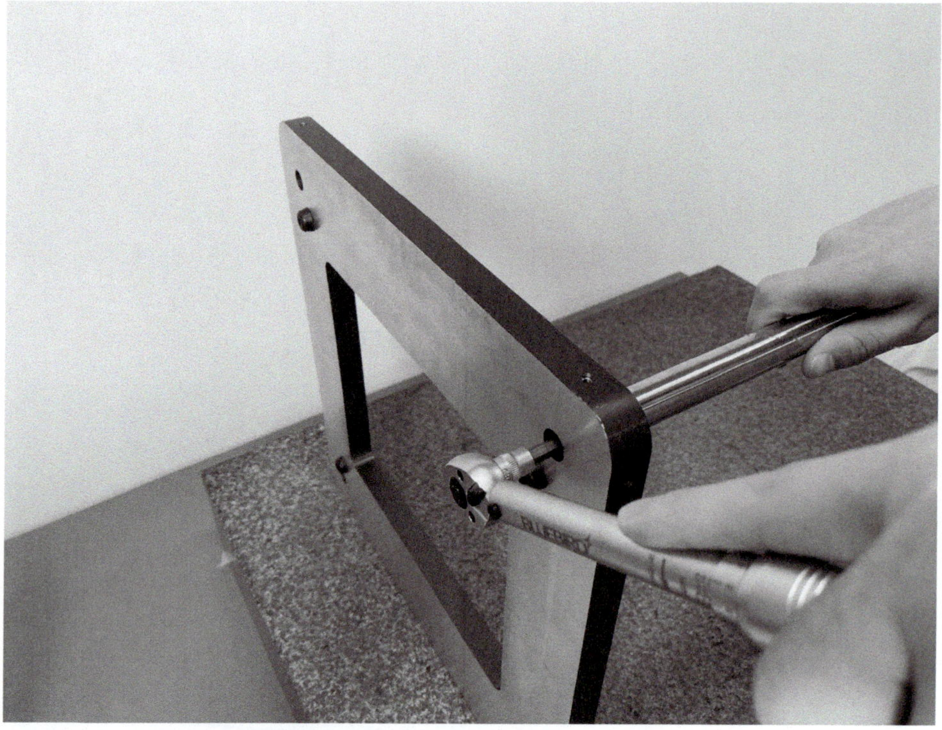

[b]

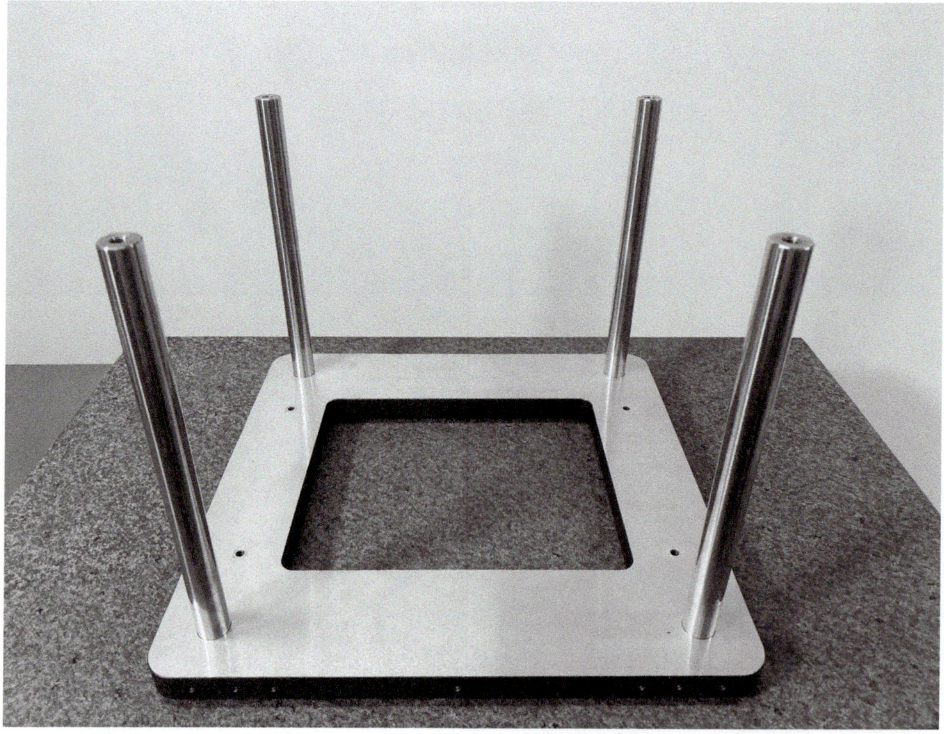

[c]

그림 5.2 조립 사진[MAIN BASE – COLUMN GUIDE 조립]

[3] MAIN BASE – BTM STAGE 조립

표 5.3 필요 부품, 체결요소, 공구 [MAIN BASE – BTM STAGE 조립]

구분	부품명	규 격	수량
가공품	MAIN BASE	–	1
가공품	BTM STAGE	–	1
체결요소	육각렌치볼트	M6×20L	4
공구	L렌치	–	
공구	토크렌치	–	

[그림 5.3 [a]]

- MAIN BASE를 작업대에 수평으로 놓는다
- BTM STAGE 하면과 MAIN BASE 상면은 연마 가공되어 있다. 조립 전 면보루를 이용하여 두 면을 닦아내어 먼지와 이물을 제거한다.
- BTM STAGE를 MAIN BASE 상면에 놓는다.
- BTM STAGE 상면의 ∅6.5 관통구멍을 통해 MAIN BASE의 M6 볼트구멍이 보이도록 손으로 BTM STAGE의 위치를 조정한다.
- L렌치를 이용하여 M6 볼트로 BTM STAGE와 MAIN BASE를 대략 체결한다.
- 공구를 토크렌치로 바꾸어 볼트 호칭에 적합한 토크로 M6 볼트를 최종 체결한다. [Part II – 표 D.1 참조]

[그림 5.3 [b]]

- 이상과 동일한 방법으로 4개의 볼트를 차례대로 체결한다.

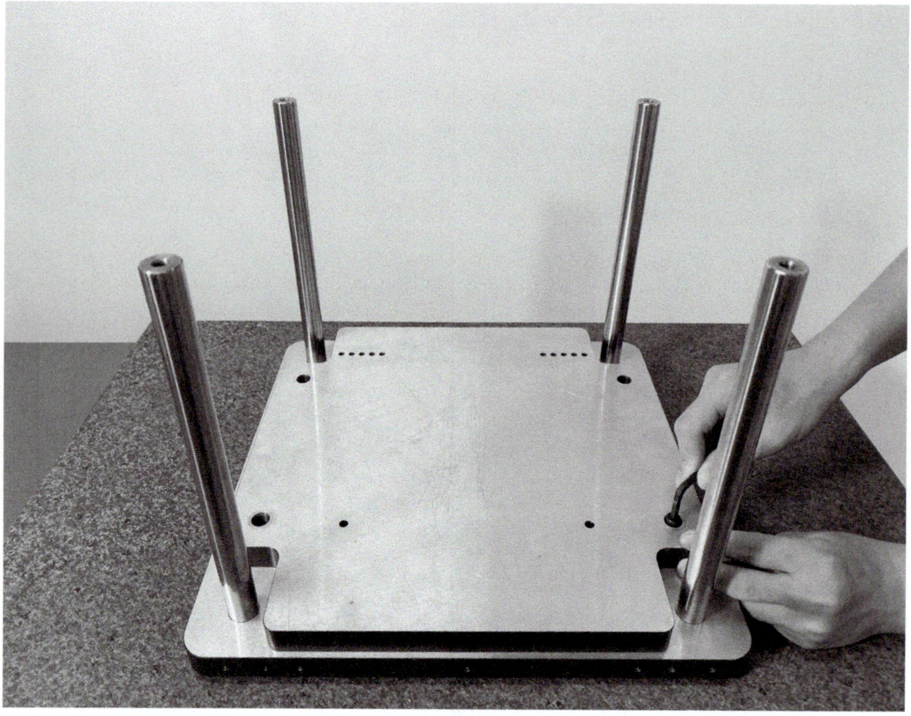

[a]

[b]

그림 5.3 조립 사진 [MAIN BASE – BTM STAGE 조립]

5.2 [실습] 이동부 조립

Part Ⅱ. 정밀기계 제작 이론 – 연관 내용	
D–1	조립용 공구
D–2	볼트 체결 토크

라미네이터의 이동부 조립은 소조립도 중 이동부조립도를 기준으로 이루어 진다. 조립에 필요한 주요 부품으로는 GUIDE PLATE, TOP PRESS PLATE, LINEAR BUSH가 있다. 이하 내용에서는 이동부조립도 및 관련 부품도를 참조하여 조립 작업을 단계별로 설명한다.

[1] GUIDE PLATE – TOP PRESS PLATE 조립

표 5.4 필요 부품, 체결요소, 공구 [GUIDE PLATE – TOP PRESS PLATE 조립]

구분	부품명	규 격	수량
가공품	GUIDE PLATE	–	1
가공품	TOP PRESS PLATE	–	1
체결요소	육각렌치볼트	M6×20L	4
공구	L렌치	–	
공구	토크렌치	–	

[그림 5.4 [a]]

- TOP PRESS PLATE를 작업대에 수평으로 놓아둔다.
- GUIDE PLATE 하면과 TOP PRESS PLATE 상면은 연마 가공되어 있다. 조립 전 면보루를 이용하여 두 면을 닦아내어 먼지와 이물을 제거한다.
- GUIDE PLATE를 TOP PRESS PLATE 상면에 놓는다.

[그림 5.4 [b]]

- GUIDE PLATE 상면의 ∅6.5 관통구멍을 통해 TOP PRESS PLATE의 M6 볼트 구멍이 보이도록 손으로 GUIDE PLATE의 위치를 조정한다.
- L렌치를 이용하여 M6 볼트로 GUIDE PLATE와 TOP PRESS PLATE를 대략 체결한다.

• 다음으로 공구를 토크렌치로 바꾸어 볼트 호칭에 적합한 토크로 M6 볼트를 최종 체결한다. [Part II – 표 D.1 참조]

[그림 5.4 [c]]

• 이상과 동일한 방법으로 4개의 볼트를 차례대로 체결한다.

[a]

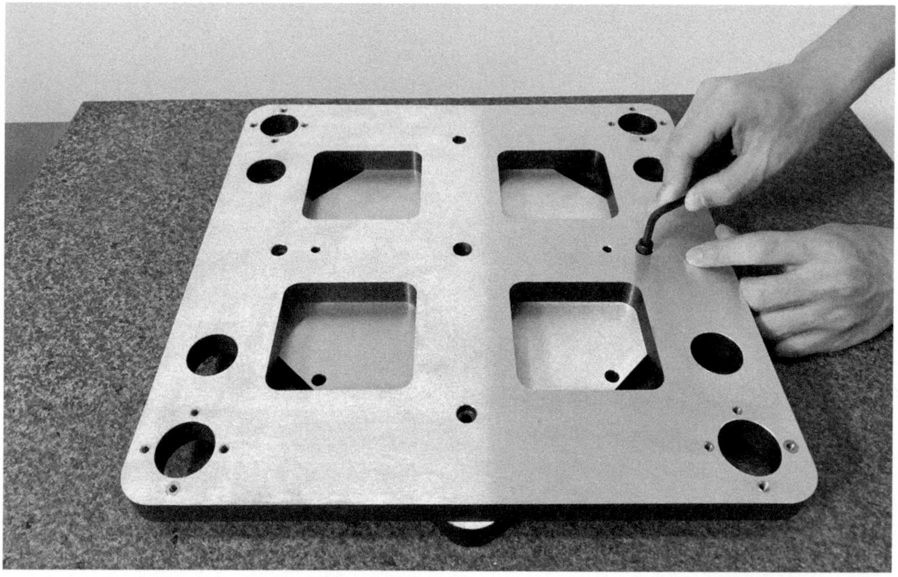

[b]

[c]

그림 5.4 조립 사진 [GUIDE PLATE – TOP PRESS PLATE 조립]

[2] GUIDE PLATE – LINEAR BUSH 조립

표 5.5 필요 부품, 체결요소, 공구 [GUIDE PLATE – LINEAR BUSH 조립]

구분	부품명	규 격	수량
가공품	GUIDE PLATE	–	1
구매품	LINEAR BUSH	삼익THK LMF20UU	4
체결요소	육각렌치볼트	M5×10L	16
공구	L렌치	–	
공구	토크렌치	–	

[그림 5.5 [a]]

- GUIDE PLATE를 작업대에 수평으로 놓아둔다.
- GUIDE PLATE의 ∅32 구멍과 LINEAR BUSH의 외경은 '헐거운끼워맞춤–정밀급'으로 조립된다. 조립 전 면보루를 이용하여 구멍 및 외경을 닦아내어 먼지와 이물을 제거 한다.
- LINEAR BUSH를 GUIDE PLATE의 ∅32 구멍에 끼워맞춘다. 조립 중 끼이지 않도록 손에 힘을 주지 않고 천천히 삽입하도록 한다.

[그림 5.5 [b]]

- 삽입 후 LINEAR BUSH 상면 구멍에서 GUIDE PLATE의 M5 볼트구멍이 보이도록 LINEAR BUSH의 각도를 조정해 준다.
- L렌치 및 토크렌치를 순차적으로 사용하여 M5 볼트를 이용해서 LINEAR BUSH와 GUIDE PLATE를 체결한다. [Part II – 표 D.1 참조]

[그림 5.5 [c]]

- 4개의 LINEAR BUSH를 동일한 방법으로 순차적으로 조립한다.

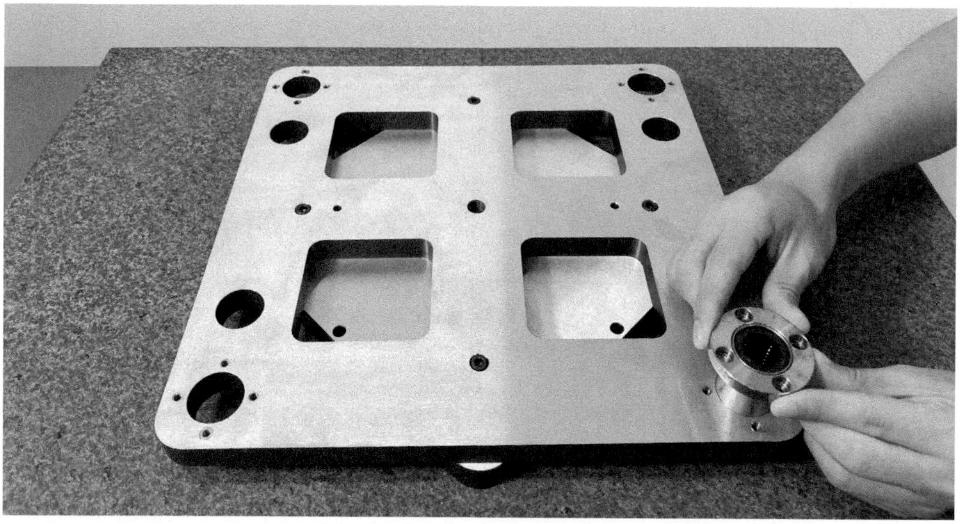

[a]

[b]

[c]

그림 5.5 조립 사진 [GUIDE PLATE – LINEAR BUSH 조립]

5.3 [실습] 전체 조립

Part Ⅱ. 정밀기계 제작 이론 – 연관 내용	
D-1	조립용 공구
D-2	볼트 체결 토크

라미네이터의 전체 조립은 이미 조립이 완료된 하부 Ass'y, 이동부 Ass'y 및 TOP BASE를 조립하여 기구부를 완성하는 작업이다. 전체 조립은 전체조립도 및 소조립도를 참조하여 이루어진다.

[1] 하부 Ass'y – 이동부 Ass'y 조립

표 5.6 필요 부품, 체결요소, 공구 [하부 Ass'y – 이동부 Ass'y 조립]

구분	부품명	규 격	수량
Ass'y	하부	–	
Ass'y	이동부	–	

[그림 5.6 [a]]

- 이미 조립되어 있는 하부 Ass'y를 작업대 위에 수평으로 놓아둔다.
- 이미 조립되어 있는 이동부 Ass'y를 들어올린 후, 이동부 Ass'y에 조립되어 있는 LINEAR BUSH와 하부 Ass'y에 조립되어 있는 COLUMN GUIDE가 끼워맞춰지도록 이동부 Ass'y의 위치를 조정한다.

[그림 5.6 [b]]

- 이동부 Ass'y를 천천히 하강시켜 하부 Ass'y와 이동부 Ass'y가 조립되도록 한다.

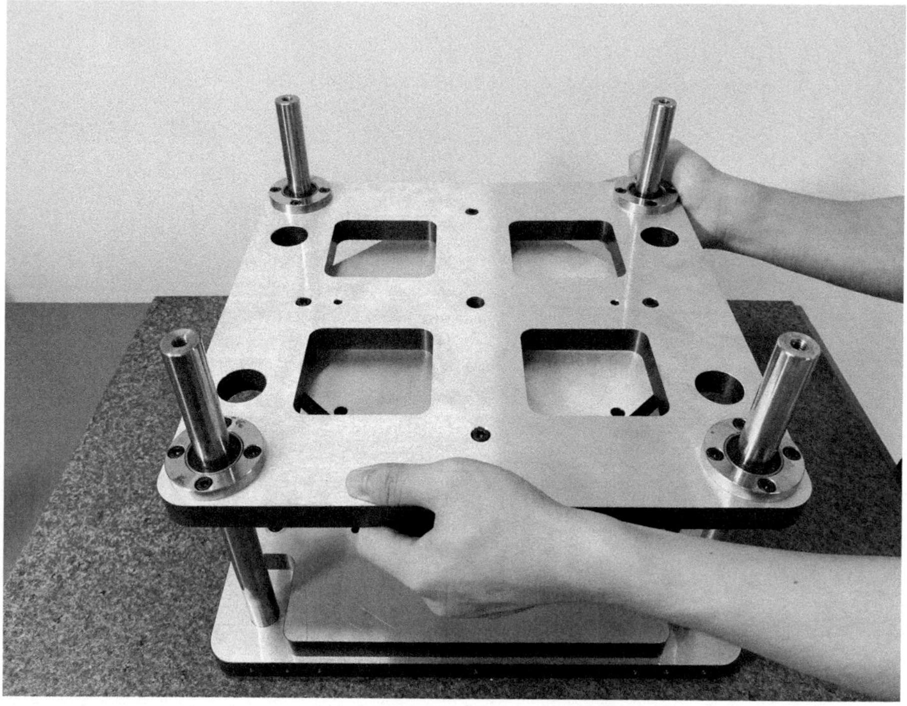

[a]

[b]

그림 5.6 조립 사진 [하부 Ass'y – 이동부 Ass'y 조립]

[2] 하부/이동부 Ass'y – TOP BASE 조립

표 5.7 필요 부품, 체결요소, 공구 [하부/이동부 Ass'y - TOP BASE 조립]

구분	부품명	규 격	수량
Ass'y	하부	–	
Ass'y	이동부	–	
가공품	TOP BASE	–	1
체결요소	육각렌치볼트	M8×20L	4
공구	L렌치	–	
공구	토크렌치	–	

[그림 5.7 [a]]

• 이미 조립되어 있는 하부 Ass'y 및 이동부 Ass'y를 작업대에 수평으로 놓아둔다.

• TOP BASE 하면의 ∅20 구멍과 하부 Ass'y에 조립되어있는 COLUMN GUIDE

5 라미네이터 조립 - 기구부

의 외경은 헐거운끼워맞춤-회전틈새로 조립된다. 조립 전 면보루를 이용하여 구멍 및 COLUMN GUIDE를 닦아내어 먼지와 이물을 제거한다.

- TOP BASE를 들어올린 후 TOP BASE 하면의 ∅20 구멍과 COLUMN GUIDE를 끼워맞추어 조립한다.
- L렌치 및 토크렌치를 차례대로 사용하여 M8 볼트를 TOP BASE 상면의 ∅9 구멍을 통해 COLUMN GUIDE와 체결한다. [Part II - 표 D.1 참조]

[그림 5.7 [b]]

- 이상과 동일한 방법으로 4개의 볼트를 차례대로 체결한다.

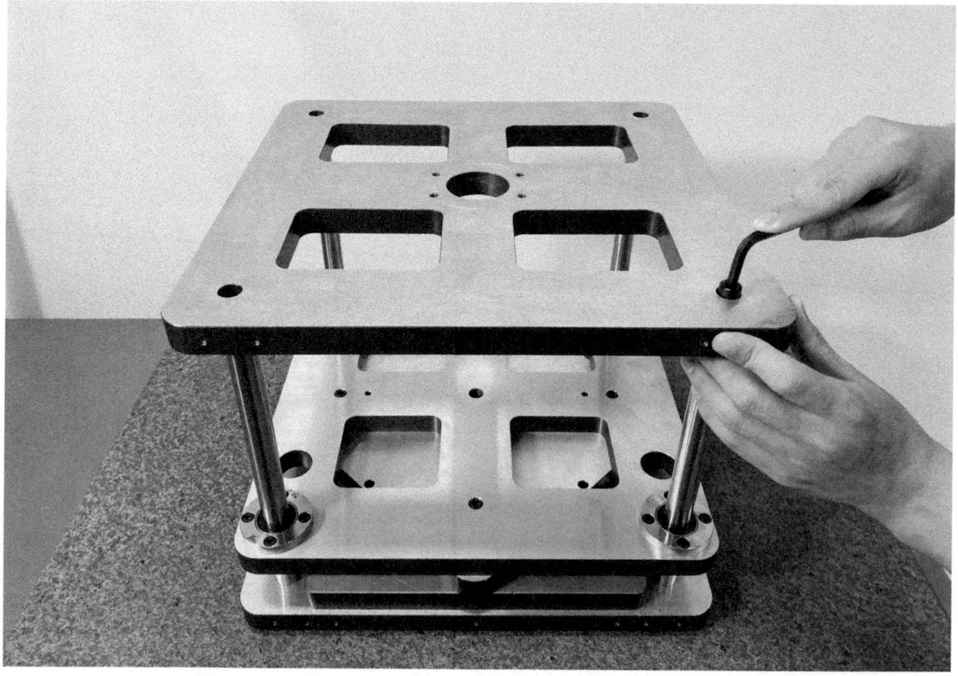

[a]

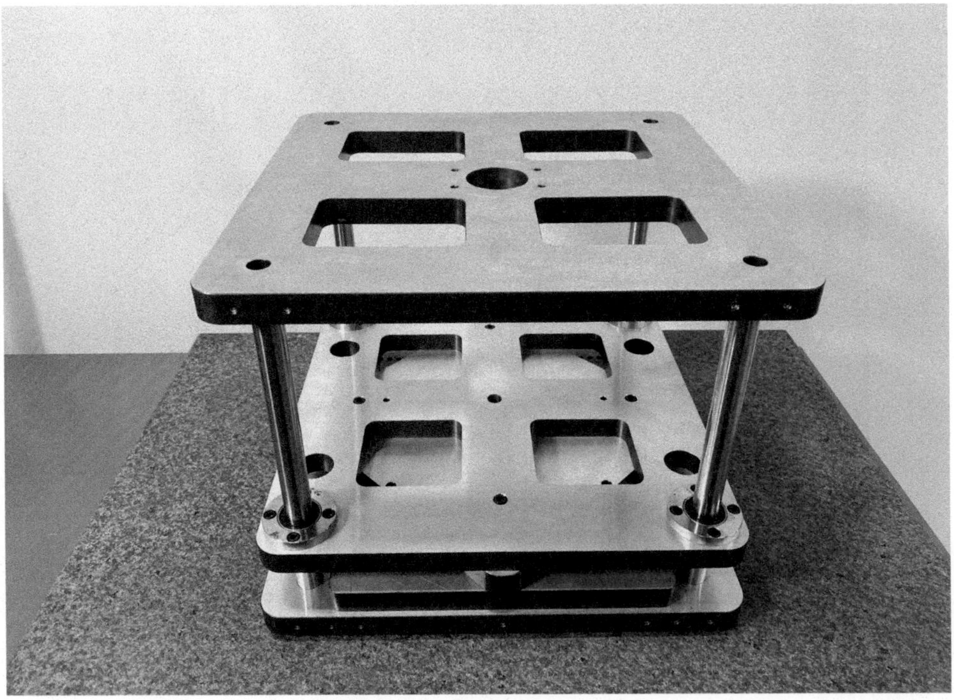

[b]

그림 5.7 조립 사진[하부/이동부 Ass'y – TOP BASE 조립]

Chapter 6 라미네이터 조립 - 구동부[공압부]

6장은 라미네이터의 구동부[공압부] 조립 실습으로 구성된다. 공압부 조립은 필요한 공압부품을 기구부에 체결한 후 공압부품 상호간을 공압호스로 연결하는 작업이다. 실습의 목표는 공압회로도의 내용을 이해하고 필요한 공압부품을 확인한 후 이를 순서대로 체결 및 연결하여 구동까지 가능한 라미네이터를 완성해보는 경험을 하는 것이다.

6.1 ~ 6.3절은 공압부품을 기구부에 체결하는 실습으로 내용이 구성되 있다. 각 실습의 도입부에는 필요 공압부품, 체결요소, 공구가 기구부 조립도에서 발췌되어 별도 표로 정리되어 있다. 실습에 참여하는 학생은 이를 먼저 준비한 이후 본문의 조립 사진을 조립도와 대조해 가면서 실물 공압부품을 수작업으로 기구부에 하나하나 체결해 가면 되겠다.

다음으로 6.4절에서는 기구부에 체결된 공압부품을 공압회로도를 기준으로 공압호스로 상호 연결하는 실습을 진행한다. 실습에 참여하는 학생은 본문의 사진에서 공압부품 및 포트번호를 확인한 후 이를 공압회로도와 대조해 가면서 실물 공압부품을 수작업으로 연결해 나가면 되겠다. 6장까지 실습이 진행되면 라미네이터는 구동이 가능한 상태까지 완성된 것이다.

6.1 [실습] 푸쉬버튼밸브, 롤러레버밸브 조립

Part Ⅱ. 정밀기계 제작 이론 – 연관 내용	
B–4	방향제어밸브
B–8	롤러레버밸브
D–1	조립용 공구

이 절에서는 MAIN BASE에 체결되는 푸쉬버튼밸브, 롤러레버밸브 및 피팅의 조립에 대해서 설명한다.

조립은 하부조립도, 이동부조립도 및 공압회로도를 참조하면서 진행한다.

[1] MAIN BASE – 푸쉬버튼밸브 조립

표 6.1 필요 부품, 체결요소, 공구 [푸쉬버튼밸브 조립]

구분	부품명	규 격	수량
구매품	푸쉬버튼밸브	한국SMC VM130-01-30GA	2
구매품	스페이서	한국미스미 KNCLM4-10-20	4
구매품	원터치피팅[straight]	한국SMC KQ2H06-01NS	3
구매품	원터치피팅[elbow]	한국SMC KQ2L06-01NS	1
체결요소	육각렌치볼트	M4×45L	4
공구	L렌치	–	
공구	컴비네이션렌치	–	

[그림 6.1 [a]]

- 2개의 푸쉬버튼밸브의 파워포트와 작업포트에 원터치피팅을 조립한다.
- 원터치피팅은 공압호스를 수작업으로 쉽게 연결하기 위해 필요한 부품이다.
- 원터치피팅은 스트레이트와 엘보우 형태가 있으며 사진을 참조하여 선택하여 조립한다.

[그림 6.1 [b]]

- 양쪽 포트 모두 스트레이트 원터치피팅이 조립된 푸쉬버튼밸브를 M4 볼트를 이용해서 MAIN BASE 정면의 우측에 조립한다. 조립 시 푸쉬버튼밸브 방향에 유의한다. 파워포트가 MAIN BASE 정면 기준 오른쪽에 위치하도록 조립한다. [푸쉬버튼밸브와 MAIN BASE 정면 사이에 간격을 만들기 위해서 스페이서를 삽입한 후 볼트를 체결해야 한다.]

[그림 6.1 [c]]

- 스트레이트와 엘보우 원터치피팅이 조립된 푸쉬버튼밸브를 동일한 방법으로 MAIN BASE 정면의 좌측에 조립한다. [푸쉬버튼밸브와 MAIN BASE 정면 사이에 간격을 만들기 위해서 스페이서를 삽입한 후 볼트를 체결해야 한다.]

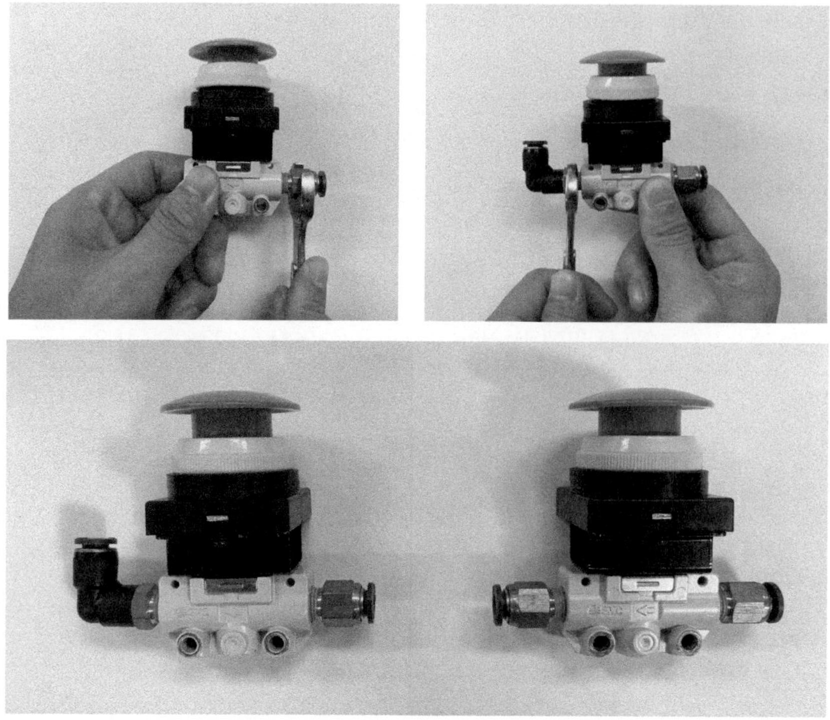

[a]

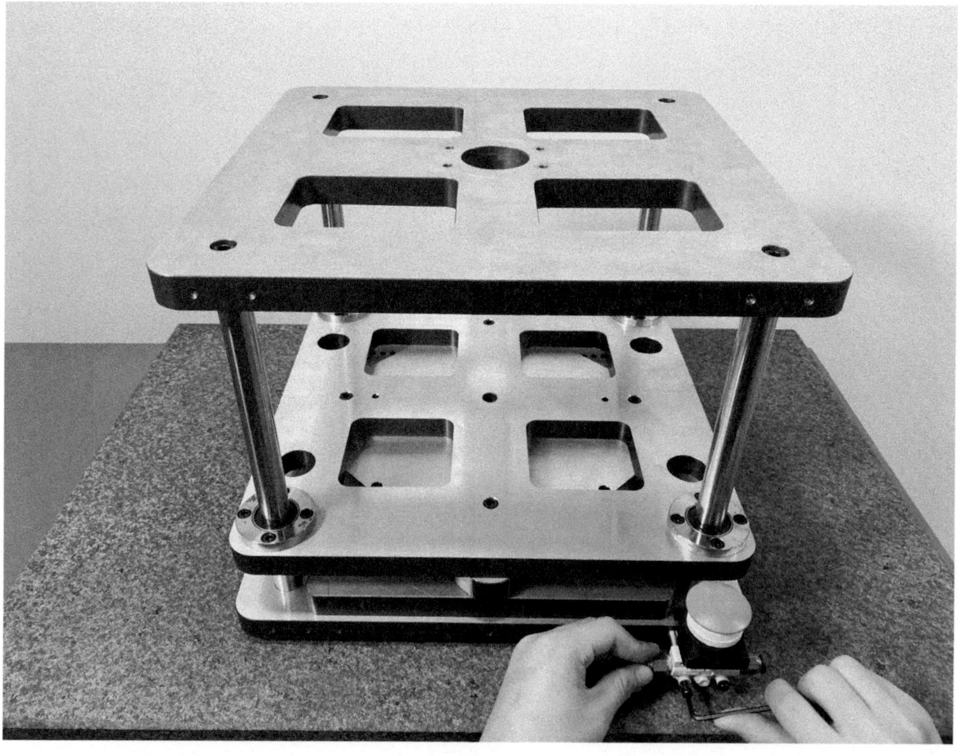

[b]

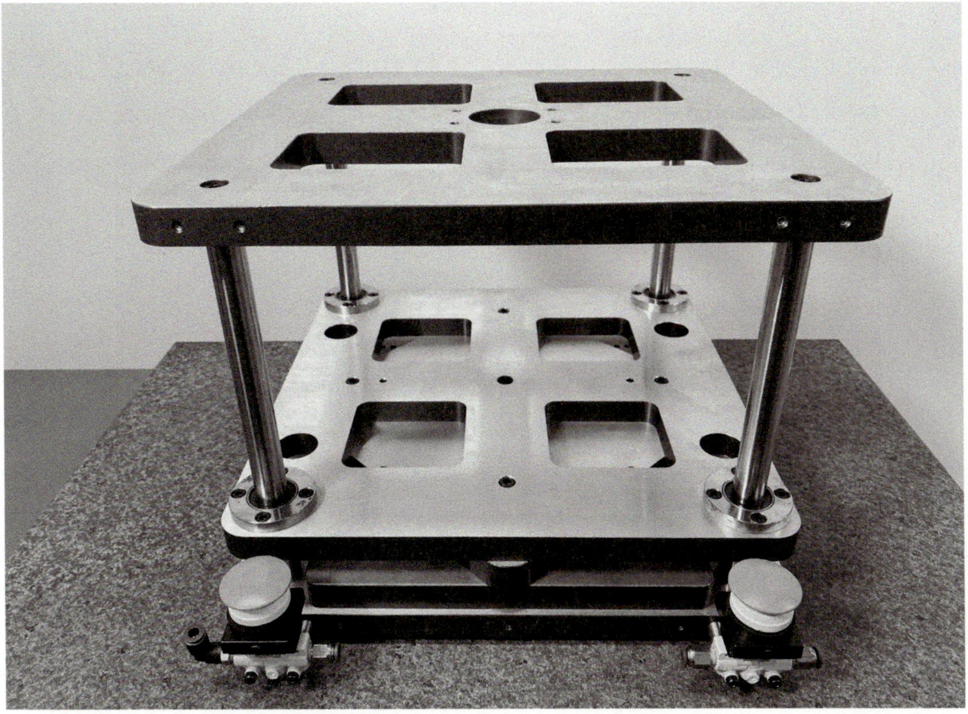

[c]

그림 6.1 조립 사진[MAIN BASE – 푸쉬버튼밸브 조립]

[2] MAIN-BASE 롤러레버밸브 조립

표 6.2 필요 부품, 체결요소, 공구[롤러레버밸브 조립]

구분	부품명	규 격	수량
구매품	롤러레버밸브	한국SMC VM131-01-01SA	1
구매품	스페이서	한국미스미 KNCLM4-10-10	2
구매품	원터치피팅[straight]	한국SMC KQ2H06-01NS	1
구매품	원터치피팅[elbow]	한국SMC KQ2L06-01NS	1
체결요소	육각렌치볼트	M4×35L	2
공구	L렌치	–	
공구	컴비네이션렌치	–	

[그림 6.2 [a]]

• 롤러레버밸브의 파워포트와 작업포트에 원터치피팅을 조립한다.

[그림 6.2 [b]]

- 롤러레버밸브를 M4 볼트를 이용해서 MAIN BASE 우측면에 조립한다. 조립 시 롤러레버밸브 방향에 유의한다. 파워포트가 MAIN BASE 우측면 기준 왼쪽에 위치하도록 조립해야 한다. [롤러레버밸브와 MAIN BASE 우측면 사이에 간격을 만들기 위해서 스페이서를 삽입한 후 볼트를 체결해야 한다.]

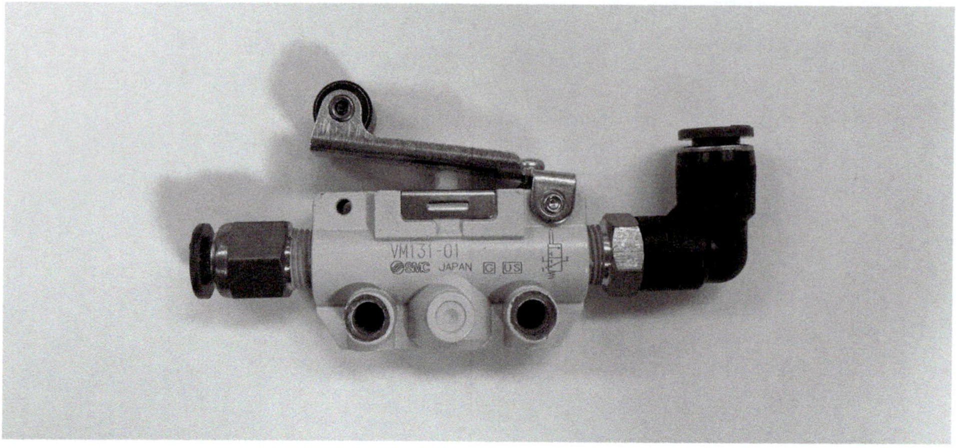

[a]

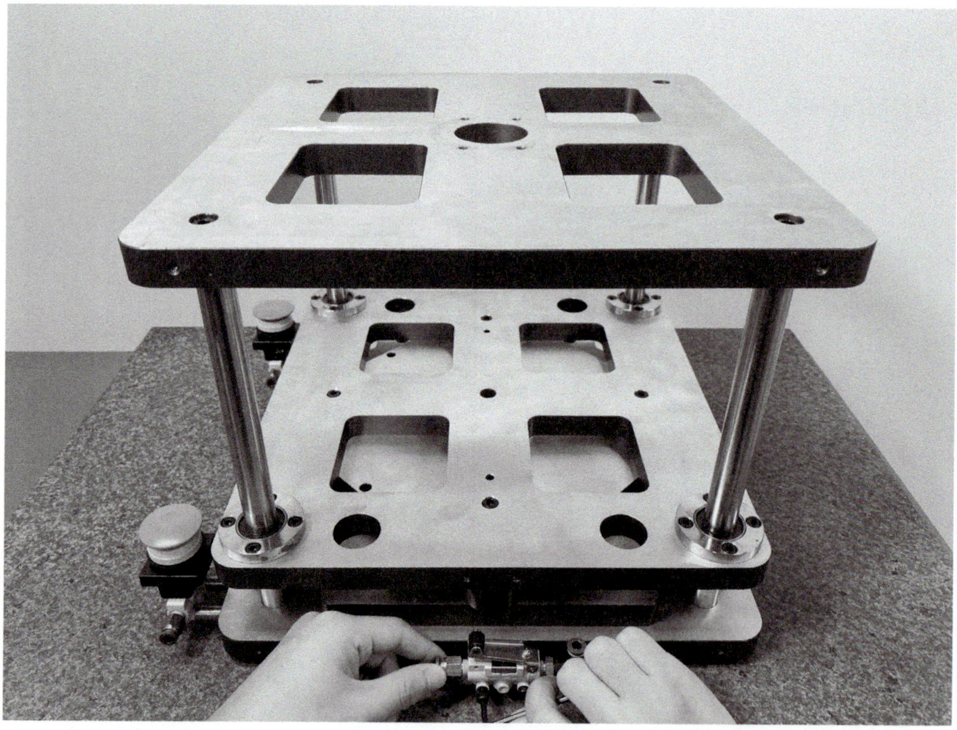

[b]

그림 6.2 조립 사진 [MAIN-BASE 롤러레버밸브 조립]

[3] GUIDE PALTE – TOUCH PLATE 조립

표 6.3 필요 부품, 체결요소, 공구 [TOUCH PLATE 조립]

구분	부품명	규 격	수량
가공품	TOUCH PLATE	–	1
체결요소	육각렌치볼트	M4×8L	2
공구	L렌치	–	

[그림 6.3 [a]]

- TOUCH PLATE는 GUIDE PLATE 우측면에 조립되어 GUIDE PLATE의 하강 동작 시 롤러레버밸브의 롤러레버를 누르게 되어 있는 부품이다.
- TOUCH PLATE에는 조립 위치를 조절할 수 있도록 슬롯구멍이 가공되어 있다. M4 볼트 및 슬롯구멍을 이용해 TOUCH PLATE를 GUIDE PLATE 우측면에 조립한다. 이때 볼트는 TOUCH PLATE가 상하 방향으로 움직일 수 있도록 적당량만 체결한다.

[그림 6.3 [b]]

- 이동부 Ass'y를 손으로 잡고 상하 방향으로 움직이면서 TOP PRESS PLATE가 BTM STAGE에 접촉할 때 TOUCH PLATE가 롤러레버밸브의 롤러레버를 완전히 누르도록 TOUCH PLATE의 수직 위치를 슬롯구멍을 이용해서 조정한다.
- M4 볼트를 완전히 체결하여 TOUCH PLATE를 GUIDE PLATE 완전히 고정한다.

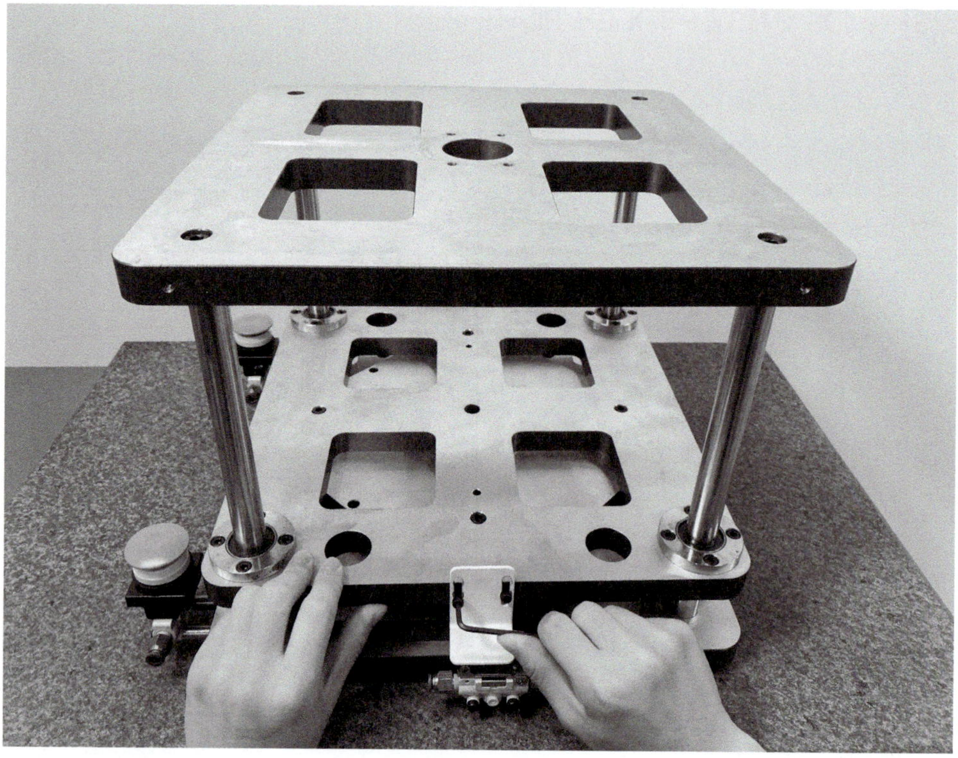

[a]

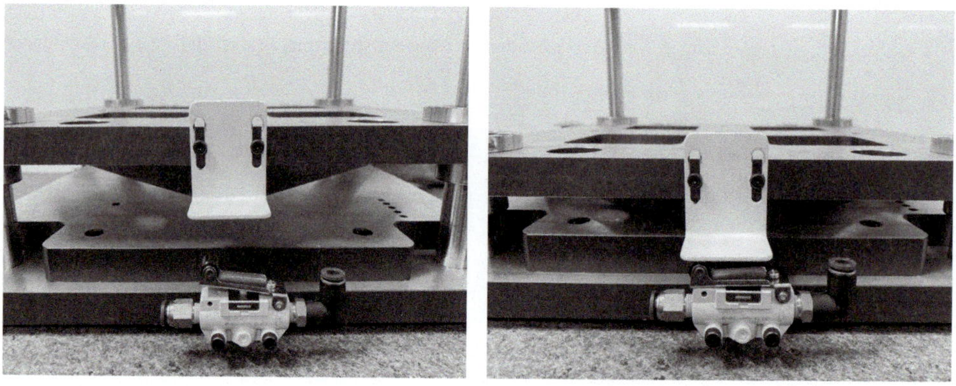

[b]

그림 6.3 조립 사진 [GUIDE PALTE – TOUCH PLATE 조립]

6.2 [실습] 공압실린더 조립

Part Ⅱ. 정밀기계 제작 이론 – 연관 내용	
B-3	공압실린더
B-5	유량조절밸브
B-10	파일럿체크밸브
D-1	조립용 공구

조립은 상부조립도 및 공압회로도를 참조하면서 진행한다.

[1] 공압실린더 – 플로팅조인트 조립

표 6.4 필요 부품, 체결요소, 공구 [공압실린더 조립]

구분	부품명	규 격	수량
구매품	플로팅조인트	한국SMC JA40-14-150	1
구매품	공압실린더	한국SMC CM2F40-125Z	1
체결요소	육각너트	M14	2

[그림 6.4 [a]]

• 먼저 M14 육각너트를 공압실린더 로드의 나사에 절반 정도 체결한다.

[그림 6.4 [b]]

• 다음으로 플로팅조인트 암나사와 공압실린더 로드의 수나사를 체결한다. 이때 너트는 아직 조이지 않는다.

[그림 6.4 [c]]

• 또 다른 M14 육각너트는 플로팅조인트 수나사에 절반 정도 체결해 둔다. 이때 너트는 아직 조이지 않는다.

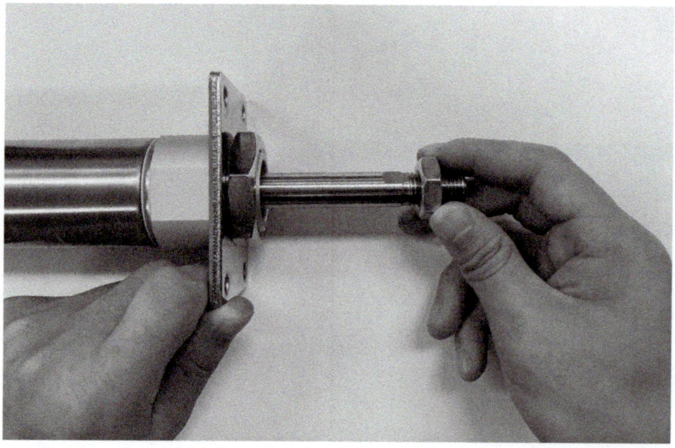

[a]

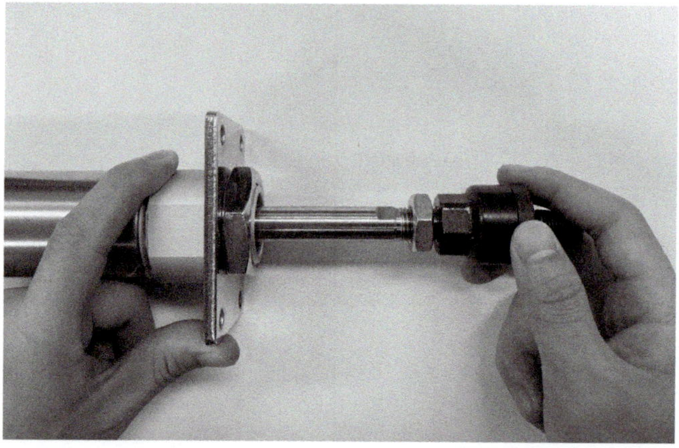

[b]

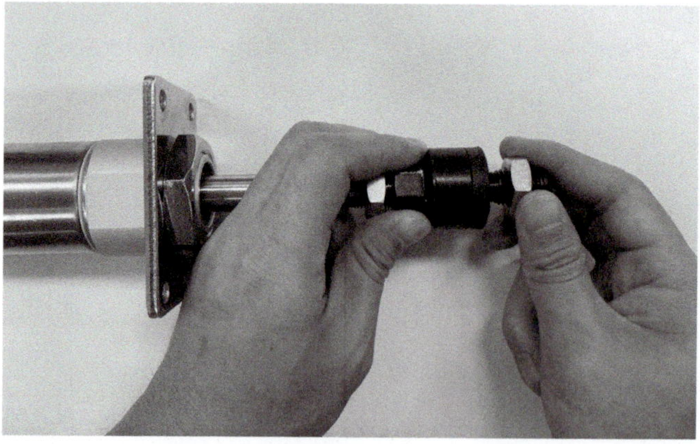

[c]

그림 6.4 조립 사진 [공압실린더 – 플로팅조인트 조립]

[2] 공압실린더 – TOP BASE, GUIDE PLATE 조립

표 6.5 필요 부품, 체결요소, 공구 [공압실린더 – TOP BASE, GUIDE PLATE 조립]

구분	부품명	규 격	수량
체결요소	육각렌치볼트	M6×12L	4
체결요소	스프링와셔	M6	4
공구	컴비네이션렌치	–	
공구	몽키스페너	–	

[그림 6.5 [a]]

- 공압실린더의 플랜지를 TOP BASE 상면에 위치시킨 후 공압실린더 플랜지의 ∅7 구멍과 TOP BASE의 M6 볼트구멍의 위치를 맞춘다.
- 4개의 M6 볼트를 이용하여 공압실린더와 TOP BASE를 체결한다. 이때 스프링와셔를 반드시 사용하도록 한다. 공압실린더와 같이 반복 왕복 운동을 하는 부품을 체결할 때는 충격 및 진동에 의한 볼트의 풀림이 발생하기 쉽다. 따라서 스프링와셔를 사용하여 체결할 필요가 있다.

[그림 6.5 [b]]

- 공압실린더의 로드를 아래 방향으로 뽑아내서 플로팅조인트의 수나사 끝단이 GUIDE PLATE의 M14 볼트구멍에 닿도록 한다. 다음으로 플로팅조인트 수나사를 5회전 정도 시켜 GUIDE PLATE 중앙의 볼트구멍과 체결한다,

[그림 6.5 [c]]

- 플로팅조인트에 이미 체결되어 있는 M14 너트를 조여서 플로팅조인트를 GUIDE PLATE와 완전히 고정시킨다.

[그림 6.5 [d]]

- 마지막으로 이미 공압실린더 로드에 체결되어 있는 또 하나의 M14 너트를 조여서 로드와 플로팅조인트를 완전히 고정시킨다. 이때는 몽키스페너로 플로팅조인트를 고정한 후 컴비네이션랜치로 너트를 회전시켜 체결한다.

[그림 6.5 [e]]

- 공압실린더가 조립 완료된 모습이다.

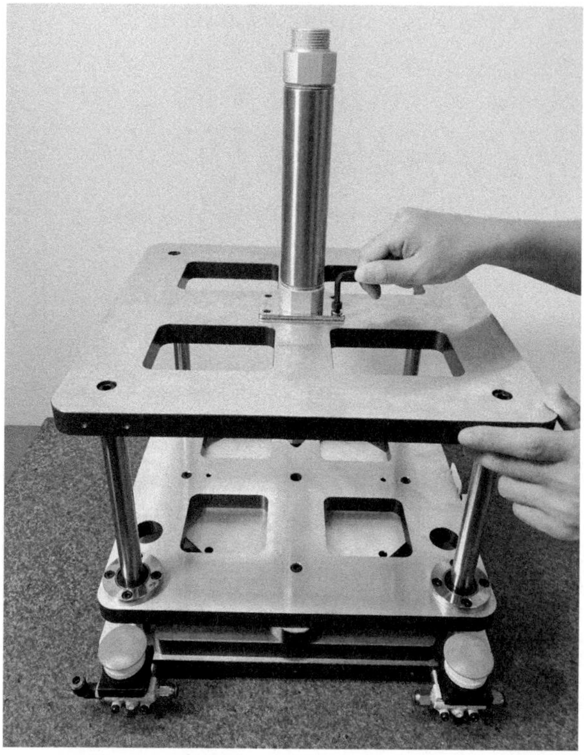

[a]

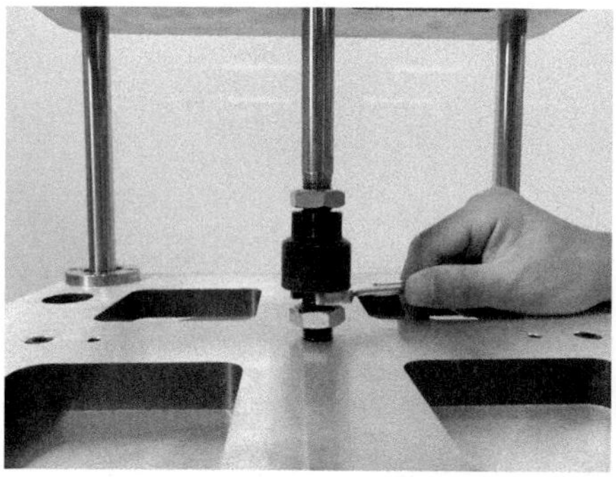

[b]

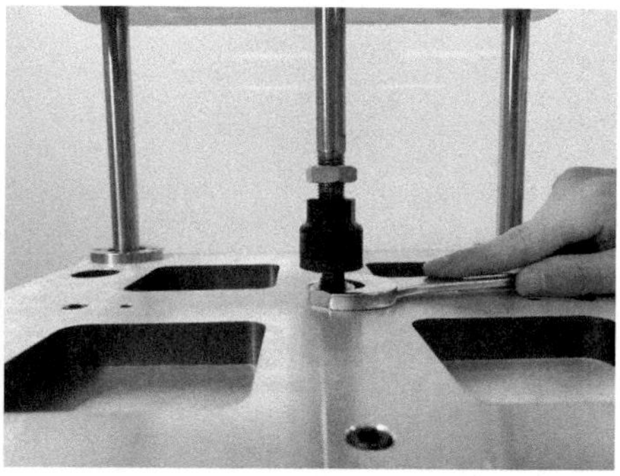

[c]

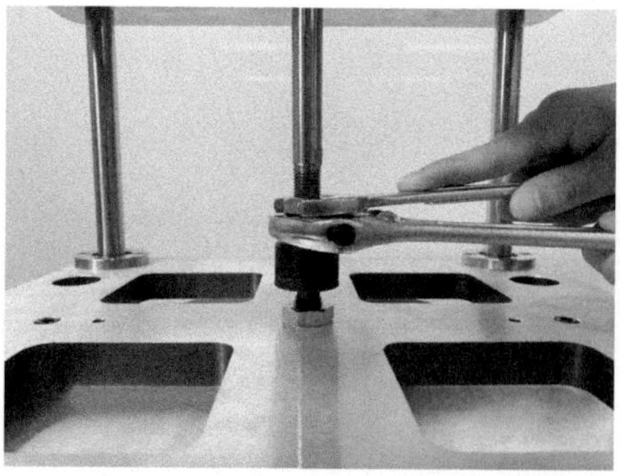

[d]

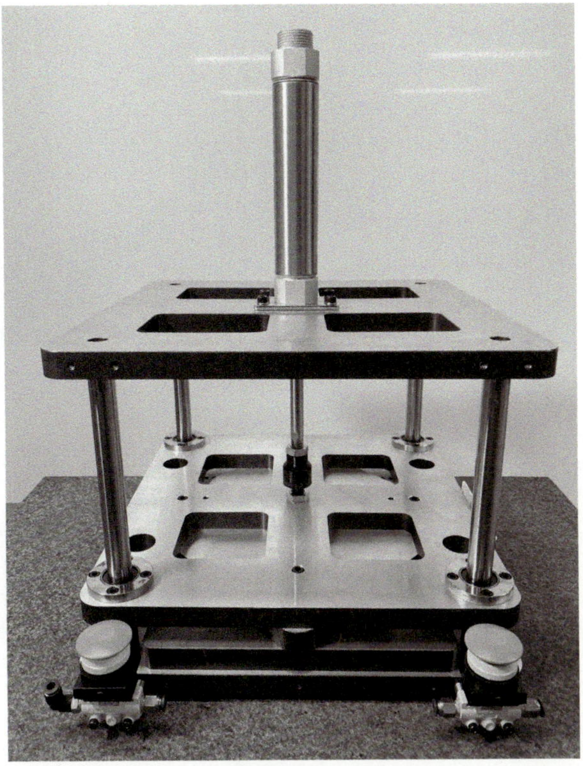

[e] 조립 완료 모습

그림 6.5 조립 사진[공압실린더 - TOP BASE, GUIDE PLATE 조립]

[3] 공압실린더 – 유량조절밸브 조립

표 6.6 필요 부품, 체결요소, 공구 [유량조절밸브 조립]

구분	부품명	규 격	수량
구매품	유량조절밸브	한국SMC AS2201F-02-06SA	1
공구	컴비네이션렌치	–	
공구	몽키스페너	–	

[그림 6.6 [a]]

- 유량조절밸브의 수나사 부분을 공압실린더 상부포트의 암나사 부분에 체결한다.
- 유령조절밸브의 수나사에는 공압의 누설을 방지하기 위한 실[seal]이 처리되어 있으나 실이 충분하지 않은 경우에는 별도의 테플론테입을 준비하여 수나사 부분에 테입을 감은 후 체결하도록 한다.
- 공압이 누설되지 않도록 컴비네이션렌치를 이용해서 충분하게 조인다.

[그림 6.6 [b]]

• 유량조절밸브가 공압실린더에 조립된 모습이다.

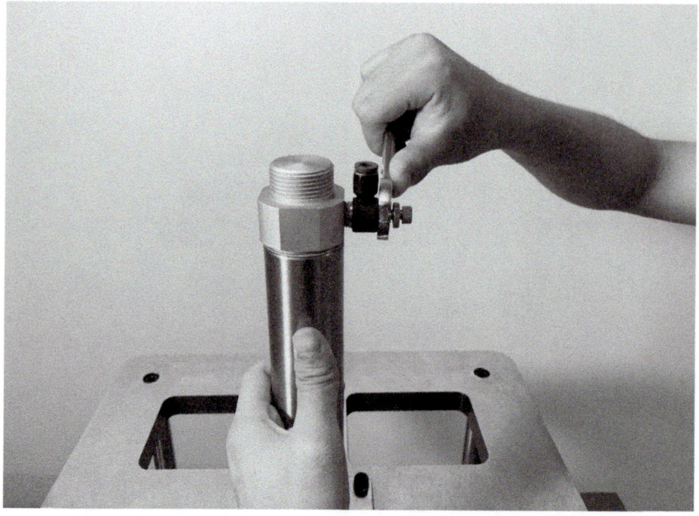

[a]

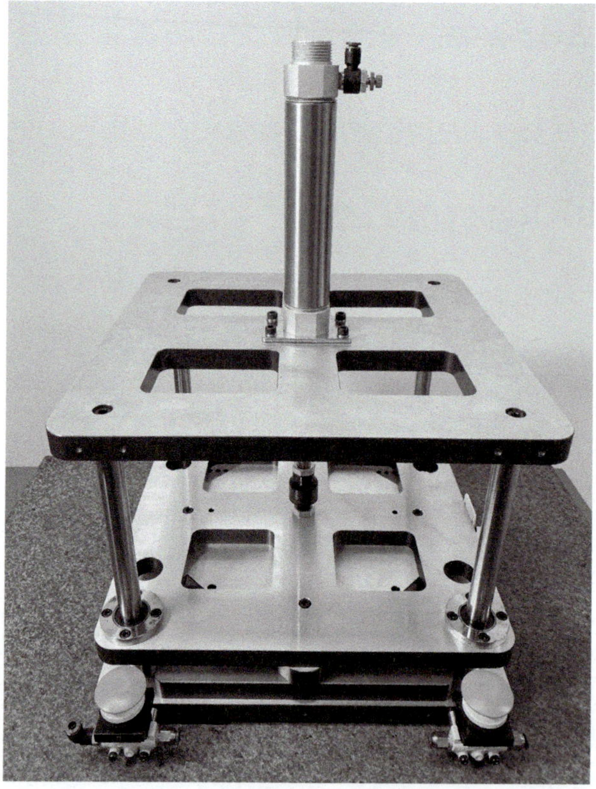

[b]

그림 6.6 조립 사진 [공압실린더 – 유량조절밸브 조립]

[4] 공압실린더 – 파일럿체크밸브밸브 조립

표 6.7 필요 부품, 체결요소, 공구 [파일럿체크밸브밸브 조립]

구분	부품명	규 격	수량
구매품	파일럿체크밸브	한국SMC ASP430F-02-06S	1
구매품	원터치피팅[straight]	한국SMC KQ2H06-01NS	1
공구	컴비네이션렌치	–	
공구	몽키스페너	–	

[그림 6.7 [a]]

- 파일럿체크밸브의 파일럿포트에 컴비네이션렌치를 이용하여 원터치피팅을 조립한다.

[그림 6.7 [b]]

- 파일럿체크밸브의 작업포트 수나사에 테플론테이프를 감는다.
- 컴비네이션렌치를 이용하여 공압실린더의 하부포트에 파일럿체크밸브의 작업포트를 체결한다.

[그림 6.7 [c]]

- 파일럿체크밸브가 공입실린더에 조립된 모습이다.

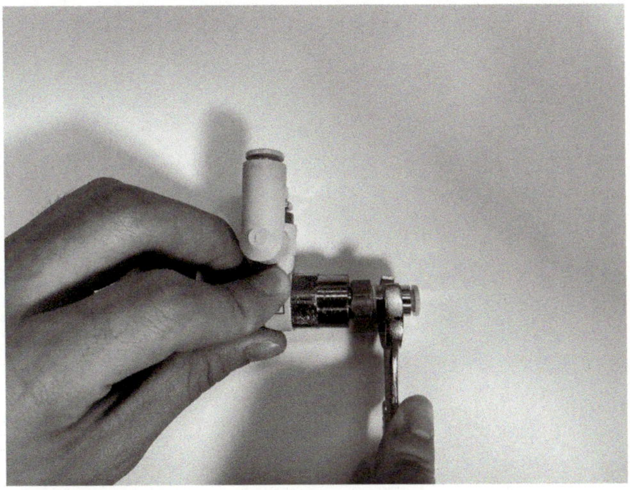

[a]

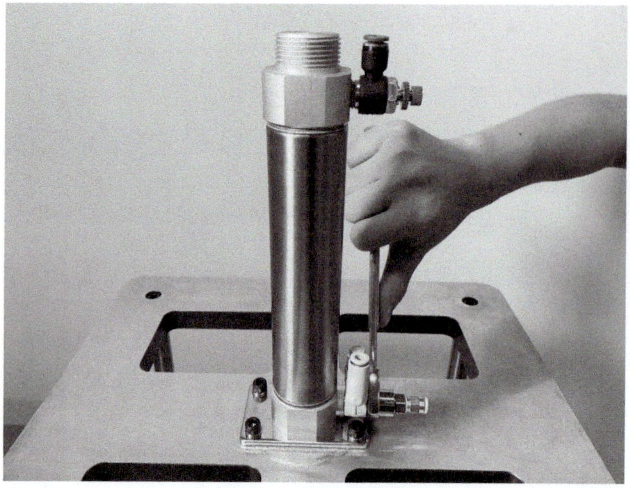

[b]

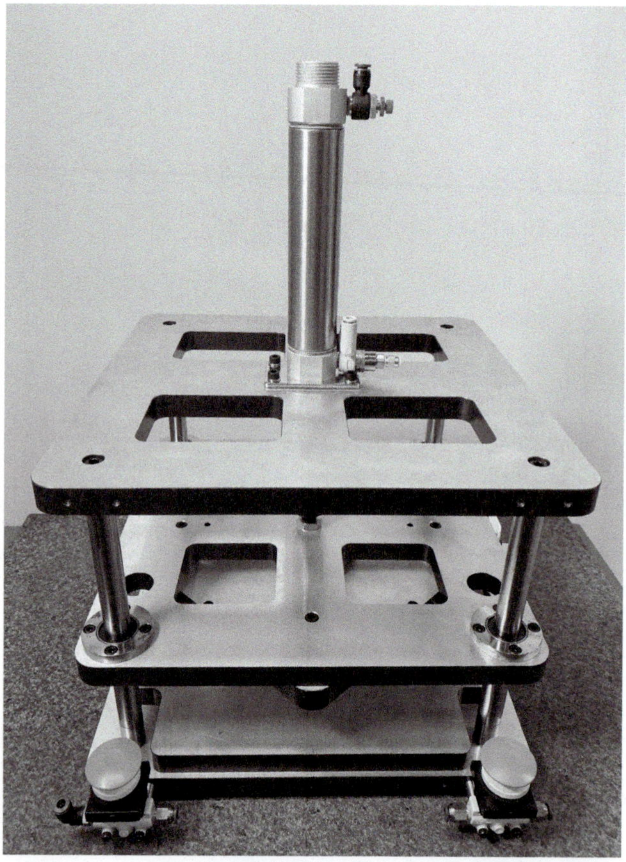

[c]

그림 6.7 조립 사진 [공압실린더 – 파일럿체크밸브 조립]

6.3 [실습] 공압부 조립

Part Ⅱ. 정밀기계 제작 이론 – 연관 내용	
B-4	방향제어밸브
B-9	타임딜레이밸브
B-11	비상정지밸브
D-1	조립용 공구

공압부는 SIDER COVER 2 패널에 조립되는 오퍼레이트밸브, 타임딜레이밸브, 비상정지밸브 및 피팅 등으로 구성된다.

조립은 공압부조립도 및 공압회로도를 참조하면서 진행한다.

[1] SIDER COVER 2 – 기구부 조립

표 6.8 필요 부품, 체결요소, 공구 [SIDER COVER 2 – 기구부 조립]

구분	부품명	규 격	수량
가공품	SIDER COVER 2	–	1
체결요소	육각렌치볼트	M4×8L	4
공구	L렌치	–	

[그림 6.8]

- SIDER COVER 2를 이미 조립되어 있는 기구부의 우측면에 4개의 M4 볼트를 이용해서 체결한다.

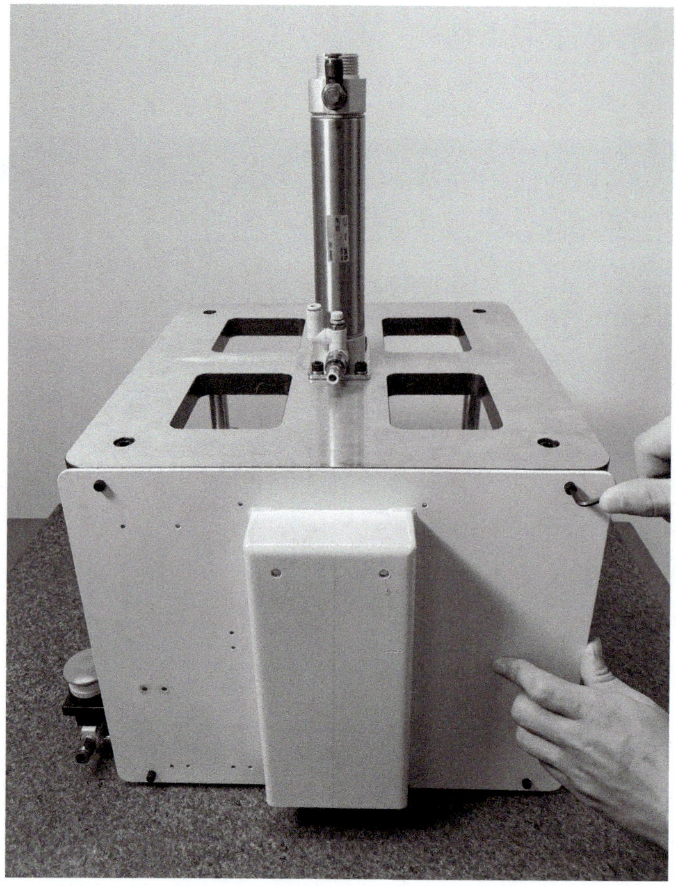

그림 6.8 조립 사진[SIDER COVER 2 - 기구부 조립]

[2] 오퍼레이트밸브 - SIDER COVER 2 조립

표 6.9 필요 부품, 체결요소, 공구 [오퍼레이트밸브 - SIDER COVER 2 조립]

구분	부품명	규 격	수량
가공품	SIDER COVER 2	–	1
구매폼	오퍼레이트밸브	한국SMC SYA5220-01-F2	1
구매폼	사일렌서	한국SMC AN10-01	2
구매폼	원터치피팅[straight]	한국SMC KQ2H06-01NS	5
체결요소	육각렌치볼트	M3×8L	2
공구	L렌치	–	
공구	컴비네이션렌치		

[그림 6.9 [a]]

• 오퍼레이트밸브의 파워포트, 작업포트, 제어포트에 원터치피팅을 체결한다.

[그림 6.9 [b]]

• 오퍼레이트밸브의 2개의 배기포트에 사일렌서를 조립한다. 사일렌서는 배기포트로 배압이 배출될 때 발생하는 소음을 저감해 주는 역할을 하는 부품이다.

[그림 6.9 [c]]

• 2개의 M3 볼트를 이용하여 오퍼레이트밸브를 SIDE COVER 2에 체결한다.

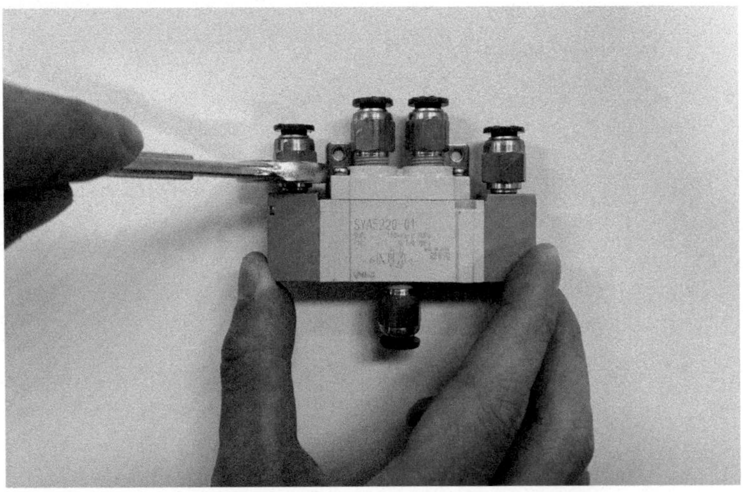

[a]

[b]

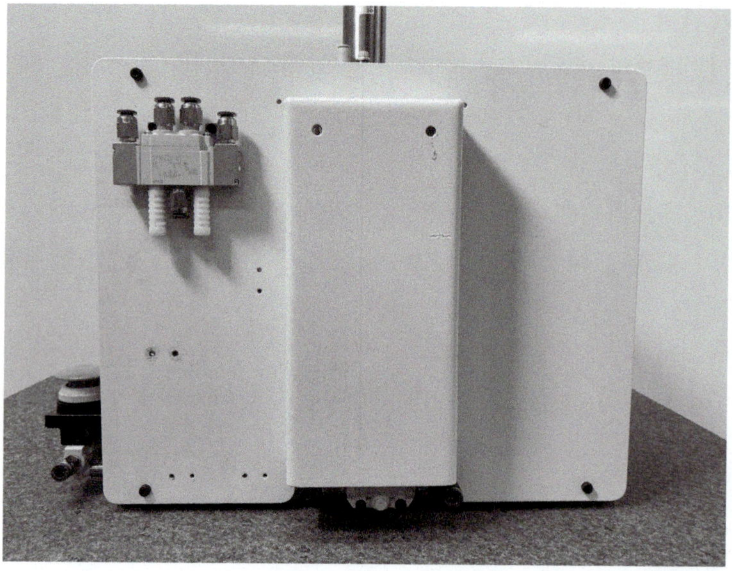

[c]

그림 6.9 조립 사진 [오퍼레이트밸브 – SIDER COVER 2 조립]

[3] 타임딜레이밸브 – SIDER COVER 2 조립

표 6.10 필요 부품, 체결요소, 공구 [타임딜레이밸브 – SIDER COVER 2 조립]

구분	부품명	규 격	수량
가공품	SIDER COVER 2	–	1
구매품	타임딜레이밸브	한국SMC VR2110-01	1
구매품	원터치피팅[straight]	한국SMC KQ2H06-01NS	2
구매품	원터치피팅[elbow]	한국SMC KQ2L06-01NS	1
체결요소	육각렌치볼트	M6×10L	2
공구	L렌치	–	
공구	컴비네이션렌치		

[그림 6.10 [a]]

• 타임딜레이밸브의 파워포트, 작업포트, 제어포트에 원터치피팅을 체결한다.

[그림 6.10 [b]]

• M6 육각렌치볼트를 이용하여 타임딜레이밸브를 SIDE COVER 2에 체결한다.

[a]

[b]

그림 6.10 조립 사진 [타임딜레이밸브 – SIDER COVER 2 조립]

[4] 비상정지밸브 – SIDER COVER 2 조립

표 6.11 필요 부품, 체결요소, 공구 [비상정지밸브 – SIDER COVER 2 조립]

구분	부품명	규 격	수량
가공품	SIDER COVER 2	–	1
구매폼	비상정지밸브	연우뉴메틱 SFM310-MT-3	1
구매폼	사일렌서	한국SMC AN10-01	2
구매폼	원터치피팅[straight]	한국SMC KQ2H06-01NS	2
구매폼	원터치피팅[elbow]	한국SMC KQ2L06-01NS	1
구매폼	T-피팅	한국SMC KQ2T06-00A	3
구매폼	스페이서	한국미스미 KNCLM4-10-20	2
체결요소	육각렌치볼트	M4×35L	2
체결요소	육각렌치볼트	M3×15L	6
공구	L-렌치	–	
공구	컴비네이션렌치	–	

[그림 6.11 [a]]

- 비상정지밸브의 2개의 배기포트에 각각 사일렌서를 조립한다.
- 비상정비밸브의 파워포트, 작업포트에 원터치피팅을 체결한다.

[그림 6.11 [b]]

- 스페이서 및 M4 볼트를 이용하여 비상정지밸브를 SIDE COVER 2에 체결한다. [비상정지밸브와 SIDE COVER 2 사이에 간격을 만들기 위해서 스페이서를 삽입한 후 볼트를 체결해야 한다.]
- T-피팅은 공압호스를 분기할 때 사용하는 부품이다.
- 공압회로도를 참조하면 총 3개의 T-피팅이 필요한 것을 확인할 수 있다.
- M3 육각렌치볼트를 이용하여 각각의 피팅을 SIDE COVER 2에 체결한다.

[a]

[b]

그림 6.11 조립 사진[비상정지밸브 – SIDER COVER 2 조립]

6.4 [실습] 공압호스 연결

공압부를 구동하기 위해서는 각 공압부품 간을 공압호스로 연결하여 압축공기가 흐를 수 있도록 해 주어야 한다.

그림 6.12는 공압회로도의 각 연결선에 공압호스 번호를 부기한 것이다. ①~⑳ 까지 총 20개의 공압호스가 표시되어 있다. 또한 그림 6.13에는 방향제어밸브의 포트 번호가 표시되어 있다.

공압호스의 연결은 공압호스 번호, 포트 번호 및 사진을 참조하여 순차적으로 진행하도록 한다. 연결 방법은 그림 14에 사진으로 순서대로 제시되어 있다.

[1] 공압호스 번호

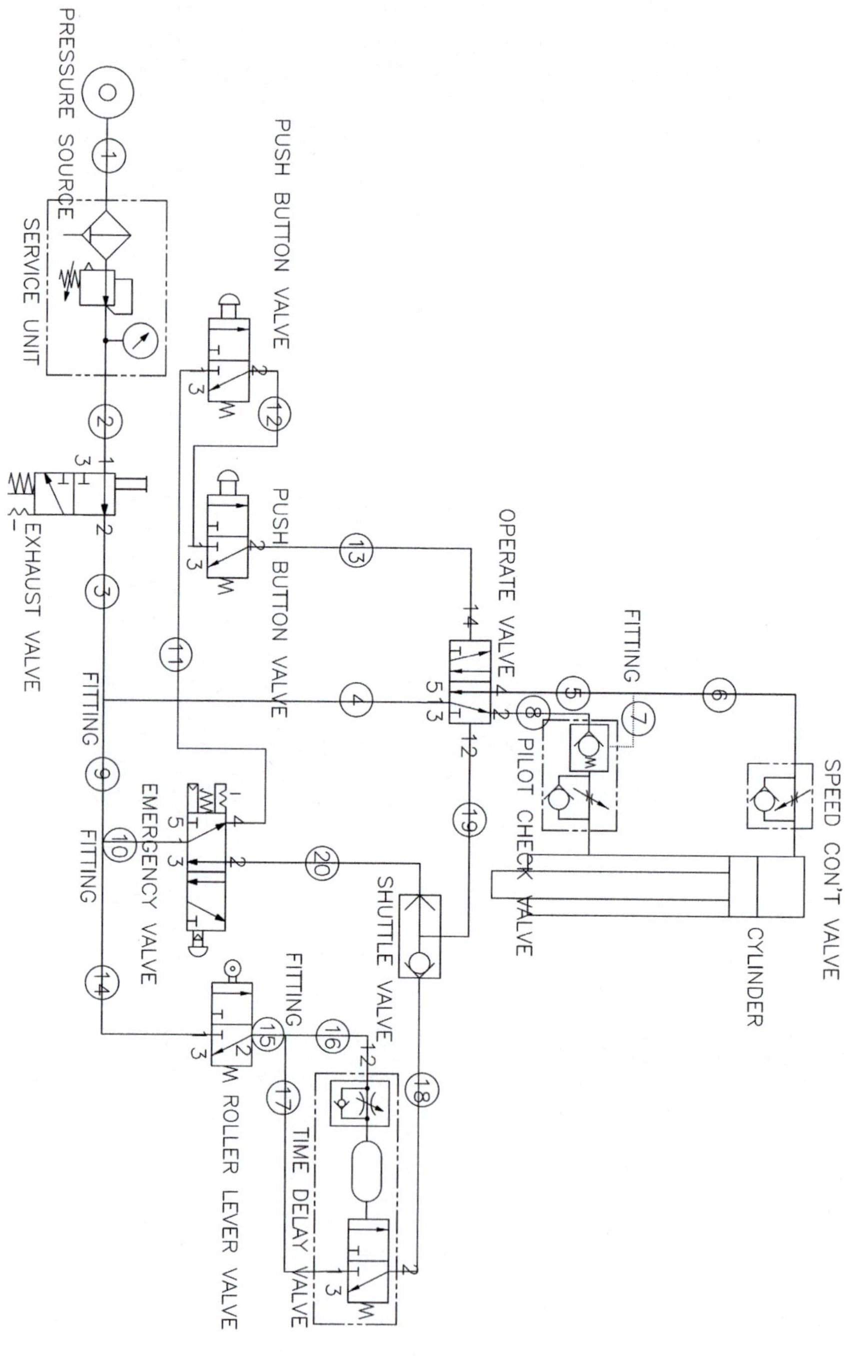

그림 6.12 공압호스 번호

[2] 방향제어밸브 포트 번호

[a] 푸쉬버튼밸브

[b] 롤러레버밸브

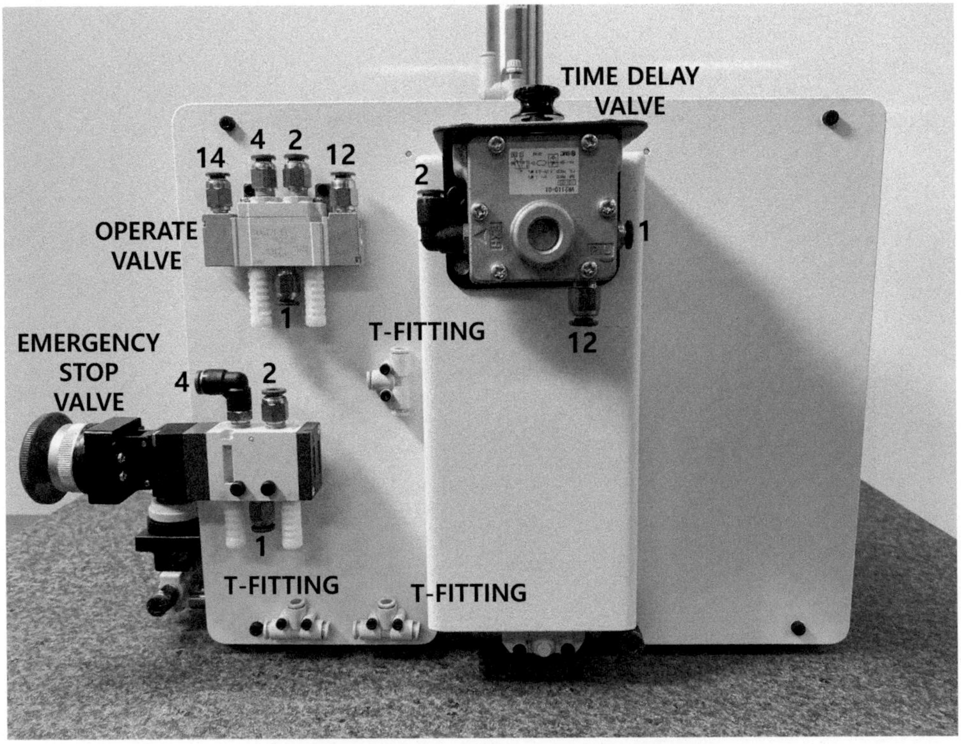

[c] 오퍼레이트밸브, 타임딜레이밸브, 비상정지밸브

그림 6.13 방향제어밸브 포트 번호

[3] 공압호스 연결

표 6.12 필요 부품, 체결요소, 공구 [공압호스 연결]

구분	부품명	규 격	수량
구매품	서비스유닛	한국SMC AW20-02BG-A	1
구매품	잔압배기밸브	한국SMC VHS20-02A	1
구매품	셔틀밸브	한국SMC VR1210F-06	1
구매품	T-피팅	한국SMC KQ2T06-00A	1
구매품	공압호스	∅6	-
구매품	공압호스	∅10	-
공구	가위	-	

- 압력소스, 서비스유닛, 잔압배기밸브는 라미네이터에 조립되어 있지 않다. 이하 설명에서 압력소스는 실습실 바닥에 서비스유닛 및 잔압배기밸브는 실습 테이블 하단에 설치되 있는 것으로 한다.
- 공압호스의 외경은 압력소스 및 서비스유닛 연결 시에만 ∅10을 사용하고 나머지 공압부품의 연결은 모두 ∅6을 사용한다.
- 공압호스의 길이는 부품간 거리를 고려하여 가위로 잘라서 사용한다.
- 공압부품의 포트는 원터치피팅이 조립되어 있으므로 별도의 공구 없이 공압호스를 힘을 주어 피팅에 삽입하는 것으로 포트와 공압호스가 연결된다. 공압호스를 분리하기 위해서는 원터치피팅의 릴리스부시를 누른 후 공압호스를 잡아 빼면 된다.
- 공압호스를 원터치피팅에 삽입할 때 공압호스 끝단이 완전히 원터치피팅에 삽입되도록 한다. 불완전하게 공압호스가 삽입될 경우 압축공기 누설의 원인이 된다.
- 이하 공압호스 연결은 ①에서 ⑳까지 차례로 사진을 참조하여 진행한다.

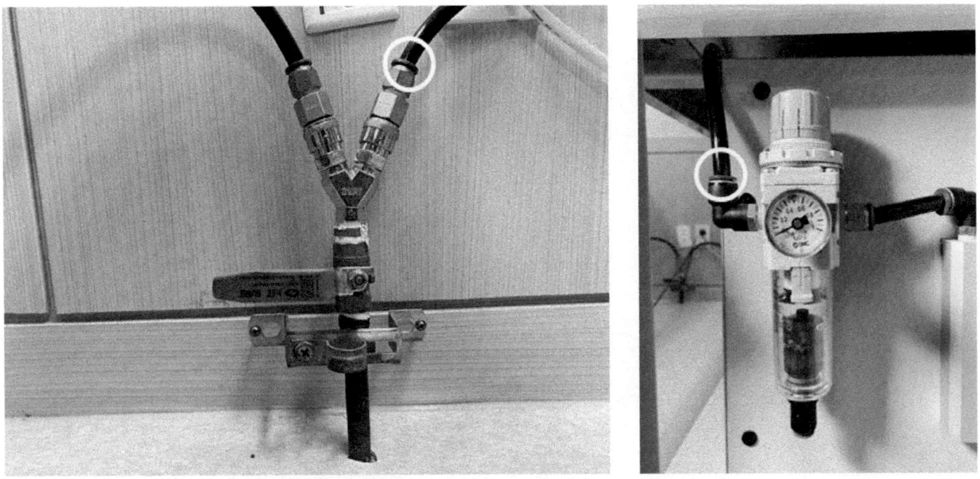

① 번 공압호스 연결 : 압력소스–서비스유닛

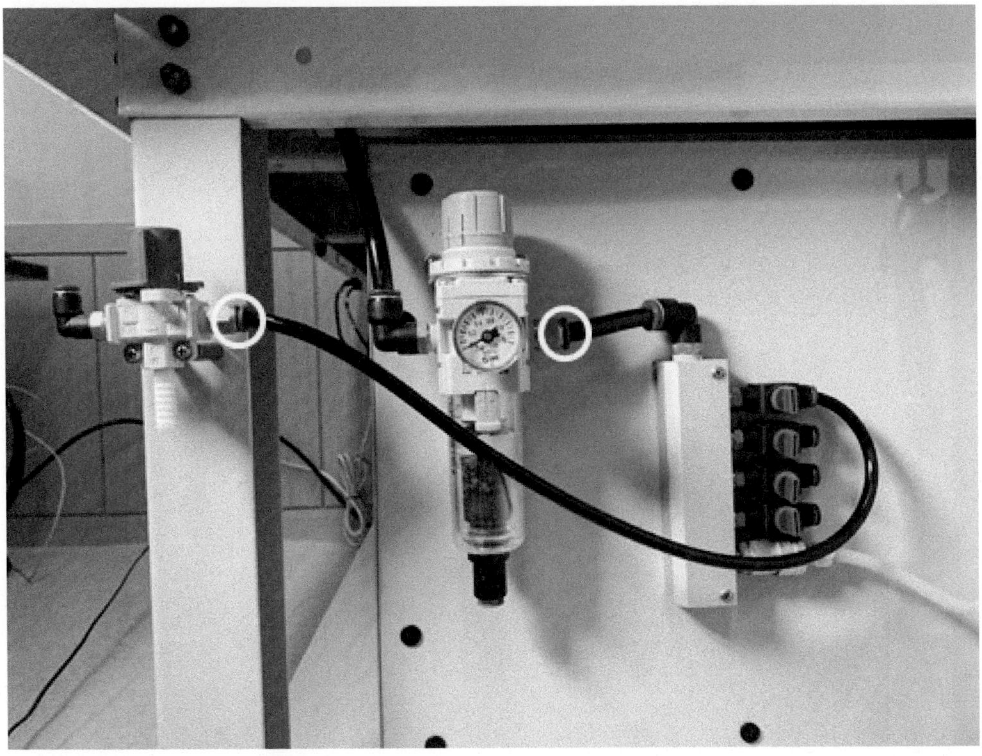

② 번 공압호스 연결 : 서비스유닛–잔압배기밸브 [1번 포트]

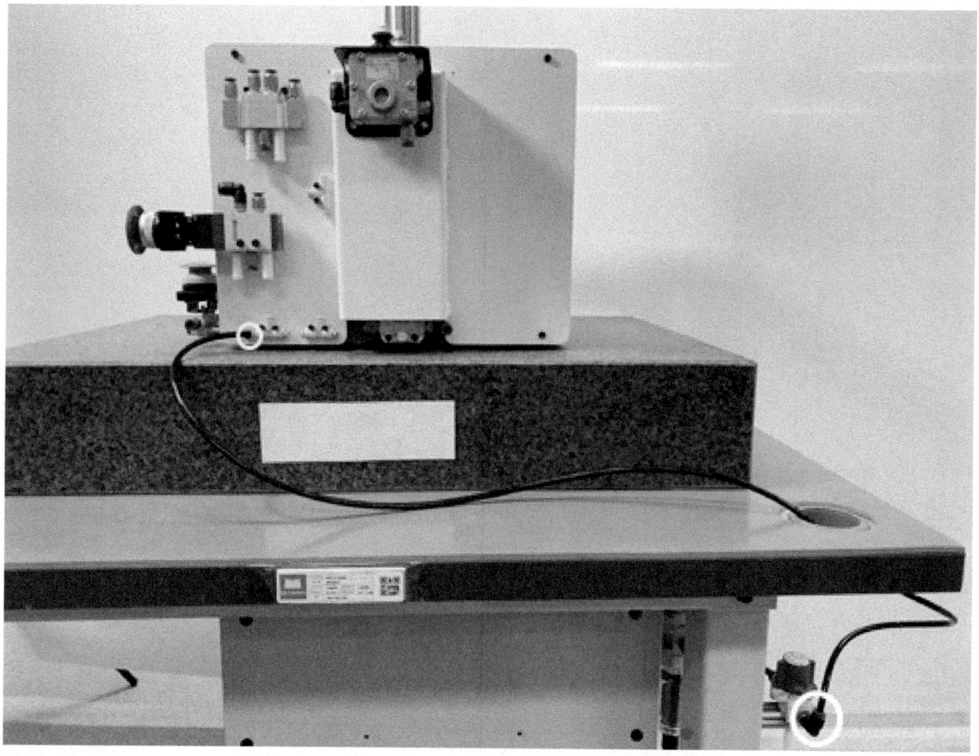

③ 번 공압호스 연결 : 잔압배기밸브 [2번 포트]–T피팅

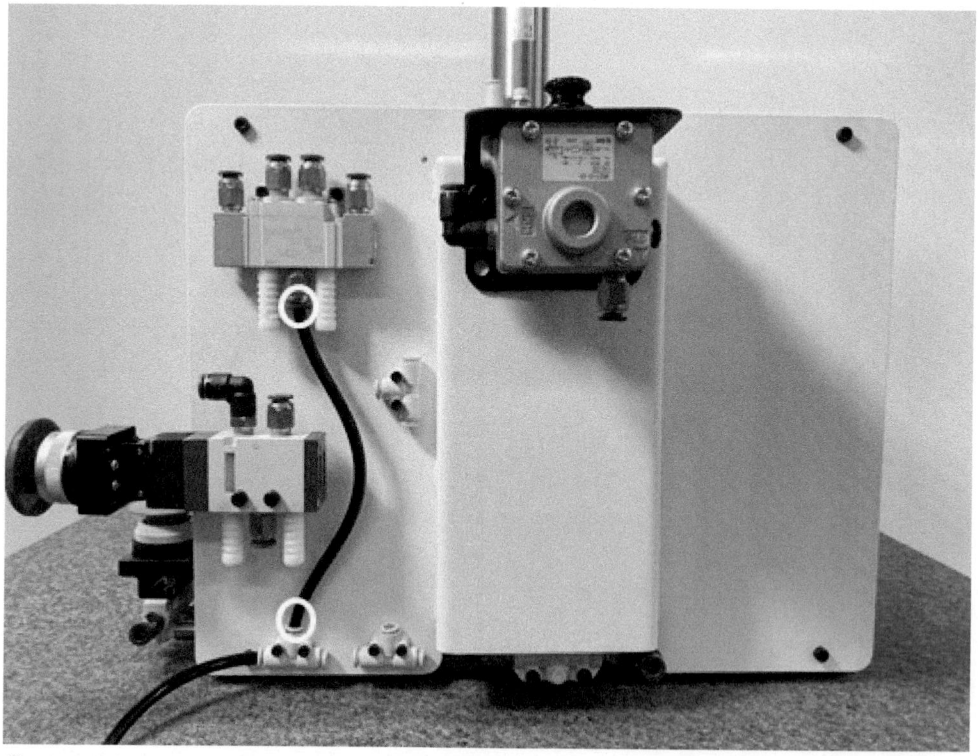

④ 번 공압호스 연결 : T피팅–오퍼레이트밸브 [1번 포트]

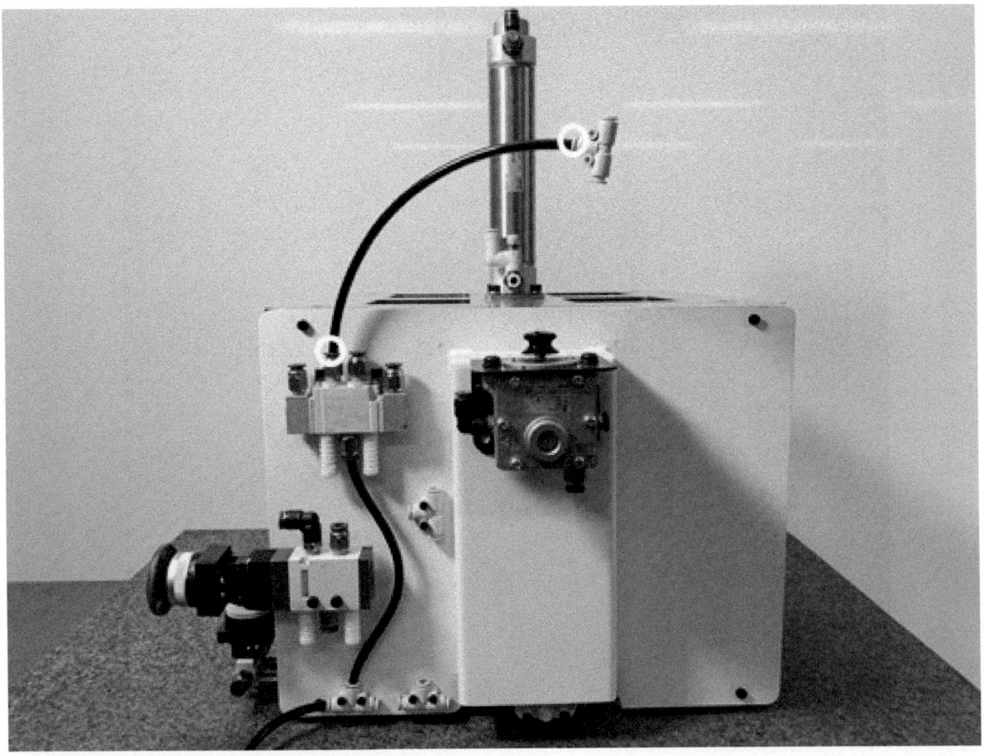

⑤ 번 공압호스 연결 : 오퍼레이트밸브 [4번 포트]–T피팅

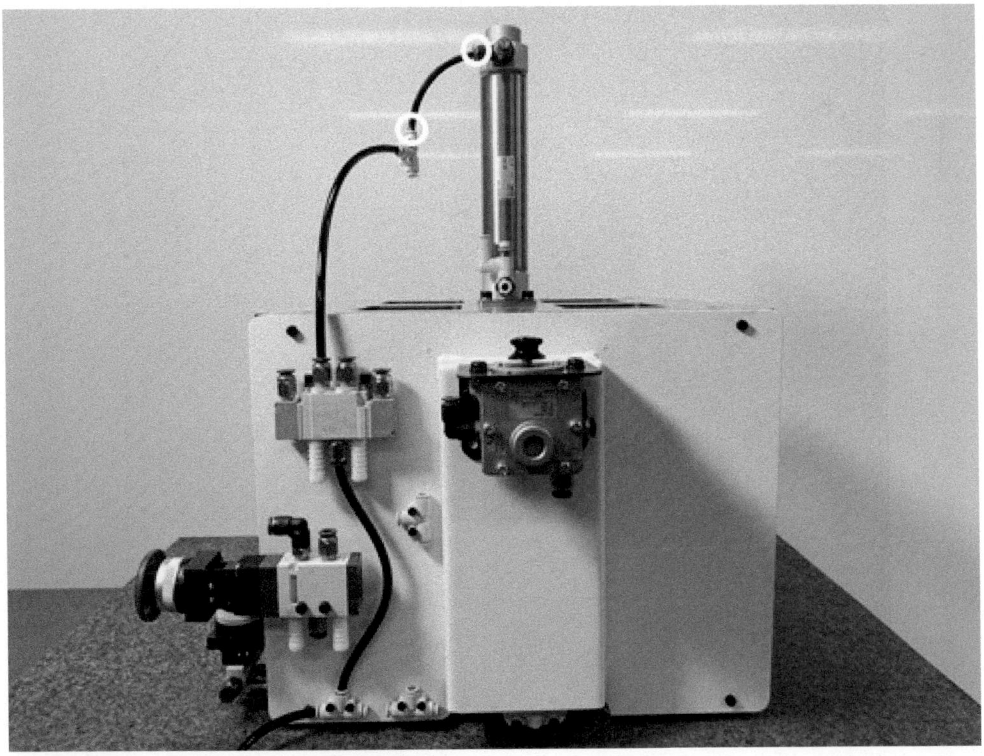

⑥ 번 공압호스 연결 : T피팅–유량조절밸브

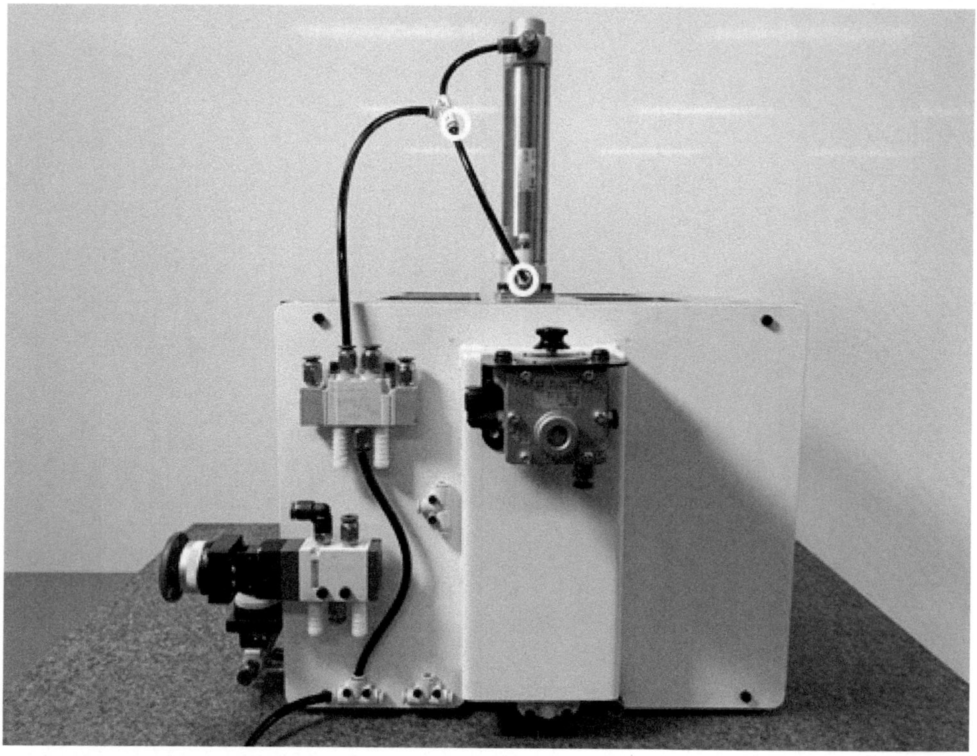

⑦ 번 공압호스 연결 : T피팅-파일럿체크밸브 [파일럿포트]

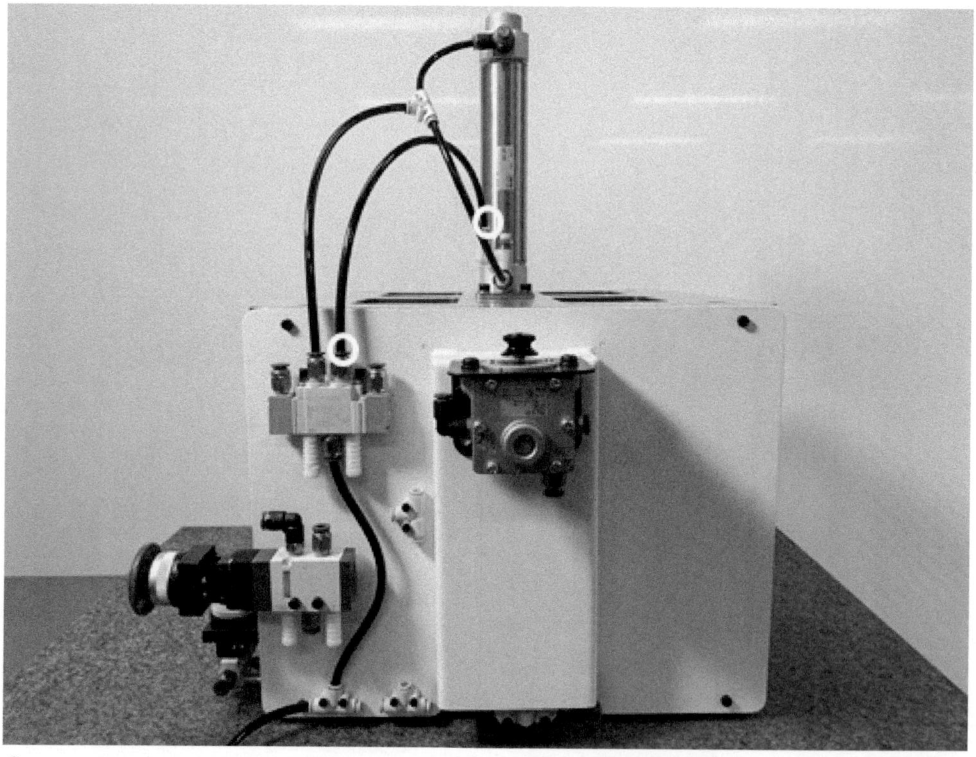

⑧ 번 공압호스 연결 : 오퍼레이트밸브 [2번 포트]-파일럿체크밸브 [파워포트]

⑨ 번 공압호스 연결 : T피팅–T피팅

⑩ 번 공압호스 연결 : T피팅–비상정지밸브 [1번 포트]

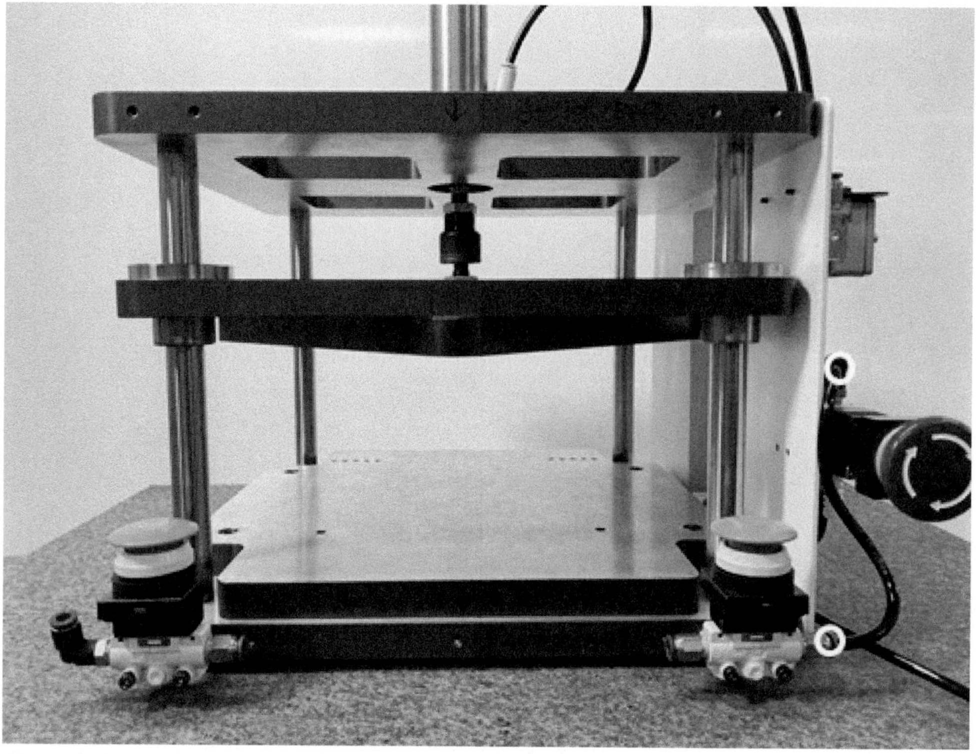

⑪ 번 공압호스 연결 : 비상정지밸브 [4번 포트]–푸쉬버튼밸브 [1번 포트]

⑫ 번 공압호스 연결 : 푸쉬버튼밸브 [2번 포트]–푸쉬버튼밸브 [1번 포트]

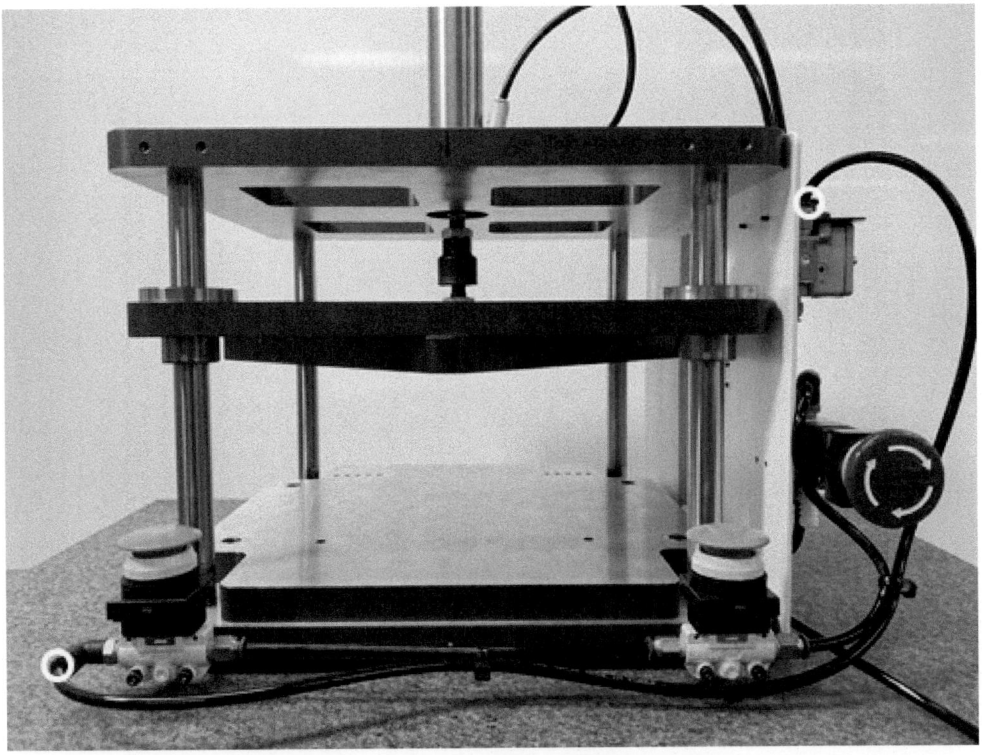

⑬ 번 공압호스 연결 : 푸쉬버튼밸브 [2번 포트]–오퍼레이트밸브 [14번 포트]

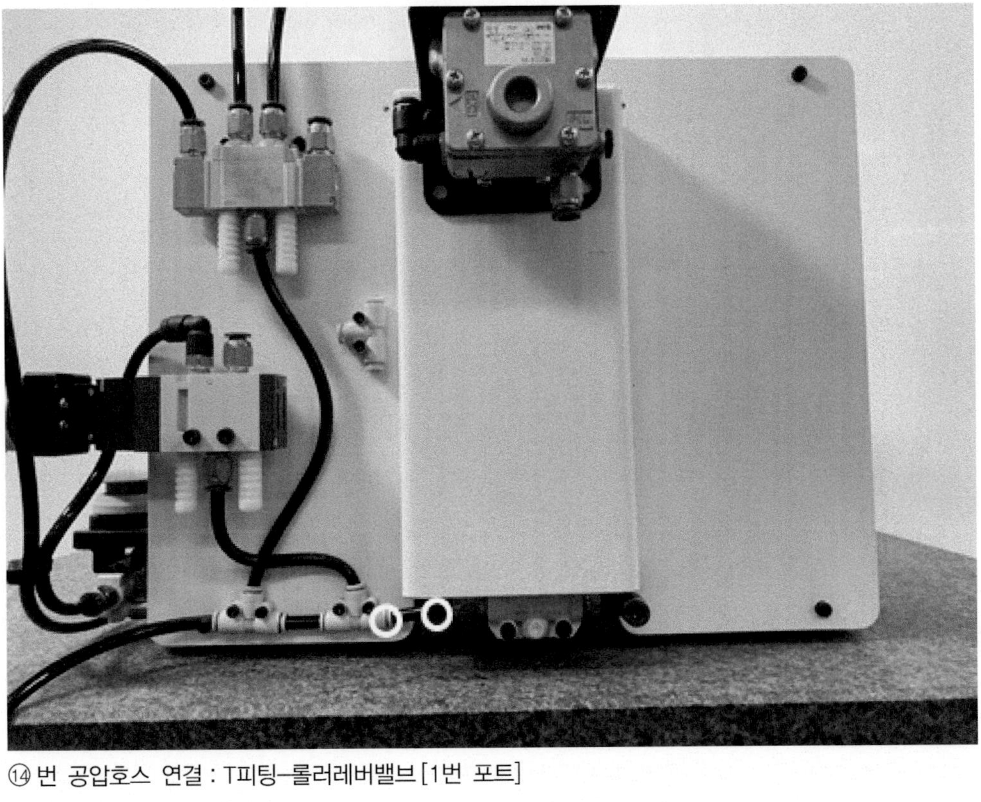

⑭ 번 공압호스 연결 : T피팅–롤러레버밸브 [1번 포트]

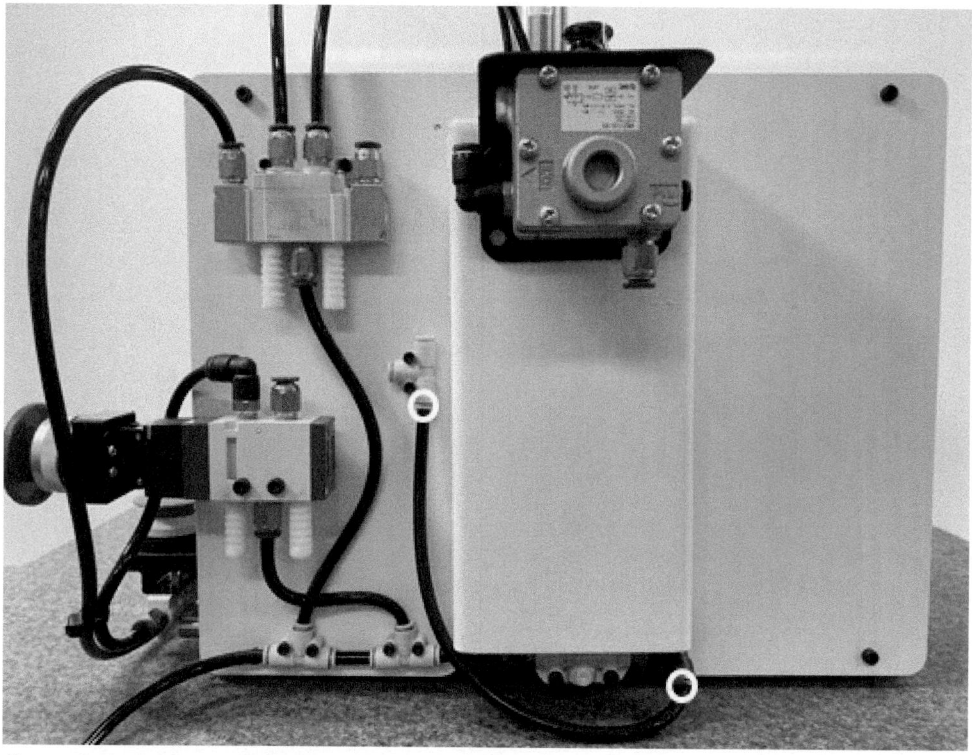

⑮ 번 공압호스 연결 : 롤러레버밸브 [2번 포트]–T피팅

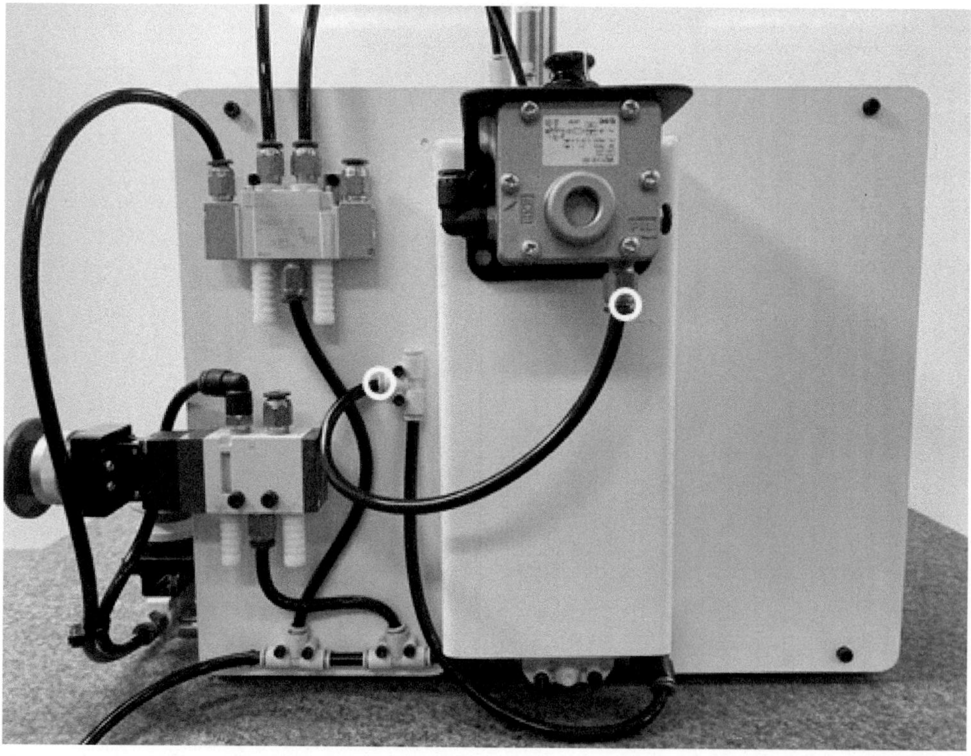

⑯ 번 공압호스 연결 : T피팅–타임딜레이밸브 [12번 포트]

⑰ 번 공압호스 연결 : T피팅–타임딜레이밸브 [1번 포트]

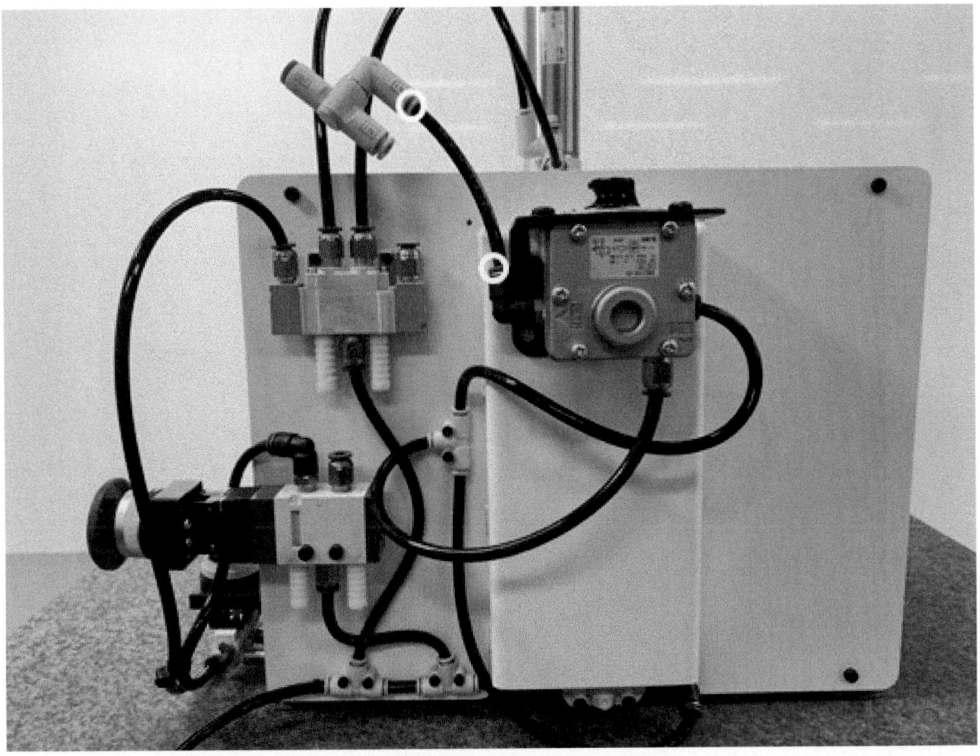

⑱ 번 공압호스 연결 : 타임딜레이밸브 [2번 포트]–셔틀밸브 [입력포트]

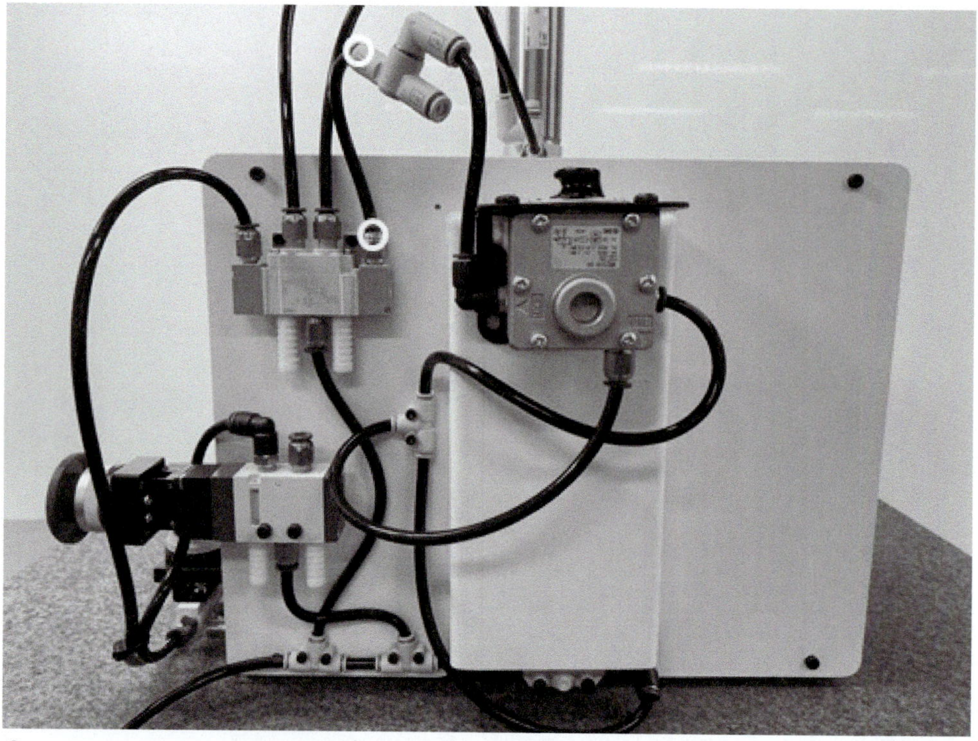

⑲ 번 공압호스 연결 : 셔틀밸브 [출력포트]-오퍼레이트밸브 [12번 포트]

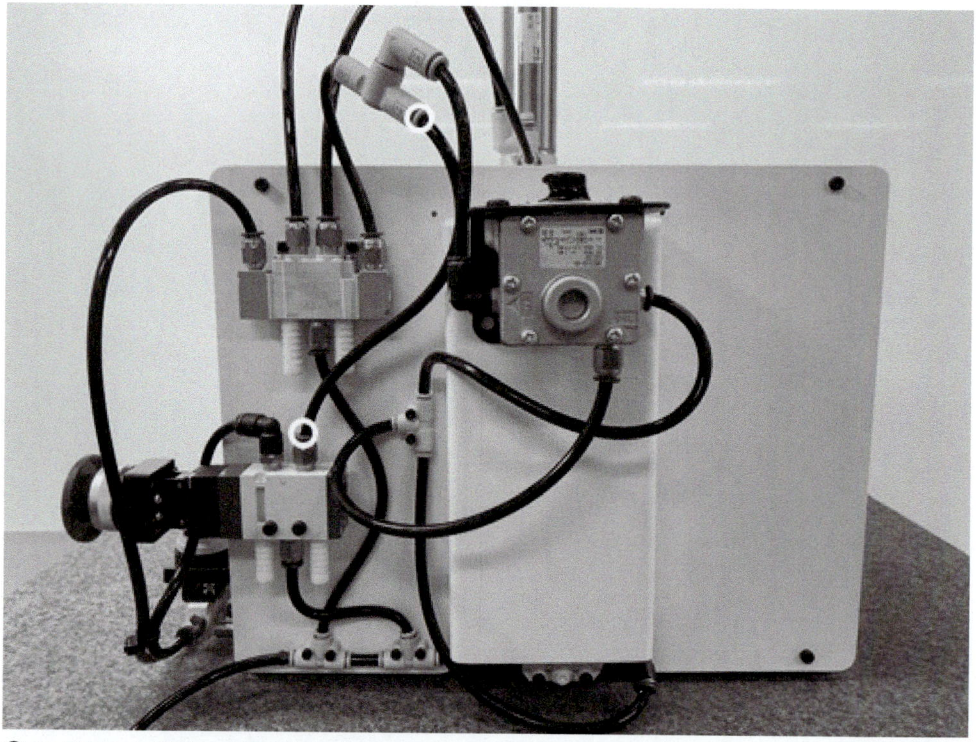

⑳ 번 공압호스 연결 : 비상정비밸브 [2번 포트]-셔틀밸브 [입력포트]

그림 6.14 공압호스 연결

Chapter 7

라미네이터 성능측정

7장에서는 6장까지의 실습으로 완성된 라미네이터의 성능을 측정해 보도록 한다. 라미네이터의 성능은 가압면 사이 압력의 위치별 균일한 정도 즉 압력균일도[pressure uniformity]이다. 실습의 목표는 성능 측정을 위해 구체적인 측정 방법을 설계해보고 이를 통해 성능을 정량적인 수치로 확인해 보는 경험을 하는 것이다.

라미네이터의 성능 즉 압력균일도는 전 단계인 설계, 가공, 조립 작업의 누적된 결과에 의해서 결정되는 것이다. 그 연관성을 이해하기 위해 7.1 및 7.2절에서는 먼저 가압면 평행도를 측정하는 실습을 진행한다. 이를 통해 부품의 공차가 누적되어 나타나는 기구적 현상을 경험해 볼 수 있을 것이다.

연달아 진행되는 7.3절의 실습에서는 압력균일도를 직접 측정해 본다. 압력측정필름을 이용하여 산업 현장에서 측정하는 방법과 동일 하게 가압면 사이의 압력을 위치별로 직접 측정하는 실습이다. 의미 있는 측정을 위해서는 측정 방법의 올바른 설계가 중요한 공학적 문제가 되는데 이를 주요한 내용으로 다룬다.

7.4절 연습문제에는 라미네이터 성능과 '설계 → 가공 → 조립' 작업의 연관성에 대한 질문이 제시되어 있다. 실습에 참여하는 교수 및 학생은 이에 대한 토의를 통해 라미네이터 제작의 각 단계들이 서로 독립적인 것이 아니고 유기적인 관계에 있다는 것을 이해하는 것이 중요하다.

7장의 학습을 위해서는 'Part II 정밀기계 제작 이론' 중 'E 성능측정' 내용에 대한 이해가 선행되어야 한다. 7장 각 절의 서두에는 관련된 Part II의 항목 번호를 기재해 두었으니 필요한 경우 해당 내용을 먼저 학습할 것을 추천한다.

7.1 [실습] 라미네이터 구동

라미네이터를 구동하기 위해서는 먼저 압력소스에서 공급되는 압축공기를 라미네이터까지 전달해야 한다. 이를 위한 잔압배기밸브 및 서비스유닛의 사용 방법을 알아본다.

다음으로 라미네이터를 구동하기 위한 조작 방법을 알아본다. 라미네이터의 양수버튼조작 방법 및 비정상 상황에서는 가압을 즉시 해제할 수 있도록 하는 비상정지밸브의 사용 방법에 대해서도 학습한다.

그 외에 가압 시간을 조절하기 위한 타임딜레이밸브 설정 방법 및 유량조절밸브를 이용한 공압실린더의 속도 조절 방법에 대해서도 다루도록 한다.

[1] 압축공기 공급

- 라미네이터의 구동에 필요한 압축공기는 압력소스에서 공급된다.
- 압력소스의 밸브를 열기 전에 잔압배기밸브가 배기[EXH] 상태인지 그리고 라미네이터의 비상정비밸브의 버튼이 눌려 있는지 확인한다.
- 그림 7.1와 같이 압력소스 밸브의 손잡이를 배관과 평행해지도록 돌려 압축공기가 공급되도록 한다.
- 압력소스에서 공급되는 압축공기의 압력은 여러 가지 요인으로 변동될 수 있다. 서비스유닛의 레귤레이터의 기능을 이용하면 압력을 조절하여 사용할 수 있다. 압력 조절은 그림 7.2와 같이 손으로 먼저 압력조절용핸들을 수직으로 뽑아낸 후 화살표 방향으로 회전시킴으로써 가능하다.
- 서비스유닛의 핸들을 조정하여 눈금판 기준으로 압력을 0.5MPa로 조정한다. 조정이 끝난 후에는 핸들을 다시 수직으로 눌러 고정해 둔다.
- 그림 7.3과 같이 잔압배기밸브의 수동회전핸들을 돌려 밸브의 위치를 배기[EXH]에서 공급[SUP]으로 전환한다.
- 이상의 조작으로 압력소스에서 라미네이터의 공압부로 압축공기가 공급된다.
- 라미네이터의 사용을 중지하는 경우는 지금까지와 반대의 순서로 압축공기를 차단한다. 즉 잔압배기밸브를 배기[EXH] 상태로 전환한 후 압력소스 밸브를 차단한다.

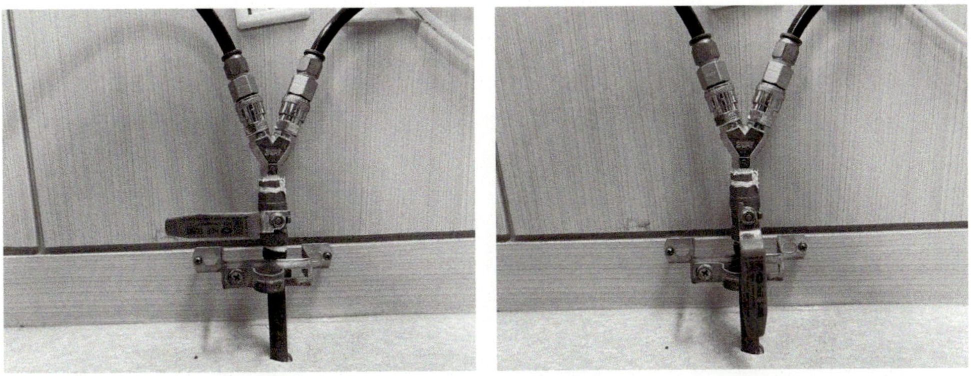

[a] 닫힘 [b] 열림

그림 7.1 압력소스 밸브 열기

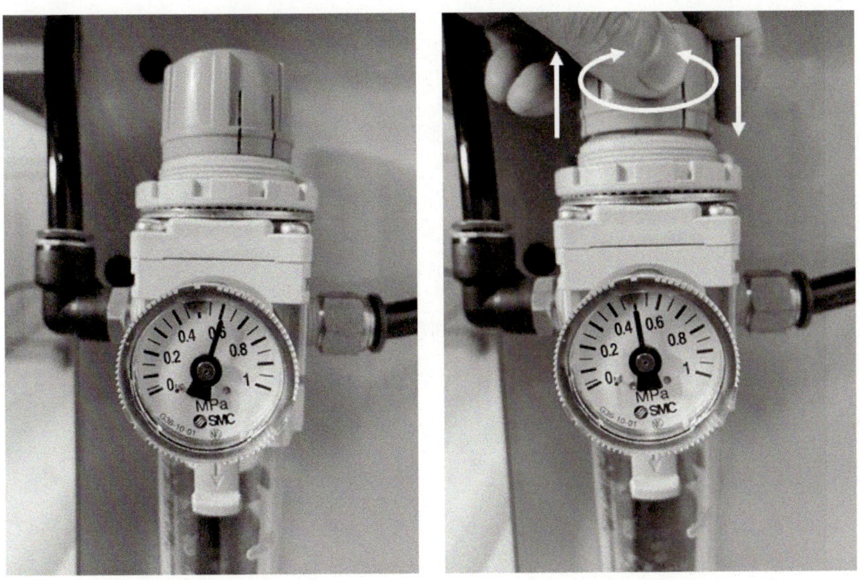

[a] 압력 조절 전 [b] 압력 조절 후

그림 7.2 서비스유닛 압력 조절

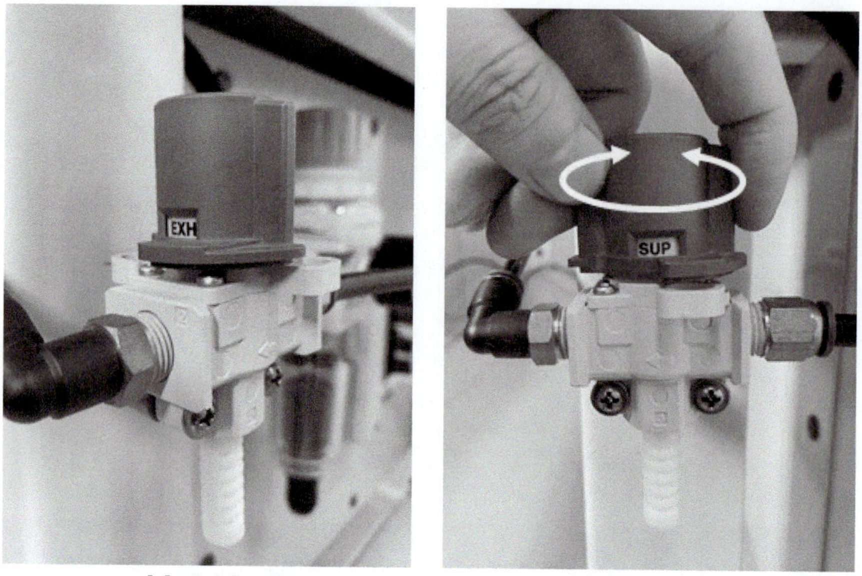

[a] 배기 [EXH]　　[b] 공급 [SUP]

그림 7.3 잔압배기밸브 공급 전환

[2] 라미네이터 구동

- 라미네이터의 구동을 위해서 그림 7.4 [a]와 같이 먼저 비상정지밸브를 조작하여 라미네이터를 비상정지 상태에서 해제한다.
- 다음으로 그림 7.4 [b]와 같이 양손으로 라미네이터 전면의 2개의 누름버튼을 동시에 누르면 그림 7.4 [c]와 같이 라미네이터의 이동부가 아래쪽으로 하강한다.
- TOP PRESS PLATE와 BTM STAGE가 접촉하여 일정 시간이 경과하면 라미네이터의 이동부는 다시 상승하고 그림 7.4 [d]와 같이 초기 상태로 복귀한다.

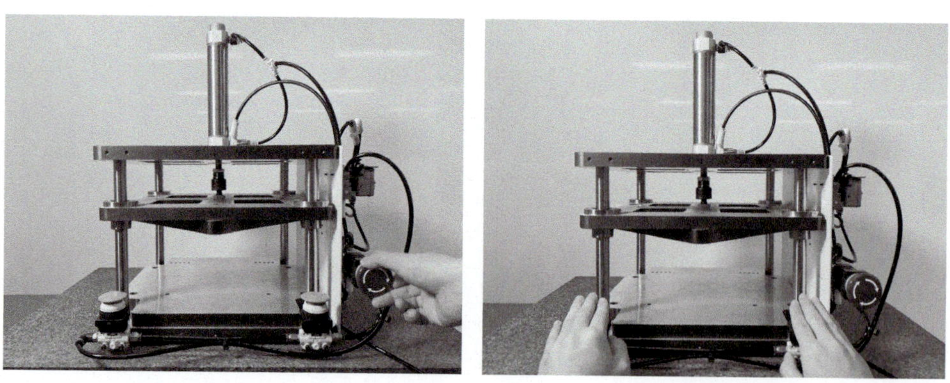

[a] 비상정지밸브 해제　　[b] 양수버튼 누름

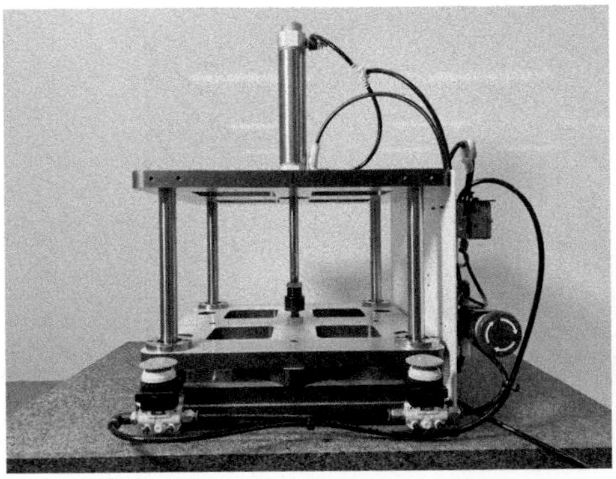

[c] 가압

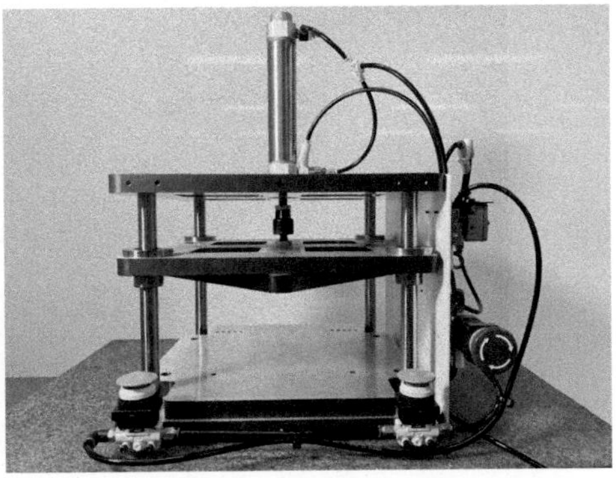

[d] 복귀

그림 7.4 라미네이터 구동

- 그림 7.5는 공압실린더의 상승 하강 속도를 조절하는 모습이다. 상승 속도는 그림 7.5 [a]와 같이 공압실린더 상부포트에 조립된 유량조절밸브의 조절나사를 회전시켜 조절한다. 하강 속도는 그림 7.5 [b]와 같이 파일럿체크밸브의 조절나사를 이용하여 조절한다.
- 라미네이터의 가압 시간은 그림 7.6과 같이 타임딜레이밸브의 핸들을 조작하여 조절할 수 있다. 핸들의 조작에 의해 0~60초 범위에서 가압시간을 조절하는 것이 가능하다.

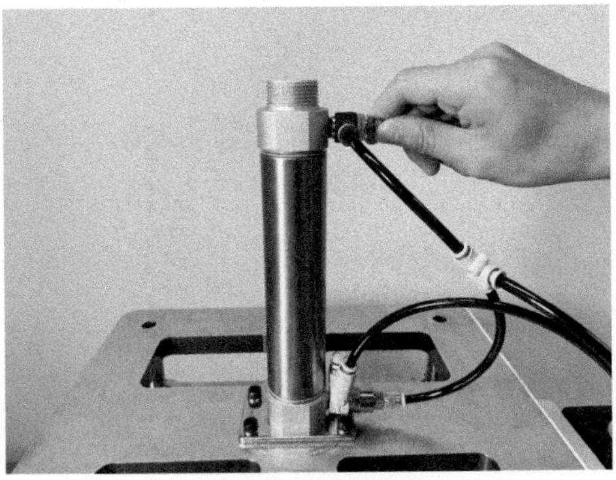

[a] 상승 속도 조절

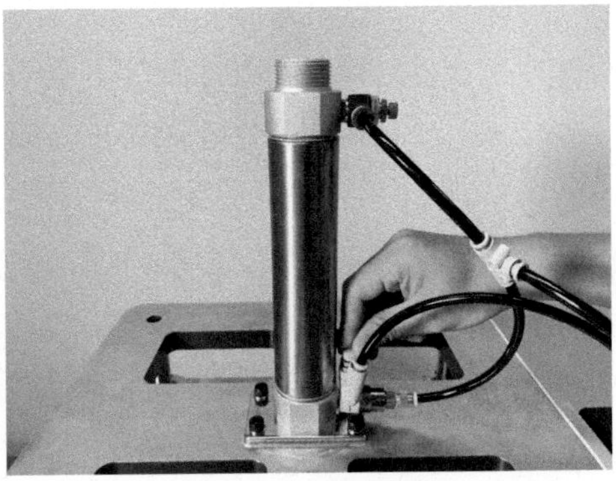

[b] 하강 속도 조절

그림 7.5 공압실린더 속도 조절

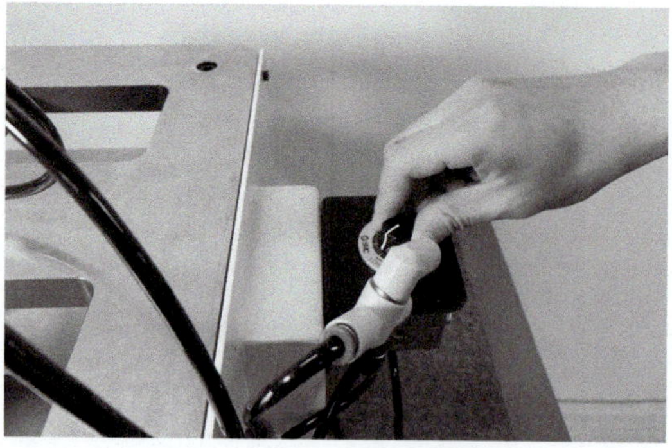

그림 7.6 가압 시간 조절

7.2 [실습] 가압면 평행도 측정

Part Ⅱ. 정밀기계 제작 이론 – 연관 내용	
E–1	누적공차

압력균일도로 표현되는 라미네이터의 성능은 가압 동작 시 가압면을 형성하는 2개의 가공품인 BTM STAGE 상면과 TOP PRESS PLATE 하면이 얼마나 평행을 유지하면서 접촉하는지에 직접적으로 좌우된다.

가압면의 평행도는 조립에 사용된 부품의 공차에 의해서 좌우된다. BTM STAGE 상면부터 TOP PRESS PLATE 하면까지는 MAIN BASE, COLUMN GUIDE, TOP BASE, GUIDE PLATE, LINEAR BUSH가 조립되어 있다. 이러한 부품들의 공차는 차례대로 누적되어 최종적으로 가압면의 공차로 나타나게 된다. 따라서 가압면의 평행도를 측정하는 것은 라미네이터의 누적공차를 측정하는 것이 된다고 할 수 있다.

본 절에서는 BTM STAGE 상면을 기준면으로 하여 TOP PRESS PLATE 하면의 평행도를 측정하기로 한다.

[1] 측정기

가압면 평행도의 측정은 다이알인디케이터를 사용한다. 다이알인디케이터를 기준면인 BTM STAGE 상면에 위치시키기 위해서는 별도의 스탠드가 필요하다. 금속 소재에 부착이 가능한 여러 가지 종류의 마그네틱스탠드가 사용되고 있다. 그림 7.7의 마그네틱스탠드는 3개의 암으로 구성되어 있으며 암의 각도를 조정하여 원하는 자세를

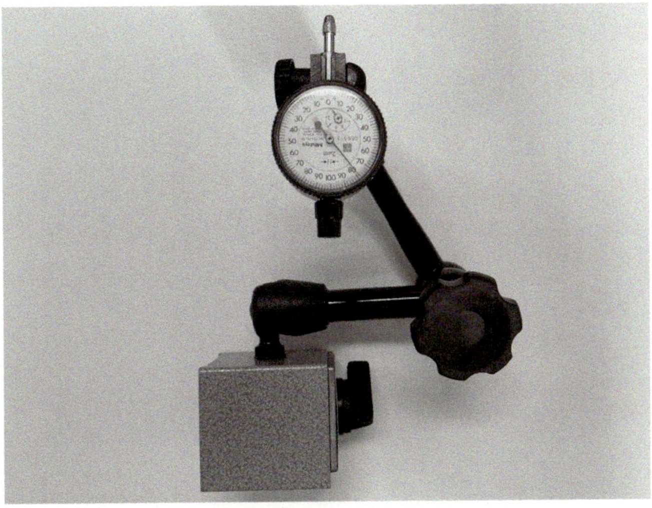

그림 7.7 마그네틱스텐드와 다이알인디케이터의 체결

표 7.1 가압면 평행도 측정기

측정기	규격	정도
다이알인디케이터	한국미쓰도요 1013S-10	2.5 μm
마그네틱스텐드	한국미쓰도요 7032B	-

만들 수 있게 되어 있다. 그림 7.7과 같이 마그네틱스텐드와 다이알인디케이터를 체결한다.

[2] 측정 방법

기준면

측정의 기준면은 BTM STAGE 상면이다. 그림 7.8과 같이 같이 마그네틱스탠드의 마그네틱면이 BTM STAGE 상면에 접촉되도록 한다. 다이알인디케이터의 측정자가 수직으로 TOP PRESS PLATE 하면과 접촉할 수 있도록 마그네틱스탠드의 자세를 적절하게 조정한다.

측정 시 마그네틱스탠드는 BTM STAGE 상면에서 슬라이딩할 수 있어야 하므로 마그네트 기능은 OFF 상태로 해둔다.

마그네틱스탠드의 조절나사를 이용하여 다이알인디케이터 측정자가 TOP PRESS PLATE 하면과 접촉하도록 한다. 다이알인디케이터 눈금이 반바퀴 정도 회전하도록 조절하면 된다. 이 상태에서 다이알인디케이터의 베젤을 회전시켜 눈금을 영점으로 조정한다.

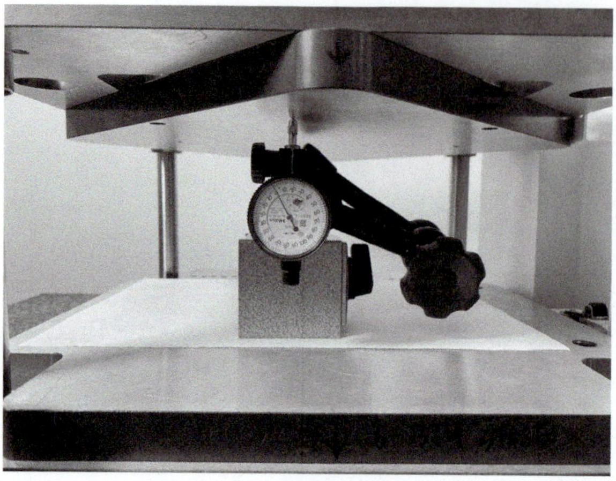

그림 7.8 가압면 평행도 측정

측정 방법

평행도는 마그네틱스탠드를 BTM STAGE 상면에 슬라이딩 시키면서 다이알인디케이터의 눈금 변화를 읽는 것으로 측정한다. 그림 7.9과 같이 BTM STAGE 상면을 기준으로 ①~⑤ 까지 총 5개 위치에서 평행도를 측정하여 기록한다.

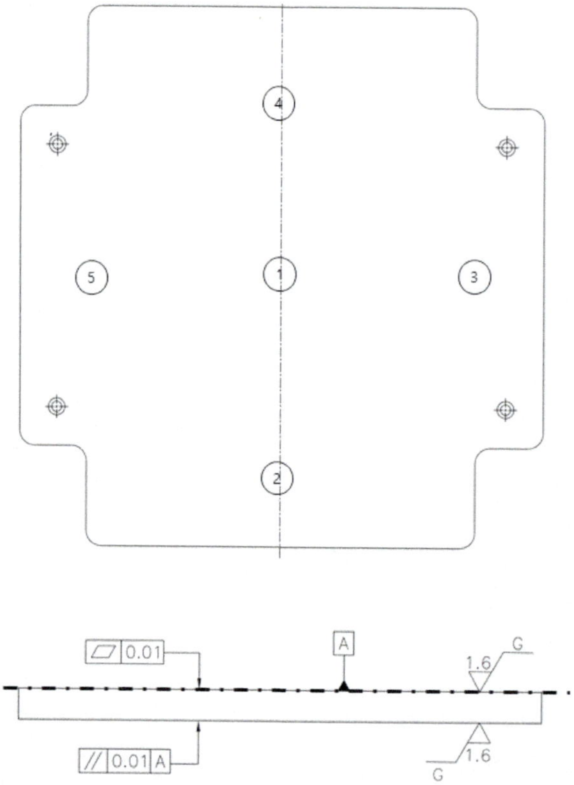

그림 7.9 가압면 평행도 측정 방법

[3] 측정값 기록

측정값은 그림 7.10과 같은 시트에 기록한다. 1~5 위치의 다이알인디케이터 눈금값 중 최대값과 최소값의 차이로 가압면 평행도를 계산한다. 3회 반복 측정하여 얻은 평행도 값을 평균하여 최종적인 평행도 값을 산출해 내도록 한다.

라미네이터 번호:

날짜:

온도(°C):

습도(%):

측정기: 다이알인디케이터, 마그네틱스탠드

측정 담당자:

측정 성능: 가압면 평행도

측정 위치	측정 횟수		
	1회	2회	3회
1			
2			
3			
4			
5			
최대			
최소			
가압면 평행도			
가압면 평행도 (3회 평균)			

그림 7.10 측정값 기록 시트 : 가압면 평행도

7.3 [실습] 압력균일도 측정

Part Ⅱ. 정밀기계 제작 이론 – 연관 내용	
E–2	공압실린더의 추력
E–3	압력측정필름

라미네이터의 최종 성능은 가압 동작 시 가압면에 형성되는 압력의 균일한 정도에 의해서 결정된다. 본 절에서는 압력측정필름을 사용하여 가압면의 압력을 직접 측정해 보도록 한다.

[1] 측정기

압력측정필름을 이용하여 BTM STAGE 상면과 TOP PRESS PLATE 하면이 서로 접촉하여 가압할 때 발생하는 압력을 측정한다. 압력측정필름은 한국후지필름사에서 제품명 PRESCALE로 판매하는 것을 사용한다.

PRESCALE은 필름이 롤에 감긴 형태로 제공되는데 이를 적당한 형상과 크기로 잘라서 사용한다. PRESCALE은 측정하는 압력의 범위에 따라 모노시트타입과 투시트타입이 있다. 그림 7.11은 투시트타입 PRESCALE 제품의 롤 사진이다. A필름과 B필름이 각각 롤에 감겨서 제공되는데 이를 적당한 형상과 크기로 잘라서 사용한다. A필름은 투명한 재질이며 B필름은 불투명한 재질임을 주의해서 구분한다.

PRESCALE은 측정하는 압력의 범위에 따라 적절한 규격의 제품을 선정하는 것이 중요하다. 압력과 제품 규격이 맞지 않으면 필름의 색상이 너무 흐리게 나타나거나 또는 너무 진하게 나타나서 압력값을 확인할 수 없게 된다. 필름 규격의 선정 방법은 이하 내용에서 계속 설명한다.

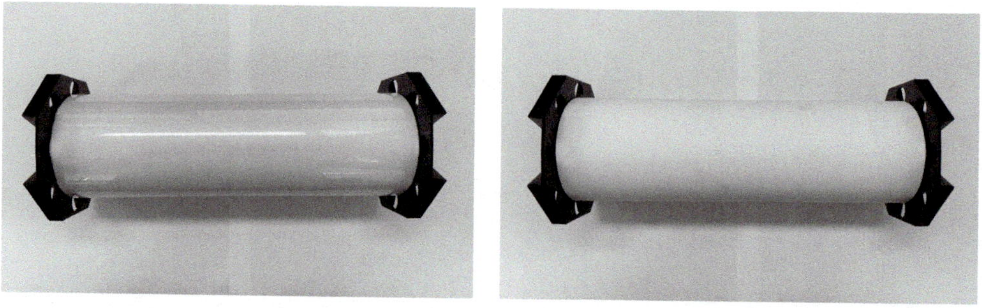

[a] A필름　　[b] B필름

그림 7.11 압력측정필름 – PRESCALE

[2] 측정 방법

측정 방법 설계

그림 7.12는 가압면 사이의 압력 분포를 측정하는 방법에 대한 개념도이다. BTM STAGE 상면에 PRESCALE을 놓아둔 후 TOP PRESS PLATE를 하강시켜 가압한다. 일정 시간 가압 후 TOP PRESS PLATE 상승시켜 필름 표면에 나타난 색상의 변화로부터 압력값을 확인할 수 있다.

가압면의 압력은 위치에 따라 서로 다를 것으로 예상된다. 위치에 따른 압력값의 차이 정도 즉 압력균일도를 측정하기 위해서 그림 7.12의 오른쪽과 같이 BTM STAGE 상면의 5군데 위치에 사각형으로 절단된 동일한 크기의 PRESCALE을 각각 놓아둔다. 가압 후 각 필름에 나타나는 색상 변화의 차이로부터 가압면의 위치에 따른 압력균일도를 측정할 수 있다.

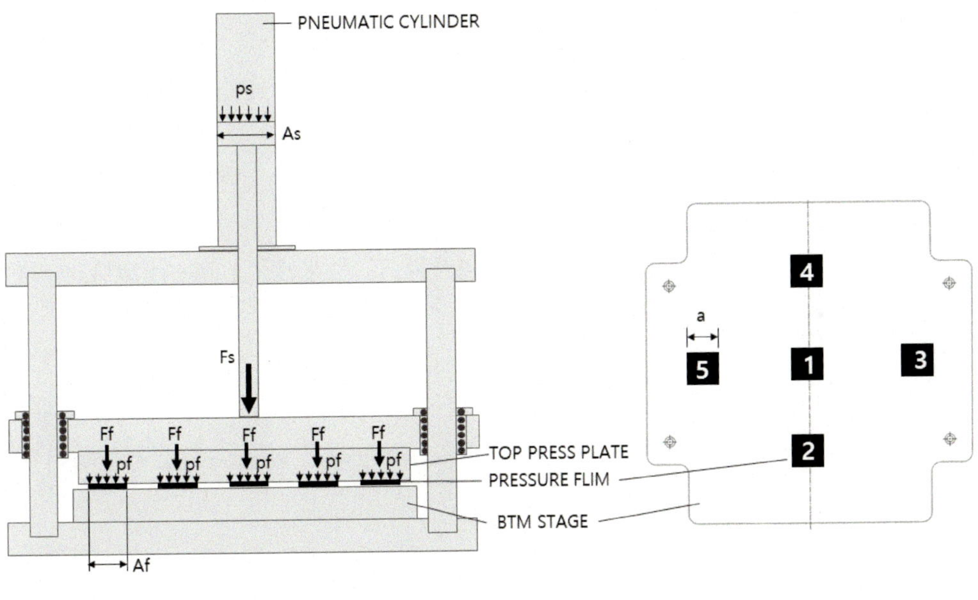

그림 7.12 압력균일도 측정 방법

압력측정필름 규격 선정

산업현장에서는 측정하고자 하는 물리량에 알맞은 측정기 종류를 선정해야 할 뿐만 아니라 측정기의 세부 규격까지 결정해야 하는 경우가 많이 있다. 본 절에서는 라미네이터 가압면의 압력균일도를 측정하기 위해서 PRESCALE의 규격을 선정하는 방법을 알아보기로 한다.

PRESCALE은 측정하고자 하는 압력 범위에 따라 'Part II – 표 E.1'과 같이 9가지 종류의 규격이 있다. 라미네이터의 가압면에 발생하는 압력의 크기는 라미네이터 조립에 사용된 부품의 규격 정보로부터 아래와 같은 방법으로 계산할 수 있다.

그림 7.12에서 필름 가해지는 압력 pf를 계산하는 것이 최종 목적이다. 압력 pf는 공압실린더의 추력 Fs에 의해서 발생한다. 따라서 Fs의 값을 먼저 계산할 필요가 있다. 추력 Fs는 공압실린더에 인가되는 작동압 ps와 공압실린더 내경 단면적 As의 곱으로 계산할 수 있다.

공압실린더의 내경 단면적 As는 공압실린더 카탈로그의 내경값을 확인하여 알아낼 수 있다. 라미네이터에는 한국SMC사의 CM2F40-125Z 규격의 공압실린더가 사용되고 있다. 제품 카탈로그로부터 확인한 내경값은 40mm이다.

$$As = \pi(40 \times 10^{-3}/2)^2 = 0.0013\,\text{m}^2$$

한편 작동압 ps는 서비스유닛의 눈금판 값으로부터 확인할 수 있는데 레귤레이터의 조정에 의해 0.5MPa로 맞추어져 있다. 이제 추력 Fs는 다음과 같이 계산할 수 있다.

$$Fs = ps \times As = (0.5 \times 10^6) \times (0.0013) = 628\,\text{N}$$

PRESCALE 필름 한 장의 두께는 0.09mm 정도이다. 따라서 가압면 사이에 필름을 삽입하게 되면 BTM SATGE와 TOP PRESS PLATE는 가압 시에도 직접 접촉은 하지 못하게 된다. 결과적으로 추력 Fs는 5개의 필름에만 나누어져 인가된다. 이상의 고찰로부터 필름 1개에 인가되는 힘 Ff는 다음과 같이 계산됨을 알 수 있다.

$$Ff = Fs/5 = 628/5 = 126\,\text{N}$$

이제 필름에 인가되는 압력 pf를 아래와 같이 계산할 수 있다. 이를 위해서는 필름의 면적 Af를 알아내야 한다. 본 측정에서 필름은 가로세로 2cm 크기로 절단하여 사용하기로 한다.

$$pf = Ff/Af = 126/(2 \times 10^{-2})^2 = 3 \times 10^5 Pa = 0.3\,\text{MPa}$$

필름에 인가되는 압력을 알아내었으므로 'Part II - 표 E.1'로부터 PRESCALE의 규격을 선정할 수 있다. 0.2~0.6MPa 범위에서 사용이 가능한 LLLW 규격의 제품을 최종 선정하기로 한다. LLLW제품은 투시트타입으로 A필름과 B필름의 2가지 종류 필름을 이용하여 압력을 측정한다.

측정 방법

먼저 그림 7.13과 같이 A필름 롤과 B필름 롤에서 각각 사각형 형상의 5장의 필름을 가위를 이용해서 잘라낸다. 현색제가 도포되어 가압 후 색상 나타나는 B필름은 가로세

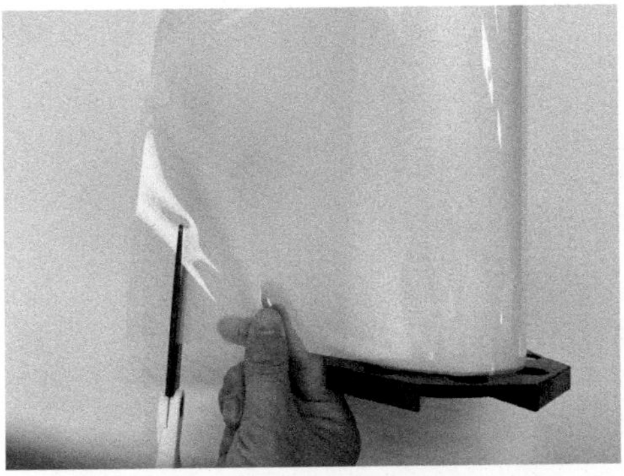

[a] A필름 절단

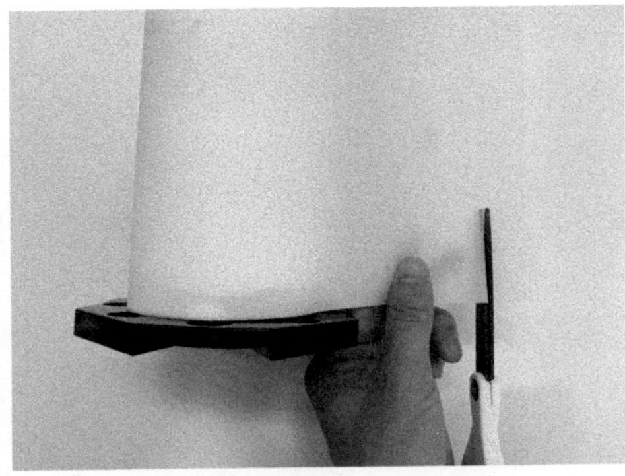

[b] B필름 절단

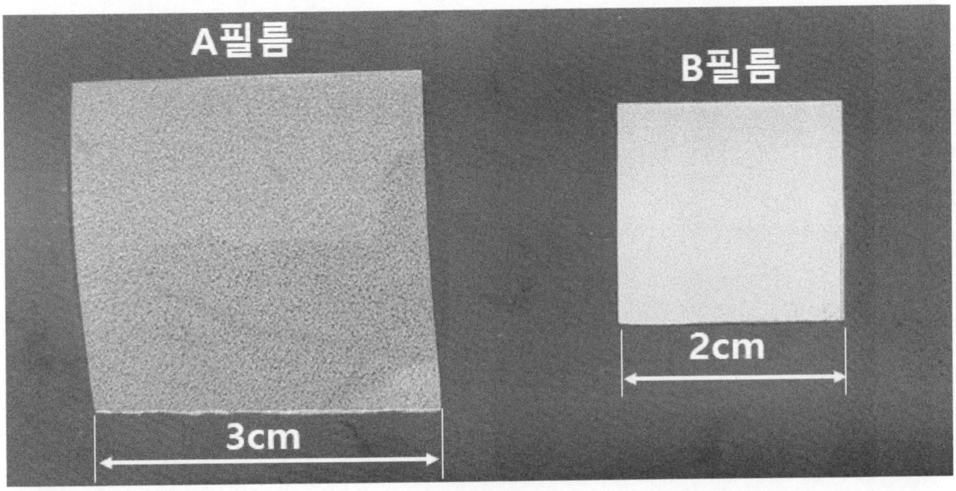

[c] 절단된 필름

그림 7.13 **필름 절단**

로 2cm로 잘라내면 되며, A필름은 B필름을 완전히 덮을 정도인 가로세로 3cm로 잘라내어 준비한다. 이때 잘라낸 A필름과 B필름이 서로 접촉하지 않도록 조심한다.

준비된 5장의 필름을 BTM STAGE 상면에 그림 7.14 [a]와 같이 놓아둔다. B필름을 먼저 놓아둔 후 그 위에 A필름을 덮도록 한다. 이때 A필름과 B필름에 도포된 화학약품이 서로 맞닿게 놓아야 한다. 각 필름 표면을 손으로 만져볼 때 거친 표면이 느껴지는 쪽이 약품이 도포된 면이다.

이제 그림 7.14 [b]와 같이 라미네이터의 양수 버튼을 눌러서 가압이 이루어지도록 한다. 가압은 PRESCALE B필름에 충분히 색상이 나타나도록 시간을 유지해 주어야 한다. PRESCALE의 카탈로그로부터 확인한 필요 가압 시간은 2분이다.

원하는 시간 동안 가압을 유지하지 위해서는 양수 버튼을 누르기 전 타임딜레이밸브의 기능을 해제해야 한다. 이를 위해서는 타일딜레이밸브의 핸들을 'LONGER'쪽으로 최대한 돌린 후 양수 버튼을 누르도록 한다. TOP PRESS PLATE가 BTM STAGE에 접촉하는 순간 초시계로 시간 측정을 시작하여 2분이 경과하면 비상정지밸브를 눌러 그림 7.14 [c]와 같이 가압을 강제로 해제한다. 마지막으로 A필름은 제거하고 B필름 표면을 육안으로 관찰하여 색상이 나타났는지를 확인한다.

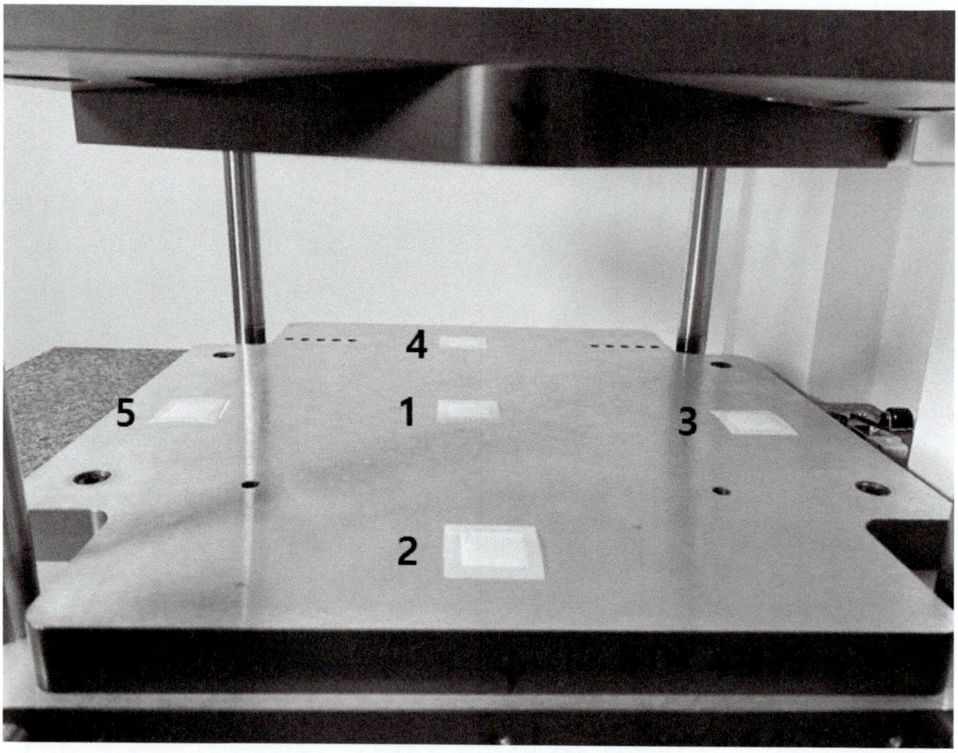

[a] 가압 전

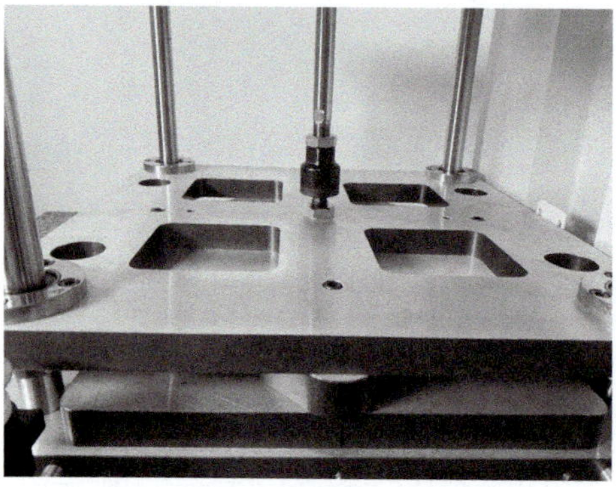

[b] 가압

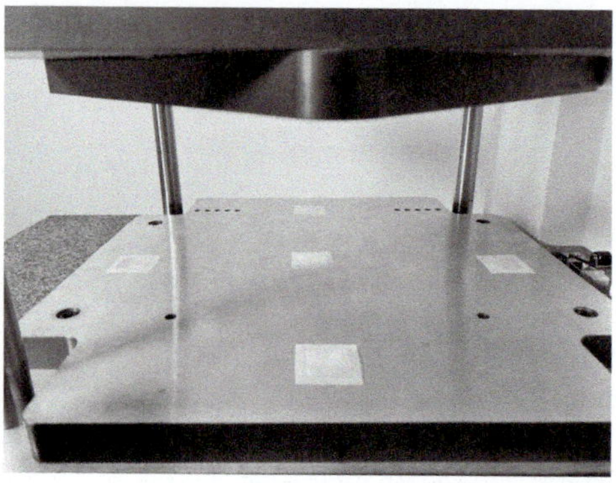

[c] 가압 후

그림 7.14 필름 가압

압력값 환산

이제 B필름 표면의 색상을 압력값으로 환산해야 한다. 그림 7.15와 같이 LLLW 규격 필름의 표준색샘플의 색상을 B필름 색상과 비교하여 압력값을 알아낼 수 있다. 5장의 B필름의 색상이 서로 다른 것을 알 수 있으며 이에 따라 압력값도 가압면의 위치에 따라 차이가 나는 것을 확인할 수 있다.

그림 7.15에서 확인할 수 있는 것과 같이 특정 B필름 표면의 색상도 균일하지는 않다. 따라서 육안으로 관찰한 필름 표면의 평균적인 색상을 표준색샘플의 색상과 비교 판단해야 한다.

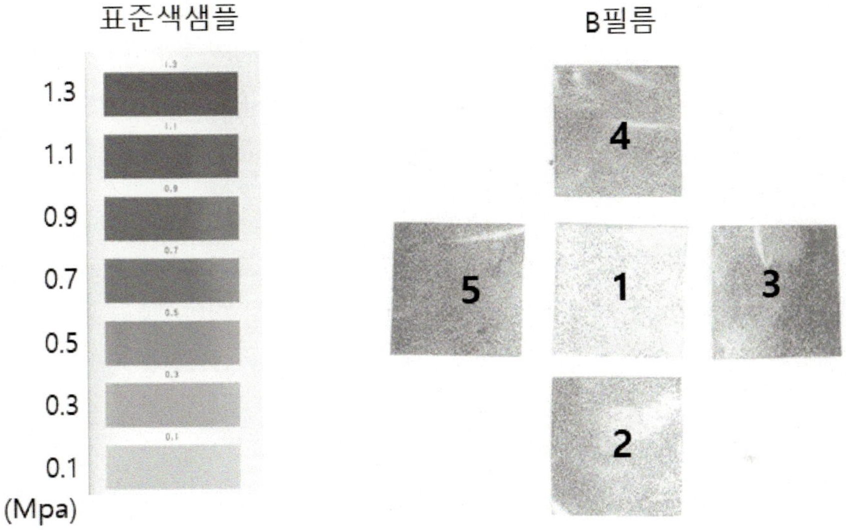

그림 7.15 압력 측정 – 표준색샘플과의 비교 [육안]

사람의 육안에 의한 오차를 최소화하기 위해서 표준색샘플 비교 대신 스캔 및 이미지 알고리즘 처리 방법을 이용할 수도 있다. 그림 7.16은 한국후지필름사의 전용프로그램인 FPD8010E 시스템을 이용하여 B필름 5장의 색상을 압력값으로 환산하는 모습이다. 이와 같은 방법을 이용하면 B필름 표면의 색상을 수치로 정량화하여 환산하기가 용이하다.

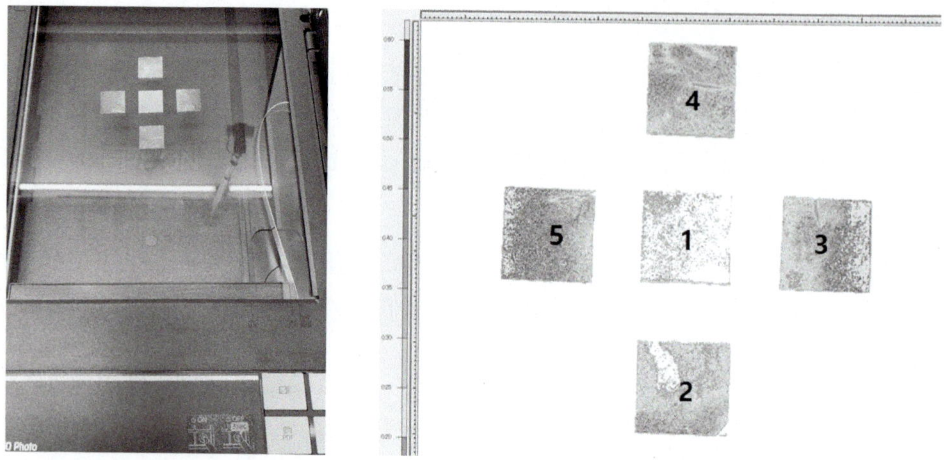

[a] 스캐닝 [b] 이미지 처리

그림 7.16 압력 측정 – 전용 프로그램 활용 [스캐닝 및 이미지 처리]

[3] 측정값 기록

압력균일도는 5장 필름의 압력값의 균일한 정도를 표현하는 지표이다. 균일도[uniformity]를 정의하는 방법은 여러 가지가 있으나 가장 일반적으로 사용되는 정의는 최대값과 최소값의 차이를 평균값의 2배로 나누는 아래와 같은 방법이다.

압력균일도 = (최대값–최소값) / (2×평균값) (%)

측정은 3회 측정하여 평균값을 취하기로 한다. 그림 7.17은 측정값을 기록하기 위한 시트이다. 먼저 1~5 위치의 압력값을 표에 기입한다. 다음으로 이 값들의 평균값 및 최대값과 최소값을 계산한다. 각 측정 회차의 압력균일도는 위에 제시된 식에 따라 구할 수 있다. 최종적으로 3회 측정의 평균으로 압력균일도를 계산해 낸다.

계산한 압력균일도 값이 큰 경우 가압면의 압력이 위치에 따라 불균일한 것으로 판단할 수 있으며, 압력균일도 값이 작을 경우 압력이 위치별로 균일한 것으로 판단할 수 있다.

라미네이터 번호:

날짜:

온도(°C):

습도(%):

측정기: PRESCALE LLLW

측정 담당자:

측정 성능: 가압면 압력균일도

측정 위치	측정 횟수		
	1회	2회	3회
1			
2			
3			
4			
5			
평균			
최대			
최소			
압력균일도			
압력균일도(3회 평균)			

그림 7.17 측정값 기록 시트 : 압력균일도

7 라미네이터 성능측정

7.4 연습문제

[1] 아래 그림은 라미네이터의 일부 구조를 도시한 것이다. 그림의 치수공차를 기준으로 거리 D 값의 누적공차를 계산해보시오

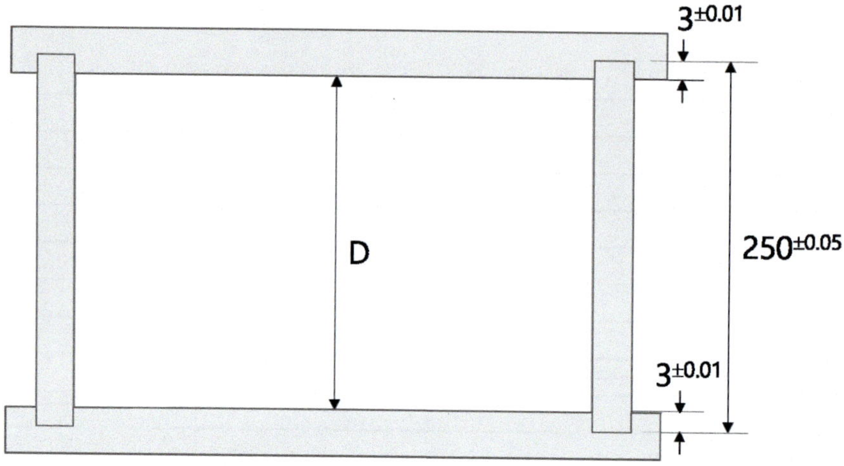

그림 7.18 누적공차 – 연습문제

> 라미네이터의 가압면 평행도는 조립에 사용된 가공품 및 구매품의 치수공차 및 기하공차가 누적하여 나타난 결과이다. [2]~[4]에 대해서 답하시오

[2] 2.8절의 부품도 및 구매품 카탈로그의 치수공차 및 기하공차를 이용하여 조립 완료된 라미네이터의 가압면 평행도 값을 예상해 보시오

[3] 예상한 가압면 평행도 값과 그림 8.10에 실제 측정하여 기록한 가압면 평행도 값을 비교해 보시오.

[4] 두 값의 차이가 크다면 그 원인을 제시해 보시오.

본문에서 라미네이터 조립에 사용된 공압실린더의 규격을 변경하여 내경이 60mm인 제품을 사용하기로 한다. 또한 공급되는 압축공기의 압력을 0.6MPa로 변경하였다. 이 조건에 대해서 [5]~[7]의 물음에 답하시오.

[5] 그림 7.12에서 공압실린더의 추력[F_s]의 값을 계산하시오.

[6] 그림 7.12에서 압력측정필름에 인가되는 압력[p_f]의 값을 계산하시오.

[7] 적절한 압력측정필름의 규격을 선정해 보시오. ['Part II – 표 E.1' 참조]

본문에서 압력균일도 측정을 위해 선정된 압력측정필름의 규격은 LLLW 였다. 그런데 보유 재고를 확인해 보니 즉시 사용할 수 있는 압력측정필름이 규격 4LW의 제품뿐이었다. ['Part II – 표 E.1' 참조] 이 경우에 대해서 [8]~[9]의 물음에 답하시오.

[8] 4LW 규격의 필름을 이용하여 압력균일도 측정 방법을 재설계하고자 한다. 어떠한 측정 방법이 가능할지 3가지 정도를 제시해 보시오. 각 측정 방법에 대해서 본문의 방법과 비교하여 달라지는 것이 무엇인지 설명하시오.

[9] 재설계된 측정 방법 중 하나는 그림 8.3에 제시된 압력측정필름의 크기를 변경하는 것이다. 4LW 필름의 압력 측정 범위를 고려하여 압력측정필름에 0.1MPa 정도의 압력이 인가되도록 하기 위해서는 압력측정필름의 크기를 얼마로 변경해야 하는가?

라미네이터의 압력균일도는 가압면 평행도와 직접적으로 관련이 있을 것으로 예상된다. 즉 다이알인디케이터로 측정한 BTM STAGE 상면과 TOP PRESS PLATE 하면 간의 거리가 가까운 위치에서는 압력이 크게 나타날 것이며, 반대로 두 면의 거리가 먼 위치에서는 압력이 작게 나타날 것이다. 물음 [10]~[15]에 대해서 답하시오

[10] 그림 7.10에 실제 측정하여 기록한 1~5 위치의 다이알인디케이터 눈금값 중 가장 큰 값과 가장 작은 값은 어떤 위치에서 나타나는가?

[11] 그림 7.17에 실제 측정하여 기록한 1~5 위치의 압력값 중 가장 큰 값과 가장 작은 값은 어떤 위치에서 나타나는가?

[12] [10], [11]의 위치들을 서로 비교해 보고 가압면 평행도와 압력균일도가 서로 관련이 있는지 기술해 보시오.

[13] 가압면 평행도와 압력균일도가 서로 관련이 있다면 그 원인을 설명해 보시오

[14] 가압면 평행도와 압력균일도가 서로 관련이 없다면, 가압면 평행도 외에 압력균일도에 영향을 줄 수 있는 원인을 제시해 보시오.

[15] [12]~[14]에 기술한 내용을 바탕으로 하여 라미네이터의 압력균일도를 향상시키기 위해서 설계, 가공, 조립 단계에서 개선할 수 있는 방법을 제시해 보시오

Chapter 8

라미네이터 유지관리

라미네이터는 전자제품을 생산하기 위해 대량생산 공장에서 사용되는 제조장비이다. 7장까지의 실습이 라미네이터의 제작과 관련된 내용이라면, 8장은 제작된 라미네이터를 대량생산 공장에 투입하여 제품을 실제 생산하는 것과 관련된 내용으로 구성되었다.

대량생산 공장에서 연속 운전되는 라미네이터의 생산 능력은 공정능력으로 표현된다. 8.1절에서는 7장의 측정을 반복 수행하여 라미네이터의 공정능력을 측정해보는 실습을 한다. 이를 통해 라미네이터의 생산 능력에 대한 정량적인 수치를 확인해 볼 수 있을 것이다. 라미네이터를 포함하는 모든 기계 시스템의 성능은 항상 편차를 가지고 나타나며 생산에 적합하기 위해서 편차를 어느 정도 수준까지 확보해야 하는지를 경험하는 것이 실습의 목표이다.

8.2절에서는 동일한 제작 과정을 통해서 완성된 라미네이터들의 공정능력이 서로 차이가 날 수 있음을 실습을 통해서 경험해 본다. 팀별로 측정한 라미네이터의 공정능력은 서로 차이가 나는데 이에 대한 원인을 분석하기 위해서는 데이터를 세부적으로 들여다볼 필요가 있다. 산업 현장에서 널리 사용되는 박스도표라고 하는 데이터 가시화 방법을 적용해 보는 것이 실습의 주요 내용이다.

공정능력의 정량적인 측정을 통해서 라미네이터의 생산 능력을 파악할 수 있게 되면, 이를 근거로 여러대의 라미네이터를 연속 운전할 때 그 생산 능력을 일정하게 유지시키고자 하는 기술활동이 가능하게 된다. 이를 제조장비의 유지관리라고 한다. 유지관리 단계는 그 전 단계 즉 '설계 → 가공 → 조립 → 성능측정'과 유기적인 관계에 있다는 것을 이해하는 것이 중요하다. 이에 대해서는 8.3절의 연습문제를 활용해 볼 수 있겠다.

8장의 학습을 위해서는 'Part II 정밀기계 제작 이론' 중 'F 유지관리' 내용에 대한 이해가 선행되어야 한다. 8장 각 절의 서두에는 관련된 Part II의 항목 번호를 기재해 두었으니 필요한 경우 해당 내용을 먼저 학습할 것을 추천한다.

8.1 [실습] 공정능력 측정

Part Ⅱ. 정밀기계 제작 이론 – 연관 내용	
F–1	제조장비의 유지관리
F–2	공정능력

이 절에서는 라미네이터의 주요 성능인 압력균일도 항목에 대한 공정능력[process capability]을 측정해 보도록 한다.

[1] 규격 설정

공정능력을 측정하기 위해서는 압력균일도에 대한 규격이 먼저 설정되어야 한다. 즉 라미네이터로 제품을 생산할 때 해당 공정에서 제품이 올바르게 생산하기 위해 필요한 압력균일도의 범위가 규격이 된다. 규격은 라미네이터로 대량생산하는 제품의 종류와 그 제작에 필요한 공정의 특성에 따서 결정될 것이다. 본 교재에서는 다음과 같이 임의로 압력균일도에 대한 규격 범위를 설정해 실습에 적용한다.

압력균일도의 값은 작을수록 라미네이터의 성능이 우수한 것이며 그 값이 클수록 성능이 낮은 것이 된다. 따라서 압력균일도는 하한규격[LSL]은 존재하지 않으며 상한규격[USL]만이 존재한다. 실습을 위하여 압력균일도의 규격을 다음과 같은 값으로 정한다.

LSL = 없음
USL = 60%

요약해 보면 대량생산 시 압력편차가 60% 이하가 되도록 라미네이터를 유지관리해야 제품이 해당 공정에서 양품으로 생산되며, 압력균일도가 60% 이상이 될 경우 불량품이 생산된다.

[2] 측정 방법

규격상한만 설정되어 있는 경우 공정능력 Cp는 다음의 식으로 계산된다. 식에서 μ와 σ는 각각 대량생산 시 주기적으로 측정되는 압력균일도 값들의 평균과 표준편차이다.

$$Cp = \frac{USL - \mu}{3\sigma}$$

실습에서는 압력균일도를 10회 걸쳐 연속적으로 측정하기로 한다. 그림 8.1은 압력 측정필름에 나타난 색상의 변화이다. 그림에서 볼 수 있는 것과 같이 매회 측정의 결과가 서로 완전히 같지는 않으며 상호 간에 편차가 존재함을 알 수 있다.

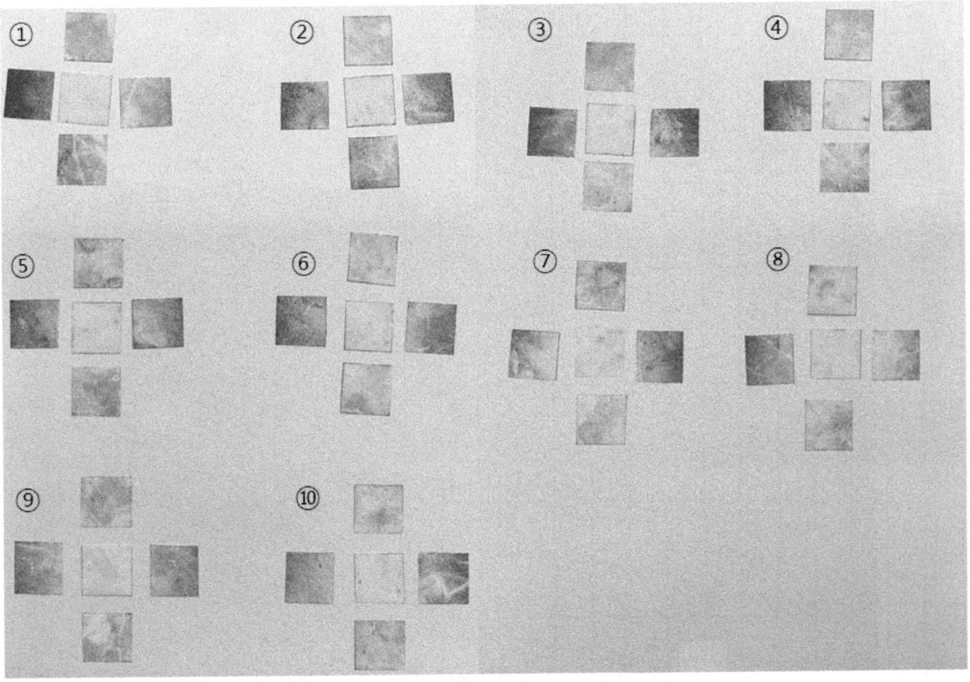

그림 8.1 **압력 측정 결과 - 10회 연속**

[3] 측정값 기록

그림 8.2는 측정한 압력균일도 값으로부터 공정능력을 계산하기 위한 기록 시트이다. 각 측정 횟수에 대해서 1~5위치에서 측정된 압력값으로부터 압력균일도를 계산한다. 압력균일도는 1~5위치 압력값들의 평균 및 최대, 최소값으로부터 계산된다.

다음으로 10회에 걸쳐 측정한 압력균일도 값으로부터 그 평균 μ와 표준편차 σ를 계산하여 시트에 기록한다. 마지막으로 규격상한만 존재하는 경우에 대한 공정능력 식을 이용하여 압력균일도의 공정능력을 계산하여 시트에 기입한다.

라미네이터 번호: 　　　날짜:

온도(°C):
습도(%):

측정기: PRESCALE LLLW

측정 담당자:

측정 성능: 공정능력
성능값의 USL: 60%
성능값의 LSL: -

측정 위치	측정 횟수									
	1회	2회	3회	4회	5회	6회	7회	8회	9회	10회
1										
2										
3										
4										
5										
평균										
최대										
최소										
압력균일도										
평균, μ										
표준편차, σ										
공정능력, Cp										

그림 8.2 측정값 기록 시트 : 공정능력

8.2 [실습] 장비 간 공정능력 비교

Part Ⅱ. 정밀기계 제작 이론 – 연관 내용	
F-3	누적수율
F-4	데이터 분포의 시각화 – 박스도표

라미네이터를 이용하여 제품을 대량생산하는 경우에 제품 생산량을 충족시키기 위해서 여러대의 라미네이터 이용해 같은 공정을 진행하는 경우에 대해서 생각해 보자.

이때 각 라미네이터의 제품을 생산해 내는 능력 즉 공정능력이 서로 다를 경우 생산에 문제가 발생할 것이다. 즉 공정능력이 떨어지는 장비의 경우 공정 진행 시 불량을 다량으로 발생시켜 결과적으로 해당 공정의 제품 생산에 문제가 발생할 것이다. 공정능력이 심각하게 저하된 라미네이터의 경우 대량생산에 사용할 수 없을 수도 있다.

본 절에서는 라미네이터의 조립이 팀별로 각각 이루어지는 실습인 경우에 대해서, 측정된 각 라미네이터의 공정능력을 상호 비교해 보는 실습을 진행한다. 이를 통하여 동일한 '설계 → 가공 → 조립 → 성능측정' 과정을 통해서 제작된 라미네이터의 공정능력의 차이를 파악해 본다

또한 라미네이터 간의 공정능력 차이를 더욱 분명하게 파악하기 위해서 압력균일도에 대한 측정 데이터를 박스도표라는 데이터 시각화 방법으로 표현해 보도록 한다. 이를 통해서 공정능력 차이의 형태를 세부적으로 파악해 보는 실습을 진행한다.

[1] 장비 간 공정능력 비교

실습 팀별로 측정한 각 라미네이터의 공정능력 값을 표 8.1에 기입한다. 라미네이터별로 공정능력 값을 비교해 보고 차이가 있는 것을 확인한다.

표 8.1 장비 별 공정능력

측정 위치	라미네이터 번호									
	1번	2번	3번	4번	5번	6번	7번	8번	9번	10번
공정능력, Cp										

8 라미네이터 유지관리

[2] 장비 간 압력균일도 비교 – 박스도표를 이용한 시각화

공정능력 계산 시 사용된 규격은 단일하므로 라미네이터 간 공정능력의 차이는 압력균일도의 차이에 기인한 것이다. 공정능력의 차이를 시각적으로 좀더 분명하게 관찰하기 위해서 박스도표를 그려보도록 한다.

표 8.2는 박스도표를 그리기 위해 필요한 숫자들을 기입하기 위한 것이다. 먼저 각 라미네이터 별로 측정된 10회의 압력균일도 숫자를 표에 기입한다. 이때 크기 순으로 오름차순 정렬하여 기입한다. 다음으로 박스도표를 그리기 위해 필요한 5개 특성값을 계산해서 표에 기입힌다. 특성값은 중앙값, 1사분위수, 3사분위수, 최소값, 최대값이다.

완성된 시트를 이용하여 그림 8.3과 같은 박스도표를 그린다. 그림 8.3은 실제 측정 데이터로 그려진 박스도표의 예이다. 가로축은 라미네이터 번호로 되어 있으며 위쪽 부분에는 각 라미네이터의 공정능력 값을 표시해 두었다. 세로축은 압력균일도이다.

표 8.1과 같이 단순히 라미네이터 간의 공정능력 값을 비교해 보는 것보다 그림 8.3

표 8.2 장비별 압력균일도

압력균일도 측정횟수	라미네이터 번호									
	1번	2번	3번	4번	5번	6번	7번	8번	9번	10번
1회										
2회										
3회										
4회										
5회										
6회										
7회										
8회										
9회										
10회										
중앙값 [m]										
1사분위수 [Q1]										
3사분위수 [Q3]										
IQR [Q3–Q1]										
최소값										
최대값										

과 같은 박스도표를 그려봄으로써 각 라미네이터 공정능력의 세부 형태를 시각적으로 용이하게 파악해 볼 수 있는 장점이 있다.

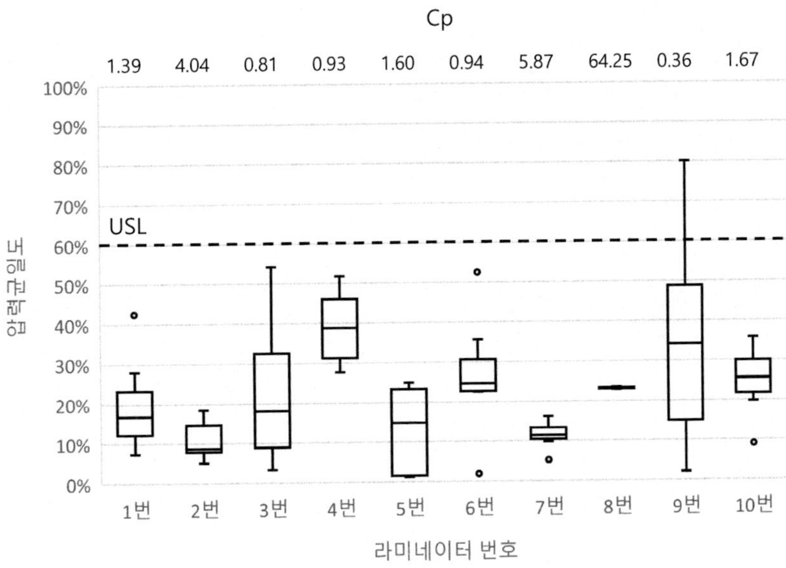

그림 8.3 장비별 압력균일도 분포 – 박스도표 [예]

8.3 연습문제

표 8.3에는 5대의 라미네이터에 대해 각 10회씩 측정한 압력균일도가 기입되어 있다. 측정한 압력균일도는 각 라미네이터별로 오름차순 크기별로 정렬해 두었다. 측정 결과를 이용하여 공정능력을 계산해 보고 및 박스도표를 그려보고자 한다. [1]~[7]의 물음에 답하시오.

표 8.3 장비별 압력균일도 – 연습문제

압력균일도 측정횟수	라미네이터 번호				
	1번	2번	3번	4번	5번
1회	18%	3%	4%	7%	25%
2회	26%	20%	5%	21%	26%
3회	31%	28%	7%	25%	26%
4회	34%	30%	14%	29%	27%
5회	35%	30%	14%	30%	28%
6회	36%	31%	16%	37%	28%
7회	38%	34%	19%	45%	29%
8회	38%	37%	23%	51%	29%
9회	42%	41%	28%	53%	29%
10회	43%	43%	28%	70%	29%
평균[m]					
표준편차[s]					
공정능력[Cp]					
중앙값[m]					
1사분위수[Q1]					
3사분위수[Q3]					
IQR[Q3–Q1]					
최소값					
최대값					

[1] 각 라미네이터별로 평균, 표준편차 및 공정능력을 계산해서 표 8.3에 기재하시오

[2] 각 라미네이터별로 중앙값, 1사분위수, 2사분위수, IQR, 최소값, 최대값을 계산해서 표 8.3에 기재하시오

[3] [1], [2]의 결과를 이용하여 아래 그림 8.4에 박스도표를 그려보시오

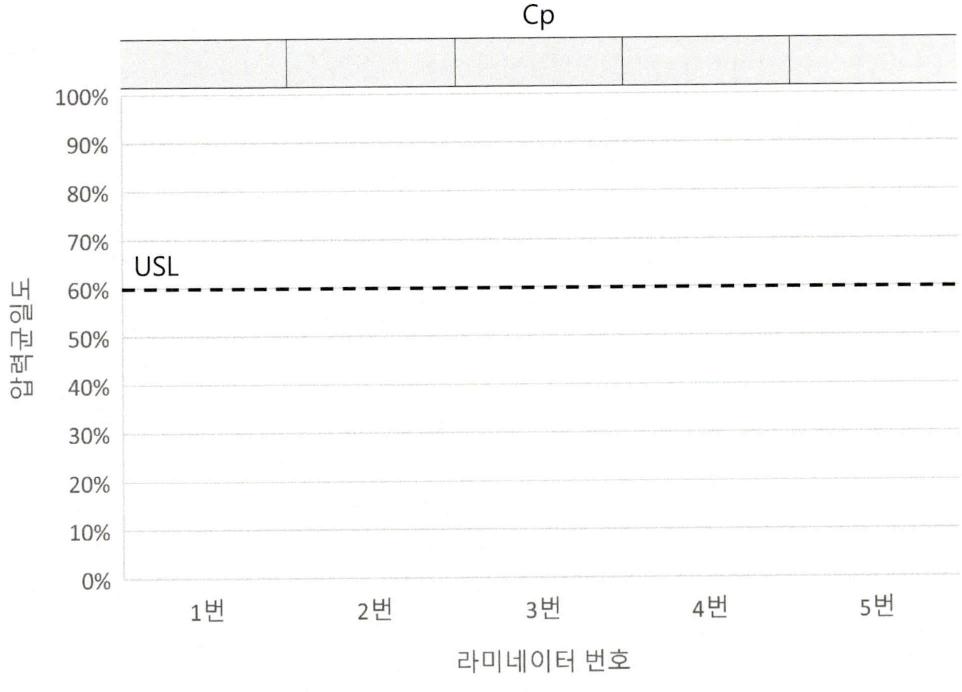

그림 8.4 박스도표 – 연습문제

[4] 박스도표를 이용하여 1번과 2번 라미네이터를 비교해 보자. 압력균일도의 중앙값은 어떤 라미네이터가 더 우수한가? 압력균일도의 IQR 값은 어떤 라미네이터가 더 우수한가? 종합적으로 공정능력은 어떤 라미네이터가 더 우수한가?

[5] 공정능력을 기준으로 제조장비로 사용하기에 가장 우수한 라미네이터는 몇 번인가? 해당 라미네이터가 우수한 이유를 박스도표를 이용하여 설명해 보시오.

[6] 공정능력 값이 '1'에 크게 미치지 못하는 라미네이터는 제품의 대량생산에 사용하기에 부적합하다. 몇번 라미네이터인가? 해당 라미네이터가 부적합한 이유를 박스도표를 이용하여 설명해 보시오.

[7] 5대의 라미네이터는 모두 동일한 '설계 → 가공 → 조립 → 성능측정' 과정을 통하여 제작된 제조장비이다. 서로 공정능력이 크게 차이가 나는 이유를 제조장비의 유지관리 측면에서 몇가지 기술해 보시오.

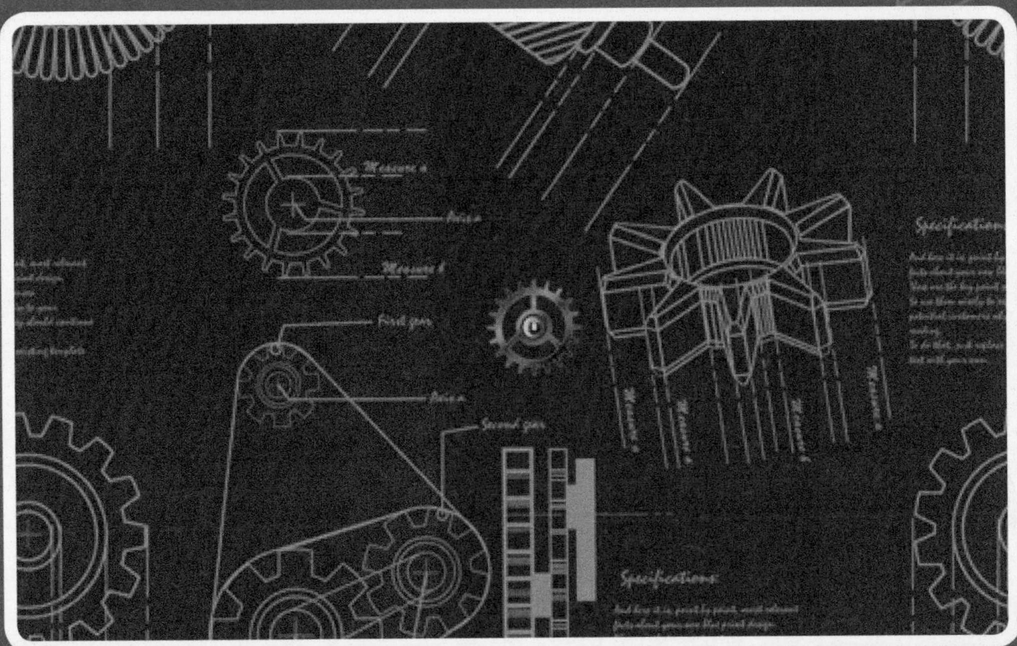

정밀기계 제작 이론

PART II

Part II에서는 'Part I 라미네이터 제작 실습'에 필요한 정밀기계 제작의 이론에 대해서 설명한다. Part I의 실습을 진행하기 위해서는 Part II의 내용을 선행하여 이해할 필요가 있다. Part II는 대부분 대학의 기계공학과 교육과정에서 일반적으로 다루어지고 있는 주제로 구성되 있다. 예를 들면 Part II A장, B장의 내용은 기계공학과에서 도면해독, CAD, 기계요소설계 등의 교과목에서 다루어 지고 있다. 또는 Part II F장의 내용은 품질관리 등의 교과목에 포함되 있는 것이 보통이다. 따라서 본 교재를 이용하는 교수는 Part II의 모든 내용을 수업에서 다루기보다는 수업의 실정 및 참여 학생의 수준에 맞추어 필요한 부분을 선택적으로 이용할 것을 추천한다.

Part II A장은 기구부 설계에 필요한 치수공차의 이해를 주요 내용으로 다루고 있다. B장은 공압부 설계에 필요한 공압 부품 원리 및 공압회로도의 이해에 필요한 내용으로 구성되 있다. C장은 가공품 치수 측정에 필요한 기본 측정기의 사용 방법에 설명한다. D장은 기구 조립에 필요한 공구의 사용 방법을 다루고 있다. E장은 라미네이터의 성능측정에 필요한 압력측정필름의 원리 및 사용 방법을 설명한다. F장은 라미네이터와 같은 제조장비를 대량생산 공장에서 사용할 때, 장비 유지관리의 기준 지표로 사용되는 공정능력에 대한 내용으로 구성되 있다.

A 설계 – 기구부

A-1 보통공차

• 도면 상에 공차 없이 기입된 치수에 대해서는 '보통공차'를 부여하여 도면을 해석한다.

도면에 존재하는 모든 치수는 제작을 전제로 하여 기입된 것이다. 설계를 담당하는 엔지니어에 의해 그림 A.1의 도면에 '20'의 값으로 기입된 치수는 가공을 담당하는 엔지니어에 의해서 선반 또는 밀링 등의 작업을 통하여 실제 부품의 형상으로 가공된다. [이때 '20'을 기준치수라고 한다.]

100개의 제품을 제작하는 경우를 생각해 보자. 완성된 제품들의 실제 치수는 마이크로미터와 같은 길이 측정기를 이용하여 하나하나 측정될 수 있다. 마이크로미터는 최소눈금의 크기가 0.01mm 정도인 측정기이다. 측정값은 20.10mm, 20.01mm. 19.95mm 등으로 다양하게 나타날 것이다. 아마도 정확한 20.00mm의 값으로 측정되는 부품은 거의 없을 것이다. 가공 작업에 수반되는 다양한 조건의 불가피한 변동 때문에 모든 부품이 도면 상의 기준치수와 정확히 동일한 치수로 제작될 수는 없다. 100개의 부품의 치수는 현실적으로는 어떤 범위 내에 분포된 다양한 값으로 측정될 것이다. 이를 치수 편차라고 한다.

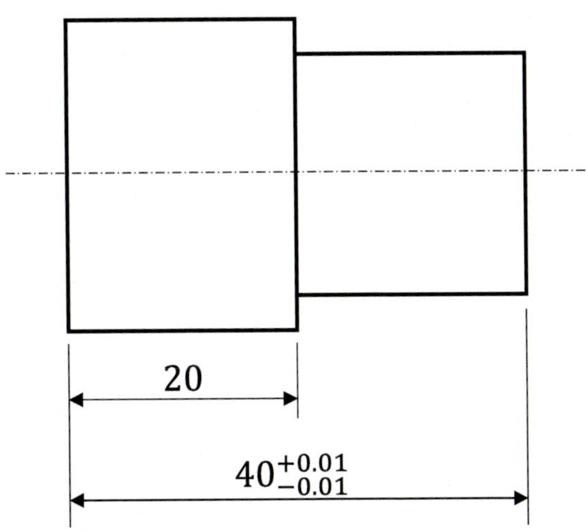

그림 A.1 보통공차 및 허용한계치수로 표시된 선치수

가공된 부품들의 치수 편차는 가공 정밀도 수준을 나타낸다고 할 수 있다. 편차가 넓은 경우는 '매우 거친급' 의 가공 수준으로, 편차가 좁은 경우는 '정밀급' 의 가공 수준을 나타내는 것으로 표현할 수 있다. KS 규격에서는 이와 같은 가공의 정밀도 수준과 치수의 편차를 표준화하여 '보통공차'로 규정하고 있다. 표 A.1는 선치수에 대해서 기준치수 별로 가공의 정밀도 수준에 따른 허용되는 치수의 편차를 나타낸 것이다. 가공의 정밀도 수준은 정밀급[f], 중간급[m], 거친급[c], 매우 거친급[v] 의 4단계로 구분되어 있으며, 가장 널리 사용되는 가공 방법인 선반, 밀링 등 절삭가공의 경우는 중간급[m]에 해당한다.

표 A.1 **선치수에 대한 허용 편차** [출처 : KS B ISO 2768-1 '일반공차 – 제1부: 개별 공차 지시가 없는 선치수와 각도 치수에 대한 공차' 표 〈1〉] [단위 : mm]

공차 등급		기준치수에 대한 허용 편차					
호칭	설명	0.5이상 30이하	3초과 6이하	6초과 30이하	30초과 120이하	120초과 400이하	400초과 1000이하
f	정밀급	±0.05	±0.05	±0.1	±0.15	±0.2	±0.3
m	중간급	±0.1	±0.1	±0.2	±0.3	±0.5	±0.8
c	거친급	±0.2	±0.3	±0.5	±0.8	±1.2	±2.0
v	매우 거친급	–	±0.5	±1	±1.5	±2.5	±4.0

그림 A.1 경우 기준치수가 '20'에 해당하므로 중간급[m]의 가공 정밀도 수준으로 부품을 제작을 하는 경우 허용되는 치수 편차는 ±0.2mm이다. 한편 표 A.1으로부터 동일한 기준치수에 대해서 가공 정밀도 수준이 높을수록 치수의 허용 편차가 작은 것을 알 수 있다. 또한 동일한 가공 정밀도 수준에 대해서는 기준치수가 작아질수록 치수의 허용 편차도 좁아진다.

보통공차를 적용함으로써 도면에 기입된 치수에 대하여 제작 시 허용되는 편차를 쉽게 파악할 수 있으며 따라서 설계 및 가공 담당 엔지니어는 쉽게 의사전달을 할 수 있게 된다.

• 보통공차보다 좁은 범위의 가공 편차를 지정하기 위해서는 허용한계치수로 표시해야 한다.

가공 정밀도는 제작 비용과 직접적으로 연관된다. 예를 들면 가공 정밀도를 중간급에서 정밀급으로 향상시키기 위해서는 밀링 가공에 추가하여 연마 가공을 진행하여야 하는 경우 등이다. 표 A.1의 허용 편차는 일반적인 작업장에서 용이하게 가공할 수 있는 수준으로 제시된 것으로서 따라서 이 범위보다 편차를 크게 하여 가공한다고 하더라고 비용의 측면에서 큰 이익은 없다고 할 수 있다.

반대로 부품의 역할 및 기능 상의 필요성에 의하여 표 A.1에 규정된 것보다 편차를 작게 하여 가공을 지시하고자 하는 경우에는 보통공차와는 다른 방법으로 도면에 치수를 기입하여야 한다. 그림 A.1에서 치수 '40'은 기준치수와 더불어 허용 편차가 위치수허용차 +0.01mm, 아래치수허용차 -0.01mm로 규정되어 있다. 이와 같은 편차는 보통공차로 규정된 ±0.2mm보다 작은 것이다. 이와 같이 보통공차보다 작은 편차로 가공을 지시하기 위해서는 기준치수 외에 위치수허용차 및 아래치수허용차를 함께 치수에 기입한다.

이상과 같은 치수 기입을 허용한계치수 표시라고 한다. 그림 A.2는 허용한계치수와 관련된 선치수의 용어이다. 기준치수에 위치수허용차를 더한 값을 최대허용치수라고 하며 기준치수에 아래치수허용차를 뺀값을 최소허용치수라고 한다. 또한 최대허용치수와 최소허용치수의 차이는 치수공차라고 부른다. 음영으로 표시된 영역은 허용한계

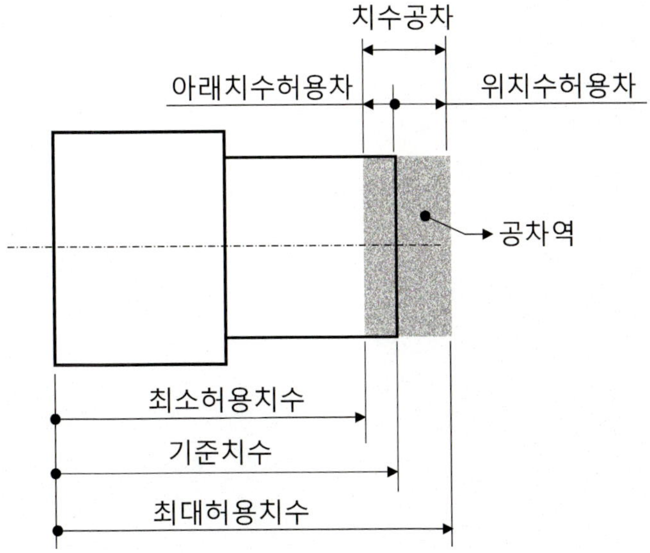

그림 A.2 허용한계치수로 표현된 선치수의 용어

치수의 범위를 표시한 것으로서 공차역이라고 부른다.

허용한계치수를 부여하는 경우는 보통공차로 규정된 경우와 비교하여 가공, 측정, 조립 등 각 단계에서 제작 비용이 증가하게 되는 것은 당연하다.

A-2 끼워맞춤결합

• 기계 부품의 조립은 원기둥 형태인 축과 원통 형태인 구멍의 끼워맞춤결합으로 이루어지는 경우가 많다.

기계 부품의 조립은 기본적으로는 장난감 블록의 조립과 동일한 성격의 작업이라고 할 수 있다. 그림 A.3의 왼쪽 사진은 여러 개의 장난감 블록으로 조립된 굴착기 모형이다. 장난감 블록을 이용하면 다양한 종류의 기계 모형을 조립할 수 있는데 기본적으로는 그림의 오른쪽 사진과 같은 몇 가지 종류의 블록을 차례대로 조립해서 만든다. 블록에는 직경이 동일한 축과 구멍이 여러 개 가공되어 있어 서로 끼워 맞춰서 조립된다.

그림 A.3 장난감 블록을 이용하여 조립된 굴착기 모형

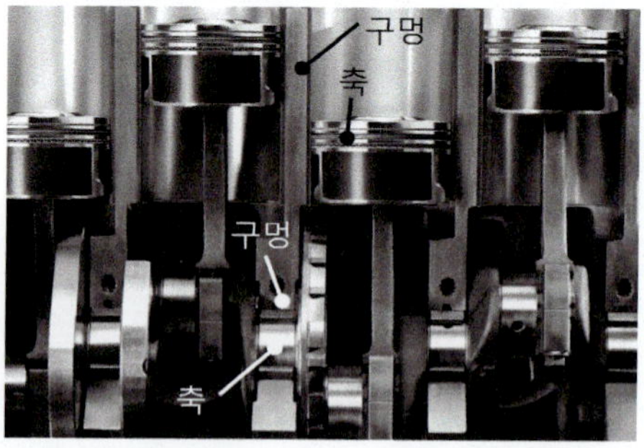

그림 A.4 기계시스템에 조립되어 있는 축과 구멍

그림 A.4는 실제 기계시스템의 내부에 조립된 축과 구멍의 끼워맞춤결합 사례이다. 왼쪽 사진은 자동차의 차동기어로서 엔진에서 나오는 회전력을 좌우 바퀴로 분배하는 역할을 한다. 오른쪽 사진은 자동차 엔진의 실린더로서 연료 및 산소의 화학반응으로부터 회전력을 발생시키는 장치이다. 각 기계시스템 내부에 여러 개의 축과 구멍이 복잡하게 조립되어 있는 것을 확인할 수 있다. 이처럼 많은 기계 부품의 조립이 축과 구멍의 끼워맞춤결합으로 이루어지며, 따라서 이를 정확히 이해하는 것이 중요하다.

- 축과 구멍을 끼워맞추기 위해서는 외경 및 내경의 공차를 고려해야 한다.
- 기준치수 및 공차역에 따라 틈새 또는 죔새가 발생한다.

끼워맞춤결합을 이해하기 위해서 그림 A.5와 같이 구멍 내경과 축 외경의 기준치수가 동일한 경우를 생각해 보자. 이 경우 도면을 기준으로 축과 구멍을 제작하면 서로 조립될 수 있을까? 단순하게 생각하면 축은 구멍에 이상적으로 조립될 수 있을 것 같다. 그러나 구멍의 내경과 축의 외경이 기준치수와 완전히 동일하게 제작될 수는 없고 일정한 범위에서 편차를 가지는 부품을 얻을 수밖에 없다는 것을 고려한다면 문제가 달라진다.

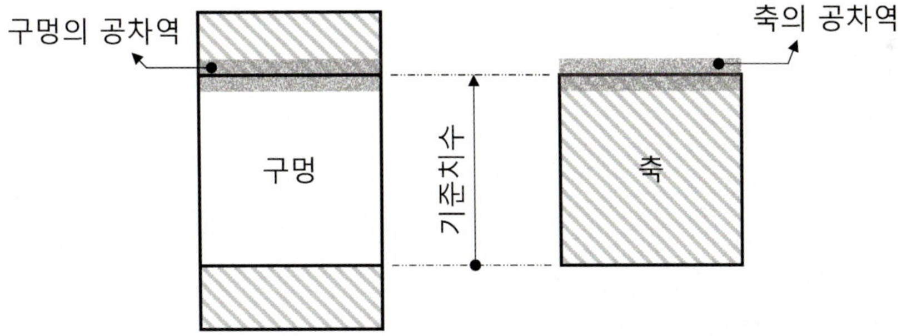

그림 A.5 공차를 고려한 축과 구멍의 끼워맞춤결합

그림 A.5에서 음영 처리된 영역은 축 내경과 구멍 외경의 공차역이다. 제작된 여러 개의 축 외경과 구멍 내경의 치수를 측정한다면 공차역 내에서 편차를 가지는 값으로 나타날 것이다. 만일 구멍 내경이 최대허용치수로 가공되고 축의 외경이 최소허용치수로 가공되는 경우는 축과 구멍 사이에는 '틈새' 가 존재하게 되어 두 부품은 헐겁게 조립이 될 것이다.[그림 A.6 [a]] 반대로 구멍 내경이 최소허용치수로 가공되고 축의 외경이 최대허용치수로 가공되는 경우는 축과 구멍 사이는 '죔쇄' 상태가 되어 조립이 불가능 하거나 큰 힘을 가하여 억지로 조립해야 할 것이다.[그림 A.6 [b]]

A 설계 – 기구부

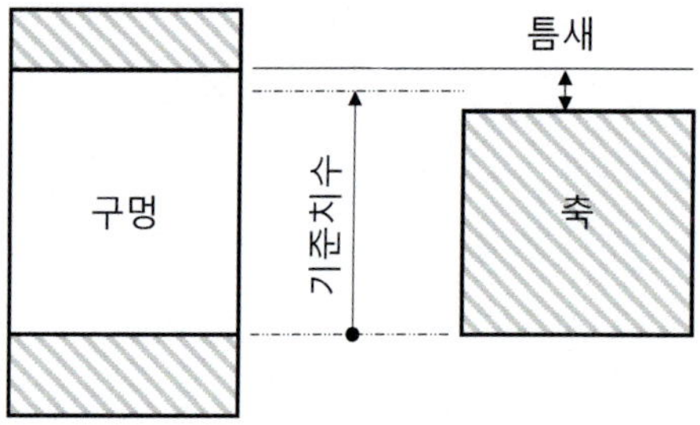

[a] 틈새

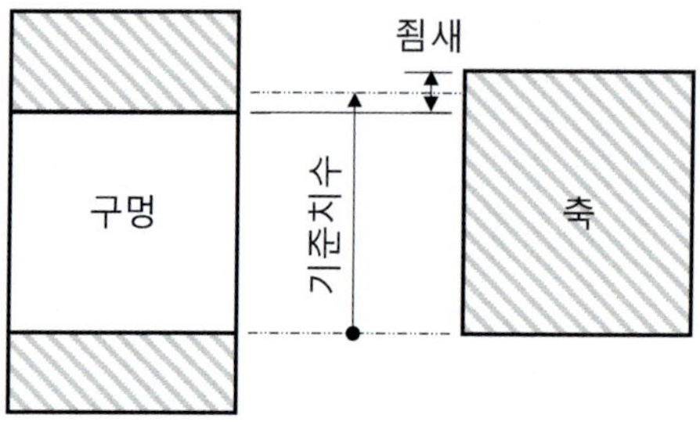

[b] 죔새

그림 A.6 틈새 및 죔새

틈새나 죔새의 유무 및 그 크기는 기계시스템 내에서 축과 구멍의 역할과 관련되어 있다. 예를 들면 틈새 상태에서 헐겁게 조립된 축과 구멍은 상호 운동을 할 수 있을 뿐만 아니라 쉽게 분해될 수도 있을 것이다. 반대로 죔새 상태에서 억지로 조립된 축과 구멍은 상호 운동이 불가능할 뿐만 아니라 분해도 불가능하여 실제로 하나의 부품으로 합체된 것이다.

그런데 그림 A.5의 도면으로 여러 개의 축과 구멍을 제작할 경우 어떤 경우에는 틈새가 발생하고 어떤 경우에는 죔새가 발생할 수 있다. 이러한 상태라면 조립된 축과 구멍은 기계시스템 내에서 명확한 역할을 수행할 수가 없게 된다.

따라서 축과 구멍을 설계할 때는 그 역할을 고려하여 어떠한 경우에도 원하는 크기의 틈새만 발생하도록 또는 죔새만 발생하도록 기준치수와 공차역을 정해주는 것이 매우 중요하다.

- 끼워맞춤결합은 틈새 및 죔새의 정도에 따라 헐거운끼워맞춤, 중간끼워맞춤, 억지끼워맞춤으로 종류가 구분된다.
- 끼워맞춤결합의 종류는 축과 구멍의 기계시스템 내 역할에 따라 선택된다.

조립된 축과 구멍의 역할을 명확하게 하기 위해, 끼워맞춤결합은 틈새 및 죔쇄의 상태에 따라 '헐거운끼워맞춤', '중간끼워맞춤', '억지끼워맞춤'으로 종류가 구분되어 있다. '헐거운끼워맞춤'은 다시 틈새의 크기에 따라 '보통급', '회전틈새', '정밀급'을 세분화된다.

헐거운끼워맞춤 : 조립했을 때 항상 틈새가 생기는 끼워맞춤결합이다. 구멍의 공차역은 항상 축의 공차역 보다 위쪽에 위치한다.[그림 A.7 [a]]

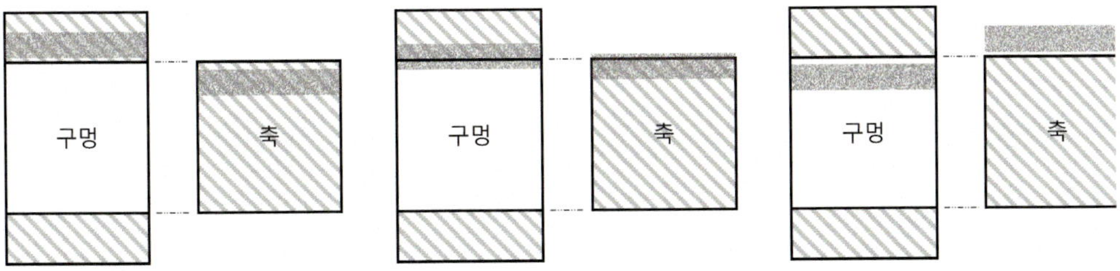

[a] 헐거운끼워맞춤 [b] 중간끼워맞춤 [c] 억지끼워맞춤

그림 A.7 끼워맞춤결합의 종류

중간끼워맞춤 : 조립했을 때 어떤 경우에는 틈새가 어떤 경우에는 죔새가 생기는 끼워맞춤결합이다. 구멍의 공차역과 축의 공차역이 겹쳐 있다.[그림 A.7 [b]]

억지끼워맞춤 : 조립했을 때 항상 죔새가 생기는 끼워맞춤결합이다. 구멍의 공차역이 항상 축의 공차역보다 아래쪽에 위치한다.[그림 A.7 [c]]

설계 엔지니어는 조립되는 부품의 기계시스템 내 역할에 따라 적절한 끼워맞춤결합의 종류를 선택한다. 이때 주요 고려 사항은 조립되는 부품이 상대 운동을 할 필요가 있는지 아니면 완전히 결합되어 상대 운동이 불가능해야 하는지 여부이다. 또한 조립 및 분해가 수작업으로 가능한지 아니면 별도의 공구나 방법을 이용해야 하는지도 주요한 고려 요소이다. 표 A.2는 끼워맞춤결합 종류별 조립 분해 방법 및 상대 운동 가능 여부를 정리한 내용이다.

'헐거운끼워맞춤-보통급'은 조립된 축과 구멍 사이에 상당한 크기의 틈새가 존재하는 경우로서 주의를 기울이지 않아도 쉽게 조립 분해가 가능하다. 자동차 엔진의 피스톤 링과 피스톤 홈 사이의 조립을 예로 들 수 있다.

'헐거운끼워맞춤-회전틈새'는 축과 구멍 사이에 윤활을 할 수 있을 정도의 틈새를 가지는 경우로 상대 운동이 필요한 용도로 많이 사용된다. 예를 들면 자동차 바퀴와 차축의 조립에 사용된다. 이 경우는 약간의 힘을 주면 조립 및 분해가 가능하다.

'헐거운끼워맞춤-정밀급'은 정밀기계의 조립에 가장 많이 사용되는 끼워맞춤결합이다. 축과 구멍을 주의를 기울여 잘 정렬한 후 조립하지 않으면 조립 중 끼임이 발생한다. 분해 시에도 일정 이상의 힘이 필요하다. 조립 후 틈새는 존재하나 그 정도가 매우 작아서 축과 구멍의 상대 운동은 불가능하다. 회전기계의 베어링 내륜 및 외륜 조립에 사용된다.

'중간끼워맞춤'은 수작업 조립 분해는 불가능하며 공구를 사용하여 조립 분해한다. 조립에 망치를 이용하는 경우가 많아서 '때려박음' 이라고도 한다. 핀과 핀구멍의 조립이 대표적인 예이다. 핀과 핀구멍을 분해하기 위해서는 핀뽑기라고 하는 전용 공구가 필요하다.

'억지끼워맞춤'은 죔쇄의 크기가 상당하여 축과 구멍을 냉각 및 가열한 후에야 조립할 수 있는 경우이다. 금속의 열 수축 및 팽창을 이용하는 경우이므로 '열박음' 이라고도 한다. 조립 후 상온으로 온도가 돌아오면 어떠한 방법으로도 분해는 불가능하다. 모터 회전축과 로터 뭉치의 조립에 사용된다.

표 A.2 끼워맞춤결합의 종류

구 분		조립 및 분해 방법	조립 후 상대 운동
헐거운 끼워맞춤	보통급	수작업으로 용이하게 조립됨 힘을 가하지 않아도 분해됨	가능
	회전 틈새	수작업으로 용이하게 조립됨 약간의 힘을 가하면 분해됨	가능
	정밀급	잘 정렬한 후에야 수작업 조립됨 어느 정도 힘을 주어야 분해됨	불가능
중간 끼워맞춤		망치, 프레스 등 공구 사용 조립하고[때려박음] 전용 공구를 사용해야 분해 가능함	
억지 끼워맞춤		가열 또는 냉각에 시킨 후 조립하고[열박음] 분해는 불가능	

- 틈새 및 죔새의 크기는 축과 구멍의 공차역 크기 및 위치에 따라 결정된다.
- 공차역 크기는 'IT기본공차'로 표준화되어 등급이 부여된다.

축과 구멍을 끼워맞추어 조립할 때 틈새 및 죔새의 크기는 축과 구멍의 각각의 공차역의 크기 및 공차역의 상대적인 위치에 따라 결정된다. 먼저 공차역의 크기에 대해서 알아보자.

그림 A.8은 공차역의 크기에 따른 최대틈새를 도시한 것이다. [a], [b] 모두 구멍 공차역은 기준치수보다 위쪽으로 위치해 있으며 축 공차역은 기준치수보다 아래쪽에 위치해 있다. 다른점은 [a]에 비해서 [b]가 공차역이 크게 설정되어 있다는 것이다. 이때 최대틈새의 값은 구멍의 최대허용치수와 축의 최소허용치수의 차이로 계산될 수 있다. 두 경우를 비교해 보면 [b]의 경우가 최대틈새가 더 크다는 것을 쉽게 이해할 수 있다. 죔새의 경우도 마찬가지로 이해해 볼 수 있을 것이다.

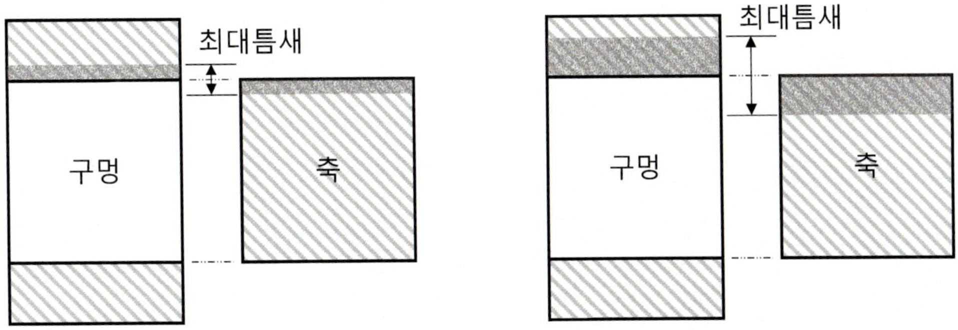

[a] 공차역이 작은 경우 [b] 공차역이 큰 경우

그림 A.8 공차역의 크기에 따른 최대틈새

끼워맞춤결합에 있어 축과 구멍의 공차역 크기는 'IT기본공차' [ISO tolerance]로 국제적으로 표준화되어 등급이 부여되어 있다. 표 A.3에 표준 중 일부를 제시해 두었다. IT공차등급은 공차역의 크기에 따라 1~18등급으로 구분된다. IT공차등급을 구분하는 이유는 기계의 용도에 따라 축과 구멍을 이용해서 조립되는 기계시스템의 정밀도가 다르기 때문이다. 등급이 낮을수록 축과 구멍의 공차역이 작아지도록 되어 있고 따라서 정밀한 기계시스템의 조립에 적합하다고 할 수 있다.

표 A.3 IT기본공차 [출처 : KS B 0401 '치수공차의 한계 및 끼워맞춤결합' 〈표 2〉]

기준치수의 구분 : mm		공 차 등 급							
		1	5	6	7	8	9	10	18
초과	이하	단위: μm							mm
–	3	0.8	4	6	10	14	25	40	1.40
3	6	1	5	8	12	18	30	48	1.80
6	10	1	6	9	15	22	36	58	2.20
10	18	1.2	8	11	18	27	43	70	2.70
18	30	1.5	9	13	21	33	52	84	3.30
30	50	1.5	11	16	25	39	62	100	3.90
50	80	2	13	19	30	46	74	120	4.60
80	120	2.5	15	22	35	54	87	140	5.40
120	180	3.5	18	25	40	63	100	160	6.30
180	250	4.5	20	29	46	72	115	185	7.20
250	315	6	23	32	52	81	130	210	8.10
315	400	7	25	36	57	89	140	230	8.90
400	500	8	27	40	63	97	155	250	9.70

IT공차등급별 주요 용도는 다음과 표 A.4와 같다. 가장 중요하며 널리 사용되는 것은 정밀기계류의 조립에 이용되는 5등급에서 10등급 구간이다. 이보다 낮은 등급 구간은 측정기기 등에 사용되고 있다.

표 A.4 IT공차등급별 주요 용도

IT공차등급	주 요 용 도
IT 1 ~ IT 4	게이지류 [측정기기 등]
IT 5 ~ IT 10	정밀기계류 [엔진, 로봇 구동부 등 끼워맞춤결합이 필요한 기계시스템]
IT 11 ~ IT 18	일반기계류 [보통공차로 설계 가능한 기계시스템]

표 A.3에서 자세히 보아야 할 것은 동일한 기준치수에 대해서 기본공차의 값은 IT공차등급이 올라갈수록 커진다는 것이다. 예를 들면 그림 A.9과 같이 기준치수 40mm 인 축에 대한 공차역의 크기는 IT공차등급이 3등급인 경우 0.004mm, 6등급 경우는 0.016mm, 8등급인 경우는 0.039mm이다. 또한 동일한 IT공차등급에 대하여 기준치수가 작을수록 공차역의 크기도 작아지는 것에도 유의하자.

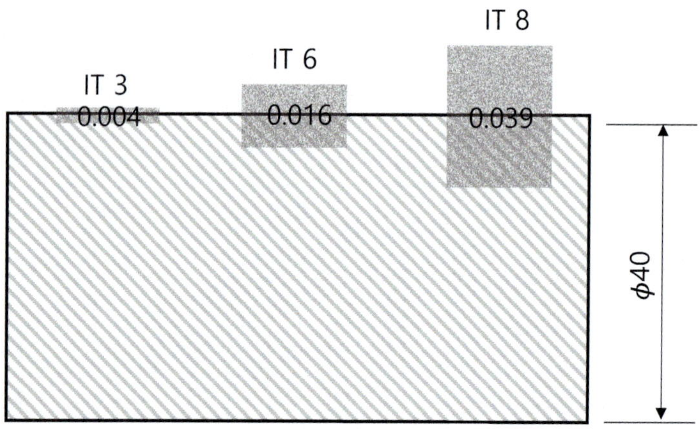

그림 A.9 IT등급별 공차역의 크기[기본공차]

기계시스템을 설계함에 있어 낮은 IT공차등급을 적용하여 정밀도를 향상시킬 수 있으나 이는 제작 비용을 크게 증가시킬 수 있음을 유의하여야 한다. 무조건 낮은 IT공차등급을 적용할 것이 아니고 기계의 용도에 적합한 등급을 선택하여 기계시스템의 용도와 제작 비용을 합리적으로 조화시켜야 할 것이다.

- 기준치수에 대한 공차역 위치 또한 표준화되어 있으며 기호로 표시 된다.
- 끼워맞춤결합 시 축과 구멍의 허용한계치수는 공차역의 크기 등급과 공차역의 위치 기호를 함께 사용하여 나타낼 수 있다.

틈새 및 죔새의 크기는 공차역의 크기 뿐만 아니라 기준치수에 대한 공차역의 상대적인 위치에 따라서도 결정된다. 이번에는 공차역의 위치에 대해서 알아보자

그림 A.10은 공차역의 위치에 따른 최대틈새를 도시한 것이다. [a], [b] 모두 공차역의 크기는 동일하다. 다른점은 [a]에 비해서 [b]가 축과 구멍의 공차역 위치가 서로 떨어져 있다는 것이다. 두 경우를 비교해 보면 [b]의 경우에 최대틈새가 더 크게 발생한다는 것을 알 수 있다. 죔새의 경우도 마찬가지이다.

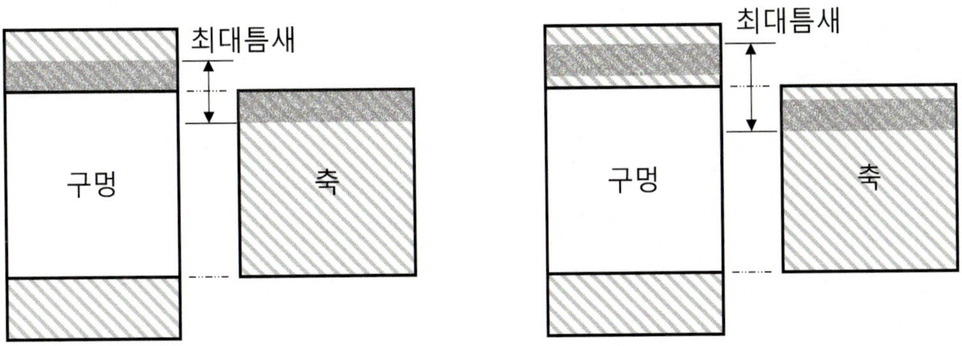

[a] 공차역이 인접한 경우 [b] 공차역이 떨어져 있는 경우

그림 A.10 공차역의 위치에 따른 최대틈새

공차역의 위치는 구멍의 경우는 영문 대문자로 축의 경우는 영문 소문자로 표시하고 있다. 그림 A.11은 내경 및 외경이 모두 40mm 이고 IT공차등급이 6등급인 구멍과 축의 공차역 위치를 도시한 것이다. 이 경우 공차역의 크기는 모두 0.016mm 이다. 먼저 구멍의 경우에 대해서 살펴보자. 공차역의 위치 중 기준이 되는 것은 H로서 공차역의 아래치수허용차가 기준치수와 붙어있는 경우이다. 구멍의 경우 축과 조립되기 위해서는 기준치수보다 내경이 큰 경우가 보통이므로 다음 기호인 G 및 F는 각각 공차역의 아래치수허용차가 +0.009mm, +0.025mm이다. 반대쪽으로는 JS가 있는데 이 경우 공차역의 위치가 기준치수에 반으로 걸쳐 있는 경우다. 다음으로 K는 공차역의 위치수허용차가 0.003mm 인 경우인데, 이 경우 구멍의 내경은 기준치수보다 작게 제작될 수도 있다.

축의 경우에 대해서도 알아보자. 중심이 되는 공차역 위치는 역시 h이다. 이 경우

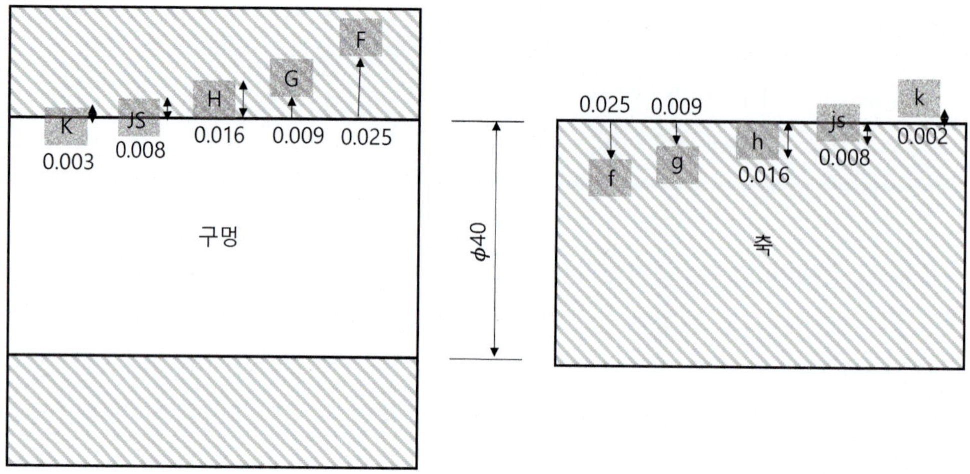

그림 A.11 구멍과 축 공차역의 위치 기호 [기준치수 : 40mm, IT등급 : 6등급]

공차역의 위치수허용차가 기준치수와 인접해 있다. 축의 외경은 구멍과 조립되기 위해서 기준치수보다 작게 가공되는 것이 일반적이다. 따라서 다음 기호로는 g와 f가 있는데 공차역의 위치수허용차는 각각 −0.009mm, −0.025mm에 해당한다. 반대쪽에는 공차역이 기준치수에 의해 반으로 나뉘는 js가 있다. k의 경우는 공차역의 아래치수허용차가 0.002mm 인 경우인데, 이 경우 축의 외경이 기준치수보다 항상 크게 제작된다.

이상의 내용은 모든 기준치수와 공차역 위치에 대해서 표준으로 정해져 있다. 표 A.6은 표준에서 규정된 구멍에 대한 공차역 위치 중 자주 사용되는 내용을 일부 발췌한 것이다. 마찬가지로 표 A.7은 표준에서 규정된 축에 대한 공차역 위치 중 일부이다. 표를 참조하는 방법은 기준치수와 공차역의 위치 기호를 기준으로 공차역의 위치수허용차 또는 아래치수허용차를 참조하면 된다. 이때 플러스의 값은 기준치수보다 위쪽으로 공차역이 위치함을 마이너스 값은 아래쪽으로 위치함을 나타낸다.

일반적인 형상의 허용한계치수의 표시는 '기준치수 + 위치수허용차 + 아래치수허용차'의 방법으로 표기한다. 그러데 끼워맞춤결합을 위한 축과 구멍의 허용한계치수를 표기하는 방법은 다음과 같이 좀 다른 방법을 사용하고 있다. 즉, 그림 A.12 와 같이 '기준치수 + 공차역 위치 기호 + 공차역 크기 등급'의 방법으로 표기한다.

이와 같이 표기하는 것의 장점은 공차역의 크기 등급으로부터 가공의 정밀도 수준을 즉각 알 수 있게 되며 또한 공차역의 위치 기호로부터 끼워맞춤결합의 종류를 용이하게 파악할 수 있다는 것이다. 현재 산업 현장의 부품 도면이나 카탈로그에는 2가지 방법이 혼용되어 사용되고 있으므로 필요 시에는 표 A.5의 예와 같이 상호 전환하여 사용할 수 있어야 할 것이다.

축	구멍
$40\,h\,6 = 40^{0}_{-0.016}$	$12\,F\,5 = 12^{+0.024}_{+0.016}$

기준치수 (40), 공차역 위치 (h), 공차역 크기 (6) / 기준치수 (12), 공차역 위치 (F), 공차역 크기 (5)

그림 A.12 축과 구멍의 끼워맞춤결합 표기법

표 A.5 축과 구멍의 끼워맞춤결합기호 예 [단위 : mm]

구분	IT 기본공차 표기	공차역 크기	공차역 위치		허용한계 치수 표기
			위치수허용차	아래치수허용차	
축	40h6	0.016	0	0−0.016 =−0.016	$40^{0}_{-0.016}$
	12g5	0.008	−0.006	−0.008−0.006 =−0.014	$12^{-0.006}_{-0.014}$
	55js8	0.046	+0.023	−0.023	$55^{+0.023}_{-0.023}$
구멍	40H6	0.016	0+0.016 =+0.016	0	$40^{+0.016}_{0}$
	12F7	0.018	+0.016+0.018 =+0.024	+0.016	$12^{+0.024}_{+0.016}$
	55K8	0.046	+0.014	+0.014−0.046 =−0.032	$55^{+0.014}_{-0.032}$

표 A.6 구멍의 공차역 위치 [출처 : KS B 0401 '치수공차의 한계 및 끼워맞춤결합' 〈표 3〉]

[단위 : μm]

기준치수의 구분 [mm]		적용되는 IT등급								IT등급별 Δ값			
		전체						8이하	8이상				
		기초가 되는 치수허용차											
		아래수허용차						위치수허용차					
초과	이하	C	E	F	G	H	JS[1]	K	S[2]	5	6	7	8
–	3	+60	+14	+6	+2	0	±[IT 등급에 해당하는 치수 공차]/2	–0	−14	0	0	0	0
3	6	+70	+20	+10	+4	0		−1+Δ	−19	1	3	4	6
6	10	+80	+25	+13	+5	0		−1+Δ	−23	2	3	6	7
10	18	+95	+32	+16	+6	0		−1+Δ	−28	3	3	7	9
18	30	+110	+40	+20	+7	0		−2+Δ	−35	3	4	8	12
30	40	+120	+50	+25	+9	0		−2+Δ	−43	4	5	9	14
40	50	+130											
50	65	+140	+60	+30	+10	0		−2+Δ	−53	5	6	11	16
65	80	+150							−59				
80	100	+170	+72	+36	+12	0		−3+Δ	−71	5	7	13	19
100	120	+180							−79				
120	140	+200	+85	+43	+14	0		−3+Δ	−92	6	7	15	23
140	160	+210							−100				
160	180	+230							−108				
180	200	+240	+100	+50	+15	0		−4+Δ	−122	6	9	17	26
200	225	+260							−130				
225	250	+280							−140				
250	280	+300	+110	+56	+17	0		−4+Δ	−158	7	9	20	29
280	315	+330							−170				
315	355	+360	+125	+62	+18	0		−4+Δ	−190	7	11	21	32
355	400	+400							−208				
400	450	+440	+135	+68	+20	0		−5+Δ	−232	7	13	23	34
450	500	+480							−252				

1] JS7~JS11에서 IT등급에 해당하는 치수공차가 홀수인 경우는, (IT등급에 해당하는 치수공차)/2가 정수가 되도록, IT등급에 해당하는 치수공차의 바로 아래의 짝수를 이용해서 계산함

2] IT등급 7급 이하에서는 표의 값에 Δ값을 더해서 계산함

표 A.7 축의 공차역 위치 [출처 : KS B 0401 '치수공차의 한계 및 끼워맞춤결합' 〈표 4〉]

[단위 : μm]

기준치수의 구분 [mm]		적용되는 IT등급								
		전체						4,5,6,7	3이하 8이상	전체
		기초가 되는 치수허용차								
		위치수허용차						아래치수허용차		
초과	이하	c	e	f	g	h	js[1]	k		s
–	3	–60	–14	–6	–2	0	±[IT 등급에 해당하는 치수공차]/2	0	0	+14
3	6	–70	–20	–10	–4	0		+1	0	+19
6	10	–80	–25	–13	–5	0		+1	0	+23
10	18	–95	–32	–16	–6	0		+1	0	+28
18	30	–110	–40	–20	–7	0		+2	0	+35
30	40	–120	–50	–25	–9	0		+2	0	+43
40	50	–130								
50	65	–140	–60	–30	–10	0		+2	0	+53
65	80	–150								+59
80	100	–170	–72	–36	–12	0		+3	0	+71
100	120	–180								+79
120	140	–200	–85	–43	–14	0		+3	0	+92
140	160	–210								+100
160	180	–230								+108
180	200	–240	–100	–50	–15	0		+4	0	+122
200	225	–260								+130
225	250	–280								+140
250	280	–300	–110	–56	–17	0		+4	0	+158
280	315	–330								+170
315	355	–360	–125	–62	–18	0		+4	0	+190
355	400	–400								+208
400	450	–440	–135	–68	–20	0		+5	0	+232
450	500	–480								+252

1] js7~js11에서 IT등급에 해당하는 치수공차가 홀수인 경우는, (IT등급에 해당하는 치수공차)/2가 정수가 되도록, IT등급에 해당하는 치수공차의 바로 아래의 짝수를 이용해서 계산함

- 끼워맞춤결합 시 필요한 축과 구멍의 허용한계치수는 두 부품의 역할로부터 결정될 수 있다.
- 널리 쓰이는 끼워맞춤결합은 H구멍 또는 h축을 기준으로 이루어진다.

그림 A.3의 장난감 블록을 예로 하여 축과 구멍의 허용한계치수를 결정해 보자. 이 경우 축과 구멍의 기준치수는 5mm이다.

[1] 공차역 크기 선정

먼저 고려해야 할 것은 축과 구멍이 사용되는 부품의 기계시스템 내에서의 용도이다. 표 A.4를 참조해서 고려해 보면 장난감 블록은 끼워맞춤결합이 필요한 정밀기계류에 사용되는 부품으로 생각할 수 있을 것이다. 이 경우 사용되는 IT등급은 5~10등급이다.

다음으로 끼워맞춤결합의 종류를 고려해야 할 것이다. 표 A.2로부터 장난감 블록의 끼워맞춤결합은 '헐거운끼워맞춤-정밀급'이 적당할 것이다. 장난감 블록은 조립 후 쉽게 분해가 되지 않아야 하며, 축과 구멍의 상대운동은 허용되지 않기 때문이다. 또한 수작업으로 조립 분해가 불가능한 '중간끼워맞춤'이나 '억지끼워맞춤'은 적당하지 않다. 이상의 고려로부터 IT등급은 '정밀급'임을 감안하여 5~10등급의 중간인 6등급 정도로 선정해 보자.

[2] 공차역 위치 선정

원하는 틈새 및 죔새를 얻기 위한 축과 구멍의 공차역 위치의 조합은 매우 다양할 수 있다. 따라서 보통은 구멍과 축 중 한쪽의 공차역을 H로 고정하고 다른 한쪽의 공차역 위치을 선정하는 방법을 사용한다. 구멍의 경우 H는 공차역 아래치수허용차가 기준치수와 붙어 있는 경우이고, 축의 경우 h는 공차역 위치수허용차가 기준치수와 붙어 있는 경우이다. 이를 각각 '구멍 기준 끼워맞춤결합' 및 '축 기준 끼워맞춤결합'이라고 한다. 끼워맞춤결합의 종류별로 널리 사용되는 공차역의 위치는 표준으로 규정되어 있다. 표 A.8와 표 A.9은 표준의 내용 중 널리 사용되는 일부를 발췌한 것이다.

장난감 블록의 경우 '구멍 기준 끼워맞춤결합'을 적용해보자. 구멍이 기준이 되므로 구멍의 공차역은 H6가 될 것이다. 다음으로 축의 경우는 표 A.8를 참조해서 결정하면 된다. H6 구멍과 '헐거운끼워맞춤-정밀급'임을 고려하면 축의 공차역은 h5, h6 등이 가능하다. 따라서 H6-h5 조합 또는 H6-h6 조합이 가능하다. 두 조합의 차이는 장난감 블록을 대량 생산한다고 했을 때 발생할 수 있는 틈새를 고려해 보면 이해 할 수 있다. H6-h6 조합이 H6-h5 조합보다 틈새가 크다. 장난감 블록의 예에서는 H6-h6 조합을 선정해 보자.

[3] 허용한계치수의 결정

최종적으로 선정된 허용한계치수는 구멍의 경우 5H6, 축의 경우는 5h6이다. 그림 A.13는 이를 도면에 기입한 몇가지 예를 보여주고 있다.

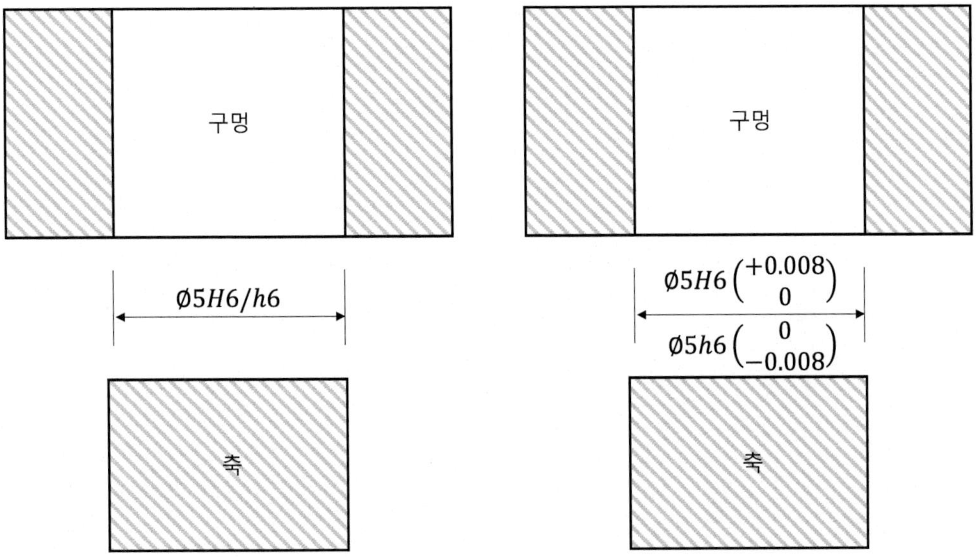

그림 A.13 장난감 블록 축과 구멍의 허용한계치수 기입 방법

공차역의 크기 및 위치의 세부적 결정은 부품의 용도, 조립 분해 용이성, 제작 비용을 고려해 종합적으로 결정되어야 한다. 표 A.8 및 표 A.9에서 기본적인 것을 가이드를 하고 있으나 세부적으로는 축과 구멍의 용도별로 다양하게 나타날 수 있다. 많은 경우 이는 오랜 동안의 시행착오 및 경험에 의해 얻어지는 중요한 기술 자산이다.

표 A.8 상용하는 구멍기준 끼워맞춤결합
[출처 : KS B 0401 '치수공차의 한계 및 끼워맞춤결합' 〈표 5〉]

기준 구멍	축의 공차역				
	헐거운끼워맞춤			중간끼워맞춤	억지끼워맞춤
	보통급	회전틈새	정밀급		
H6		g5 f6 g6	h5 h6	js5 k5 js6 k6	
H7		g6 f6 f7	h6 h7	js6 k6 js7	s6
H8		f7 f8	h7 h8		
H9	c9		h8 h9		
H10	c9				

표 A.9 상용하는 축기준 끼워맞춤결합
[출처 : KS B 0401 '치수공차의 한계 및 끼워맞춤결합' 〈표 6〉]

기준 축	구멍의 공차역				
	헐거운끼워맞춤			중간끼워맞춤	억지끼워맞춤
	보통급	회전틈새	정밀급		
h5			H6	JS6 K6	
h6		G6 F6 G7 F7	H6 H7	JS6 K6 JS7 K7	S7
h7		F7 F8	H7 H8		
h8		F8	H8 H9		
h9	C9 C10		H8 H9		

A-3 기하공차

• 부품의 형상, 자세, 위치, 흔들림의 정도를 규제하기 위해서 '기하공차'가 사용된다.

정밀한 부품의 기능을 도면에 정확히 지시하기 위해서 허용한계치수의 기입만으로는 부족한 경우가 많다. 구체적으로는 부품의 형상, 자세, 위치, 흔들림 등의 정도를 규제해야 할 필요가 있다. 이에 대해서는 표 A.10과 같이 '기하공차'로 표준화되어 제시되고 있다. 그 중에서 널리 사용되는 평면도, 평행도, 직각도 및 위치도에 대해서 알아보기로 한다.

표 A.10 기하공차 기호 [출처 : KS A ISO 1101 '제품의 형상 명세–기하공차 기입' 〈표 1〉]

기하공차	특성	기호
형상	직진도	⏤
	평면도	⏥
	진원도	○
	원통도	⌭
자세	평행도	//
	직각도	⊥
	경사도	∠
위치	위치도	⌖
	동축도[중심점에 대해]	◎
	동심도[축에 대해]	◎
	대칭도	⌯
흔들림	원주 흔들림	↗
	온[전체] 흔들림	⌰

• 평면도

평면도는 제작된 표면의 평면 정도를 규제하는 기하공차이다.

평면도를 도면에 지시할 때는 평면도 기호 및 공차역을 그림 A.14 [a]와 같은 방법으로 표시한다.

그림 A.14 [b]에서 점들은 [a]의 상면에서 추출된 것들이다. 이 점들이 t 만큼 거리가 떨어진 평행한 두 평면 사이에 모두 포획될 경우 t를 평면도의 공차역이라고 한다. 이 경우 공차역의 크기 즉 평면도는 0.08mm이다.

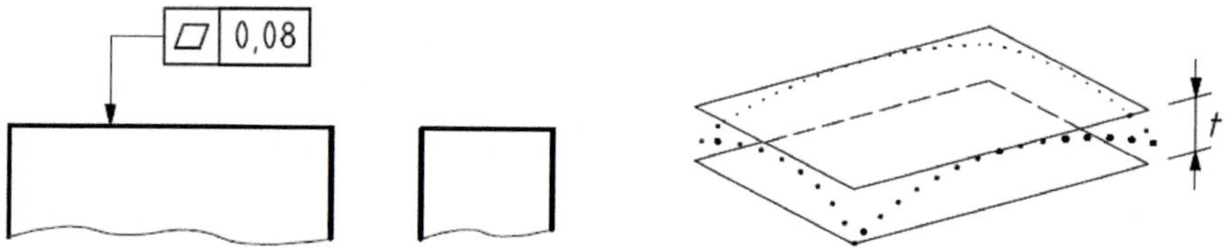

[a] 지시 방법 [b] 공차역

그림 A.14 **평면도** [출처 : KS A ISO 1101 '제품의 형상 명세 – 기하공차 기입' 〈18.2 평면도 공차〉]

• 평행도

평행도는 기준이 되는 이상적인 직선 또는 평면을 기준으로, 제작된 선 또는 면의 평행한 정도를 규제하는 기하공차다. 기준 되는 직선 또는 평면을 '데이텀'이라고 한다.

그림 A.15 [a]에서 하면[D : 데이텀]을 기준으로 상면의 평행도를 규제하는 방법에 대해서 알아보자

그림 [b]에서 점들은 그림 [a]의 상면에서 추출한 것들이다. 그림 [b]에서 a는 기준이 되는 면 즉 데이텀[그림 [a]에서는 D로 표시]이다. 점들이 데이텀에 평행하고 t만큼 거리가 떨어진 두 평면 사이에 모두 포획되는 경우 t를 평행도의 공차역이라고 한다.

평행도를 도면에 지시할 때는 평행도 기호, 공차역 및 데이텀을 그림 [a]와 같은 방법으로 표시한다. 그림 [a]에서 공차역의 크기 즉 평행도는 0.01mm이다.

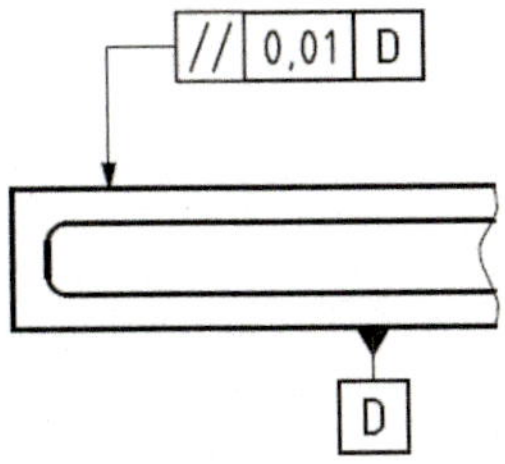

[a] 지시 방법

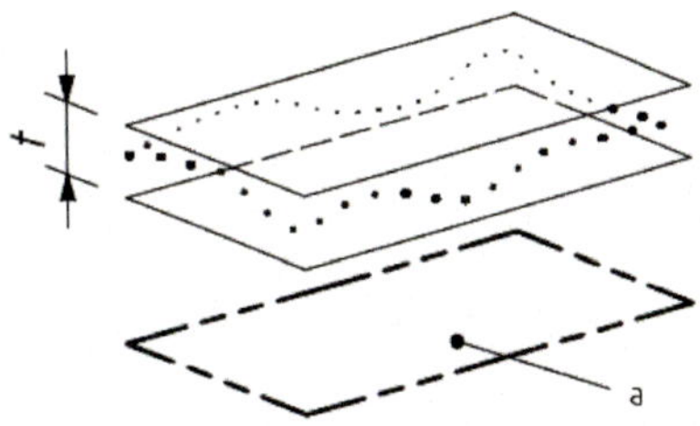

[b] 공차역

그림 A.15 **평행도** [출처 : KS A ISO 1101 '제품의 형상 명세－기하공차 기입' 〈18.9 평행도 공차〉]

• 직각도

직각도는 기준이 되는 이상적인 직선 또는 평면을 기준으로, 제작된 선 또는 평면의 직각 정도를 규제하는 기하공차다. 이때 기준 되는 직선 또는 평면을 '데이텀'이라고 한다.

그림 A.16 [a]에서 원기둥의 중심선[A: 데이텀]을 기준으로 우측면의 직각도를 규제하는 방법에 대해서 알아보자

그림 [b]에서 점들은 그림 [a]의 우측면에서 추출한 것들이다. 그림 [b]에서 a는 기준이 되는 직선 즉 데이텀[그림 [a]에서는 원기둥의 이상적인 중심선인 Ⓐ로 표시]이다. 점들이 데이텀에 직각이고 *t* 만큼 거리가 떨어진 두 평면 사이에 모두 포획되는 경우 t를 직각도의 공차역이라고 한다.

직각도를 도면에 지시할 때는 직각도 기호, 공차역 및 데이텀을 그림 [a]와 같은 방법으로 표시한다. 그림 [a] 경우는 공차역의 크기 즉 직각도는 0.08mm이다.

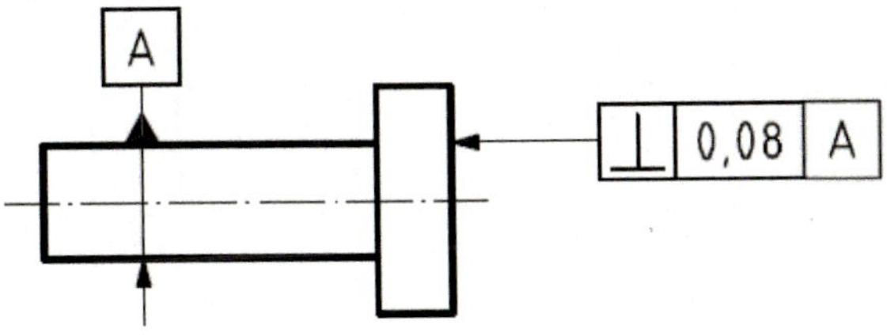

[a] 지시 방법

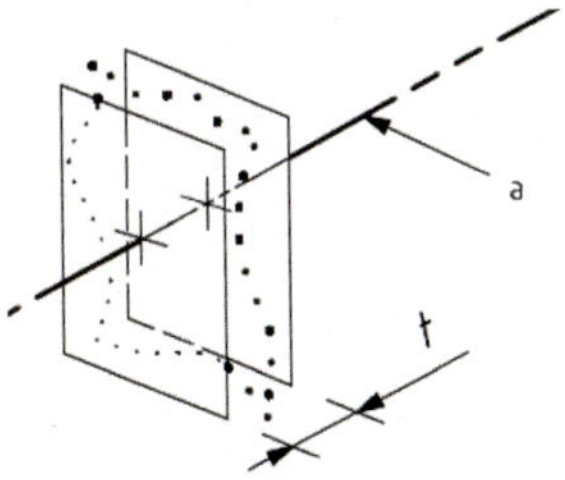

[b] 공차역

그림 A.16 **직각도** [출처 : KS A ISO 1101 '제품의 형상 명세－기하공차 기입' 〈18.10 직각도 공차〉]

A 설계－기구부

• 위치도

위치도는 기준이 되는 이상적인 직선 또는 평면을 기준으로, 제작된 점, 선 또는 면의 위치를 규제하는 기하공차다. 이때 기준 되는 직선 또는 평면을 '데이텀'이라고 한다.

그림 A.17 [a]에서 수직으로 직교하는 3개의 이상적인 평면[C, A, B : 데이텀]을 기준으로 8개 구멍의 중심선의 위치도를 규제하는 방법에 대해서 알아보자

그림 [b]에서 점들은 그림 [a] 구멍들 중 특정 구멍의 중심선에서 추출한 것들이다. 그림 [b]에서 c, a, b는 기준이 되는 평면 즉 데이텀[그림 [a]에서는 C, A, B로 표시]이다. 점들이 데이텀 c에 직각이고 지름이 t인 원기둥 내부에 모두 포획된다면 t를 위치도의 공차역이라고 한다.

한편 8개 구멍의 이상적인 중심선의 이상적인 위치는 그림 [a]에서 15, 20, 30 등의 수치로 표시되어 있다. 네모 숫자로 표현된 것은 이상적인 치수임을 의미한다. 이 치수들은 데이텀 a, b를 기준으로 간격이 배열되어 있다.

위치도를 도면에 지시할 때는 위치도 기호, 공차역 및 데이텀을 그림 [a]와 같은 방법으로 표시한다. 그림 [a] 경우는 공차역의 크기 즉 위치도는 0.1mm이다. 데이텀은 3개가 차례대로 표시된 것을 확인할 수 있다.

그림 [a]에서 눈여겨보아야 할 것은 데이텀을 표시하는 우선순위이다. C, A, B로 표시된 경우는 각 순서대로 데이텀 평면이 직교하며 형성되는 것을 의미한다. 따라서 A, B, C로 표시된 경우와는 다른 방법으로 제작되고 측정 방법도 달라질 수 있다.

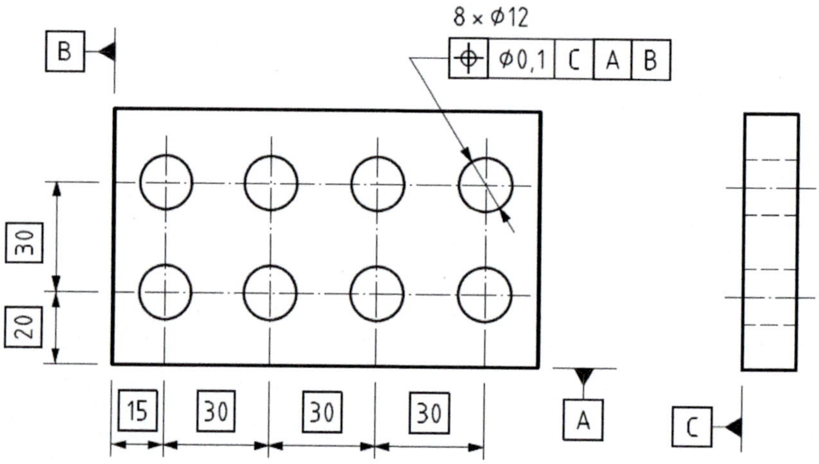

[a] 지시 방법

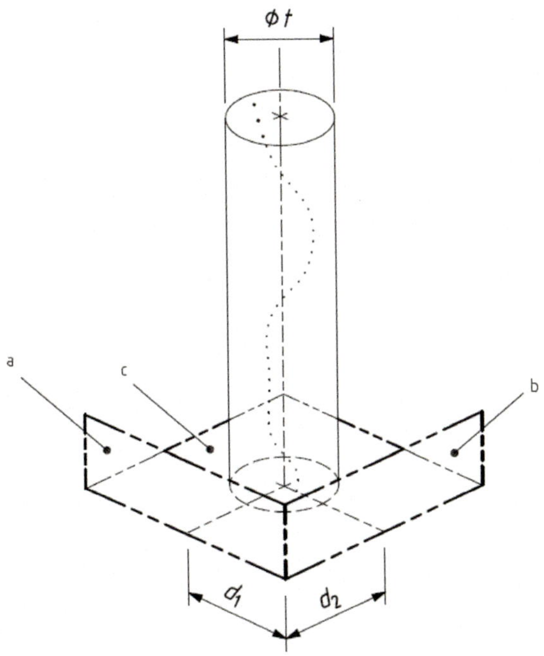

[b] 공차역

그림 A.17 위치도 [출처 : KS A ISO 1101 '제품의 형상 명세 – 기하공차 기입' 〈18.12.2 선의 위치도 공차〉]

A-4 상호 조립 부품의 끼워맞춤결합 및 위치도 관계

- 2개의 축이 있는 부품과 2개의 구멍이 있는 부품을 조립하고자 할 때는, 축과 구멍 지름의 허용한계치수 뿐만 아니라 축과 구멍 중심 위치의 허용한계치수를 함께 고려해야 한다.
- 축과 구멍의 최대실체상태를 검토함으로써 조립 가능 여부를 판단 할 수 있다.

그림 A.18 [a]는 축과 구멍이 가공되어 있는 부품의 조립 도면이다. 축은 구멍에 끼워맞춤결합으로 조립되어야 한다. 구멍의 내경은 50H7 으로 지정되어 있으며 축의 외경은 50c7으로 지정되어 있다. 축과 구멍이 각 부품에 1개씩만 가공되어 있다면 축의 외경이 구멍의 내경보다 항상 작은 경우이므로 조립이 가능할 것이다. 그러나 그림에서와 같이 2개의 축과 2개의 구멍을 동시에 끼워맞춤결합해야 할 경우는 어떨까? 이 경우도 조립이 가능할까?

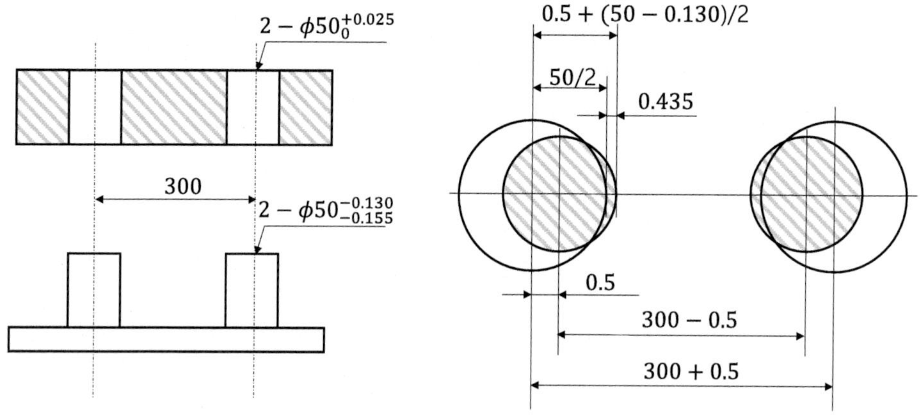

[a] 조립 도면　　　　[b] 중심 거리

그림 A.18 2개의 축이 있는 부품과 2개의 구멍이 있는 부품의 조립

문제의 핵심은 각 부품에 가공되어 있는 2개의 축과 2개의 구멍 중심의 간격을 이상적인 치수로 가공하는 것은 불가능하다는 것을 이해하는 것이다. 그림에서 중심 간격은 300mm 로 지정되어 있는데 별도의 허용한계치수가 기입되어 있지 않으므로 보통공차의 규제를 받는 경우이다. 보통공차-중간급을 적용하면 중심 간격은 [300±0.5]mm의 의 범위에서 가공이 될 것이다. 이와 같은 중심 간격의 공차로 인하여 2개의 축과 구멍을 동시에 조립하는 것이 불가능할 수도 있다.

조립 가능 여부는 공차 조건이 최악의 상태인 경우를 검토함으로써 알아낼 수 있다. 먼저 축과 구멍 지름의 공차는 축의 외경이 가장 크고 구멍의 내경이 가장 작은 경우가 조립 측면에서 최악의 경우이다. 그림 A.18 [a]에서는 축의 외경이 [50−0.130]mm, 구멍의 내경은 50mm가 이에 해당한다. 이와 같은 상태를 보통 최대실체상태[MMC: Maximum Material Condition]라고 부른다. 여기서 '최대실체'는 축과 구멍의 부피가 각각 최대인 경우를 의미한다. 축의 경우는 외경이 가장 큰 경우이며 구멍의 경우는 내경이 가장 작은 경우이다.

다음으로 중심 간격의 경우 최악의 경우는 공차 내에서 2개 축의 중심이 가장 가깝게 가공이 되고 2개 구멍 중심은 가장 멀게 가공되는 경우이다. 그림 A.18 [a]에서는 축 중심 거리가 [300−0.5]mm, 구멍 줌심 거리가 [300+0.5]mm인 경우가 이에 해당한다.

그림 A.18 [b]는 최악의 상태에서 그림 A.18 [a]를 위에서 내려다 본 그림이다. 4개의 원은 각각 축과 구멍을 표현한 것이며 빗금 쳐진 것이 축이다. 그림은 이해를 돕기 위해 치수가 과장되어 표시되어 있다. 축과 구멍의 중심 간격이 서로 다르므로 축의 중심과 구멍의 중심이 0.5mm 만큼 어긋나게 표현되어 있다. 따라서 구멍 중심에서 축의 최우측 지점까지 거리는 [0.5+(50−0.130)/2]mm가 된다. 이 값은 구멍의 반지름인 [50/2]mm에 비해서 0.435mm 만큼 큰 값이다. 따라서 조립이 불가능하다.

많은 기계 부품의 조립은 2개 이상의 축과 구멍의 조립으로 이루어진다. 이 경우 축과 구멍 지름의 공차 뿐만 아니라 중심 간격의 공차가 중요한 고려 사항임을 이해할 필요가 있다.

- 축과 구멍 중심에 적절한 위치도를 부여함으로써 조립이 가능하도록 규제할 수 있다.

축과 구멍 중심 간격을 보통공차로 규제해서는 조립이 되지 않음을 알았다. 조립이 가능하도록 하기 위해서는 중심 간격의 치수공차를 보통공차보다 좁게 하여야 할 것이다. 그럼 얼마까지 좁게 공차역을 설정해야 하는지가 중요한 문제가 된다.

이 문제는 역시 축과 구멍의 MMC 조건에서 조립이 되는 최소한의 상태를 그림 A.19 [b]와 같이 그려봄으로써 검토할 수 있을 것이다. 그림에서 축의 최우측면과 구멍의 최우측면이 맞닿아 있는데 이 상태가 조립이 가능한 최소한의 상태이다. 축과 구멍사이의 간격은 구멍 외경에서 축의 내경을 뺀 값으로 0.130mm가 된다. 따라서 축의 중심과 구멍의 중심은 [0.130/2]mm 만큼 어긋나 있는 상태이다. 이 어긋남을 축 중심 간격과 구멍 중심의 간격에 동일하게 나누어 줌으로써 중심 간격을 계산할 수 있다. 축 중심의 거리는 [300−0.130/2]mm, 구멍 중심의 거리는 [300+0.130/2]mm가 된다.

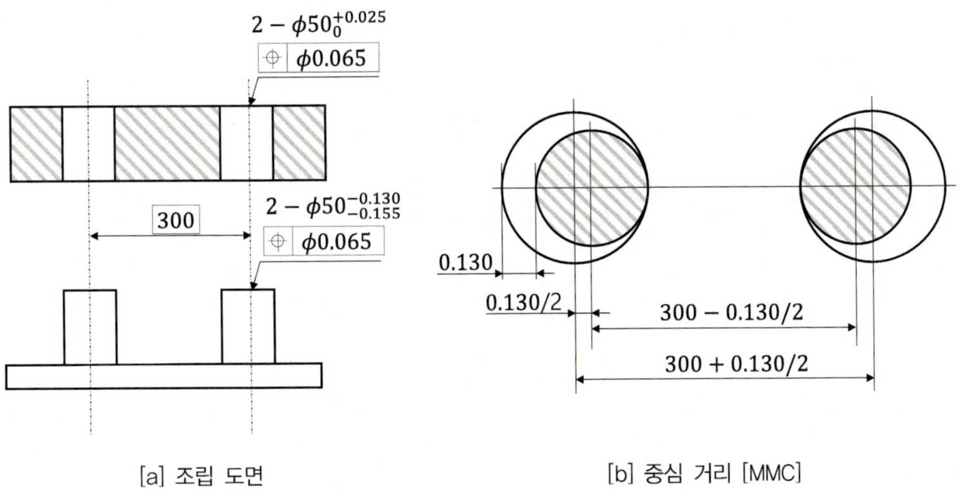

[a] 조립 도면

[b] 중심 거리 [MMC]

그림 A.19 조립이 가능하도록 부여된 축과 구멍 중심의 위치도

A 설계 - 기구부

그림 A.19 [a]는 지금까지의 결과를 조립 도면에 규제한 결과이다. 구멍 및 축 중심의 간격은 기하공차인 위치도 방식으로 규제되어 있다. 이상적인 간격 300을 기준으로 축과 구멍 중심의 위치도 공차역을 모두 [0.130/2=0.065]mm로 규제하였다.

이상의 결과를 요약하면 다음과 같다. 축과 구멍의 MMC 조건을 기준으로 간격을 계산한다. 이 간격을 동일한 값으로 나누어 축과 구멍 중심의 위치도 공차역으로 삼는다. 이렇게 규제된 위치도 공차역은 최악의 조립 조건인 MMC 상태를 기준으로 부여된 것이다. 따라서 MMC 이외의 조건, 예를 들면 축의 경우 지름이 [50−0.130]mm 보다 작은 경우 그리고 구멍의 경우 지름이 50mm 보다 큰 경우에 대해서도 조립이 항상 가능함을 보장한다.

- 축과 구멍 중심의 위치도를 최대실체공차방식으로 규제함으로써 공차역을 확장할 수 있다.

축과 구멍이 MMC 조건에서 조립이 가능하도록 중심에 대한 위치도를 규제하는 방법을 알아 보았다. 그런데 조금더 생각해 보면 MMC 조건보다 좋은 조건에서는 중심의 위치도 공차역을 더 넓게 가져갈 수 있음을 알 수 있다.

예를 들면 축의 외경이 가장 작고 구멍의 내경이 가장 큰 경우는 조립에 가장 유리 조건일 경우이다. 이를 LMC[Least Material Condition]라고 하는데 MMC와는 반대의 경우이다. 이 경우는 그림 A.20 [b]와 같이 축과 구멍의 간격은 0.180mm가 된다. 따라서 위치도 공차역을 0.090mm로 하여도 조립이 되는데 이값은 MMC 경우의 위치도 공차역인 0.065mm보다 큰 값이다. 즉 위치도 공차역을 더 넓게 부여할 수 있다.

표 A.11에 축과 구멍의 지름이 MMC에서 LMC 까지 다양한 조합으로 변화할 때, 각 경우 조립이 가능토록 하는 중심의 위치도 공차역을 표시하였다. '방법 1'의 위치도 공차역은 모든 경우에 대해서 MMC 기준 공차역으로 설정한 것으로 그림 A.19의 방법으로 위치도를 규제하는 경우에 해당한다. 한편 '방법 2'의 경우는 MMC에서 LMC사이의 다양한 조건에서 조립이 허용하는 위치도 공차역을 각각 구하여 규제한 경우이다.

표 A.11 '방법 2'와 같이 위치도 공차역을 부여할 수 있는데, 이를 '최대실체공차방식', MMR[Maximum Material Requirement]이라고 한다. 도면에는 그림 A.20 [a]와 같이 위치도 공차역 수치 뒤에 Ⓜ을 부여하는 방법으로 치수공차를 표기한다. 이

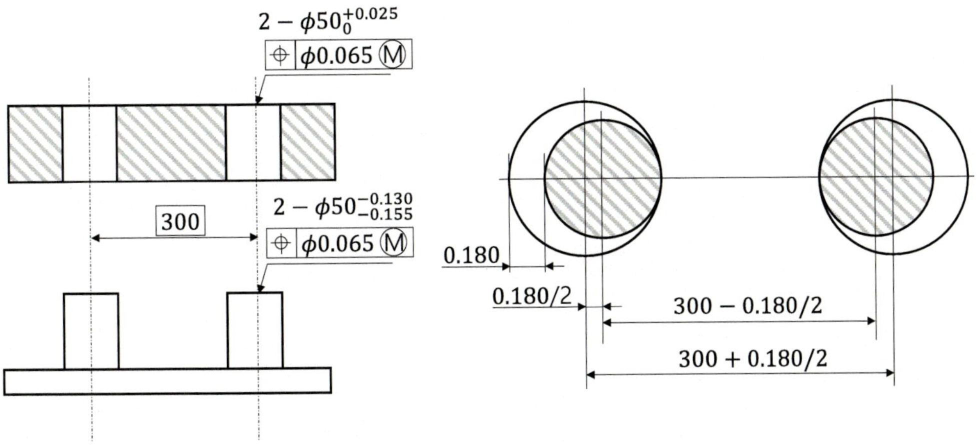

[a] 조립 도면　　　　　[b] 중심 거리 [LMC]

그림 A.20 최대실체공차방식으로 규제된 축과 구멍 중심의 위치도

표 A.11 축 및 구멍직경의 다양한 조합에 대한 중심으 위치도 공차역

상태	축 외경	구멍 내경	최소한 조립 상태에서 축과 구멍의 간격	위치도 공차역	
				방법 1	방법 2
MMC	50–0.130	50+0.000	0.130	0.065	0.065
	50–0.135	50+0.005	0.140	0.065	0.070
	50–0.140	50+0.010	0.150	0.065	0.075
	50–0.145	50+0.015	0.160	0.065	0.080
	50–0.150	50+0.020	0.170	0.065	0.085
LMC	50–0.155	50+0.025	0.180	0.065	0.090

경우 위치도 공차역 수치는 MMC의 수치를 기재 하지만 실제 허용하는 공차는 표 A.11 '방법 2'와 같다.

공차역의 크기는 가공 및 조립 비용과 직결된다. 공차역을 좁게 가져가면 정밀도 측면에서 유리해지나 제작 비용은 크게 상승할 것이다. 조립되는 부품의 축과 구멍 중심에 '최대실체공차방식'으로 위치도를 규제함으로써 공차역을 확장할 수 있게 되며 이는 가공 및 조립 비용 측면에서 유리하게 부품을 제작할 수 있음을 의미한다.

A 설계 – 기구부

A-5 표면거칠기

- 부품의 용도에 맞게 표면의 거친 정도를 다르게 할 필요가 있다.
- 표면거칠기의 정도는 가공 방법에 따라 결정된다.

기계시스템의 제작에 사용되는 다양한 부품은 그 역할에 따라 요구되는 표면의 거친 정도를 다르게 할 필요가 있다. 표면의 거친 정도를 '표면거칠기'라고 한다.

많은 기계 부품은 원소재로부터 필요한 형상을 제작하기 위해서 주물, 용접, 단조, 소잉 등의 기본적인 가공 방법을 이용하는데, 이 경우에 제작된 부품의 표면거칠기는 좋지 않다. 일반적으로 어떤 부품의 표면이 다른 부품의 표면과 직접 접촉할 필요가 없는 경우에는 이와 같은 가공으로 부품 제작이 완료된다.

그러나 부품이 다른 부품과 접촉해야 하는 경우 예를 들면 끼워맞춤결합을 하여 상대운동이 필요한 경우 등에는 표면거칠기를 좋게 유지하는 것이 매우 중요하다. 표면거칠기의 수준에 따라 부품의 마모, 마찰, 크랙, 부식 등에 많은 영향을 미치기 때문이다. 표면거칠기를 향상시키기 위해서는 기본적인 가공 외에 소위 '제거가공'이라고 하는 추가적인 가공이 필요하다. 연마, 랩핑 등은 대표적인 제거가공 방법이다.

한편 제품의 외관 상 표면거칠기가 중요한 경우도 많이 있다. 자동차의 외장 패널은 금형을 이용한 프레스 가공으로 제작된다. 또한 가전 제품 몸체는 성형 가공으로 제작된다. 이러한 부품들은 외관 유지를 위한 적절한 수준의 표면거칠기를 요구한다.

- 표면거칠기의 값은 촉침으로 측정해 낸 표면의 단면곡선으로부터 거칠기곡선을 구하여 계산한다.
- 표면거칠기의 값으로 산술평균거칠기[Ra]가 널리 사용된다.

선단이 미세한 촉침[stylus]을 이용하여 표면을 긁을 때 발생하는 촉침의 상하 움직임 정도를 기록함으로써 표면거칠기를 측정할 수 있다. 이렇게 얻어진 표면의 곡선을 '단면곡선'이라고 한다.

그런데 '단면곡선'에는 '거칠기곡선' 뿐만 아니라 표면의 형상과 관련 있는 긴 범위의 곡선이 포함되어 있는데 이를 '여파굴곡곡선'이라 한다. 단면곡선에서 여파굴곡곡선을 제거해 주어야 거칠기곡선을 얻을 수 있다. 여파굴곡곡선은 거칠기곡선에 비해서 저주파로 이루어져 있으므로 보상형고역필터를 이용하여 단면곡선에서 제거될 수 있다. 보상형고역필터 이득의 50%에 해당하는 주파수를 '컷오프값' λ_c 이라고 한다. 그림 A.21는 이러한 과정을 보여주고 있다.

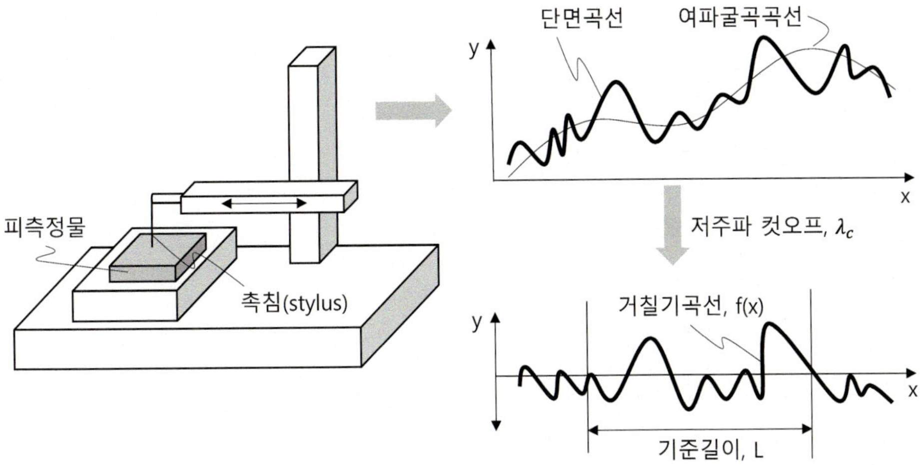

그림 A.21 표면거칠기 측정

거칠기곡선을 이용한 표면거칠기 값의 계산 방법은 '산술평균거칠기, R_a', '최대높이거칠기, R_y', '10점평균거칠기, R_z' 등이 있다. 본 교재에서는 가장 널리 사용되는 산술평균거칠기에 대해서 설명한다.

산술평균거칠기, R_a는 그림 A.21의 거칠기곡선에서 다음과 같은 공식을 통하여 계산된다. 여기서 L은 기준길이로서 계산에 사용되는 x방향의 거리이다. 산술평균거칠기는 거칠기곡선이 x축과 이루는 면적을 기준길이로 나눔으로써 구해진다.

$$R_a = \frac{1}{L}\int_0^L |f(x)| dx$$

R_a를 계산할 때 필요한 컷오프값 및 평가길이 값은 표준으로 정해져 있으며 표 A.12와 같다.

표 A.12 R_a를 구할 때의 컷오프값 및 평가길이의 표준값

Ra의 범위[μm]		컷오프값 λ_c [μm]	평가길이 L_n [mm]
초과	이하		
[0.006]	0.02	0.08	0.4
0.02	0.1	0.25	1.25
0.1	2.0	0.8	4
2.0	10.0	2.5	12.5
10.0	80.0	8	40

R_a의 값은 마이크로미터[μm] 단위를 사용한다. R_a의 값은 표준으로 정해져 있는 수열 중에서 골라 사용하도록 되어 있다. 측정된 값이 아래 수열 중의 어떤 값보다 작은지를 보고 그 값으로 R_a의 값을 정한다.

0.012, 0.025, 0.05, 0.1, 0.2, 0.4, 0.8, 1.6, 3.2, 6.3, 12.5, 25, 50, 100, 200, 400 μm

- 가공 방법에 따라 표면거칠기의 값이 대략적인 범위에서 결정된다.

절삭가공으로 얻을 수 있는 표면거칠기는 25~0.4 μmRa 범위이다. 가장 일반적인 가공인 밀링, 선반 등의 경우는 6.3 μmRa 수준이다. 절삭가공보다 좋은 표면거칠기를 원할 경우는 연마 가공이 필요하다. 연마 가공으로는 1.6~0.1 μmRa까지 도달할 수 있다. 래핑, 슈퍼피니싱은 0.025 μmRa까지 얻을 수 있는데, 이 경우 금속 표면은 경면 수준이 된다. 표 A.13는 가공 방법에 따라 얻을 수 있는 표면거칠기의 값을 나타낸 것이다.

표 A.13 가공 방법에 따른 표면거칠기 범위

Ra[μm]	50	25	12.5	6.3	3.2	1.6	.8	.4	.2	.1	.05	.025	.012
절삭													
소잉 SW		■	■	■	■	■							
평삭 P			■	■	■	■							
형삭 SH			■	■	■	■							
드릴링 D				■	■	■							
밀링 M				■	■	■	■						
보링 B				■	■	■	■	■					
선삭 L				■	■	■	■	■					
브로칭 BR					■	■	■						
리밍 DR					■	■	■						
연마													
연삭 G						■	■	■	■	■			
호닝 GH							■	■	■	■			
래핑 GL								■	■	■	■		
슈퍼피니싱 GSP									■	■	■	■	
주조													
사형 CS		■	■										
인베스먼트 CPL					■	■							
다이케스팅 CD						■	■						
소성가공													
열간압연 R		■	■										
단조 F			■	■	■								
압출 E					■	■	■						
냉간압연 R,					■	■	■						
인발 D					■	■	■						
특수가공													
전해가공 SPEC				■	■	■							
전자빔가공 SPEB				■	■	■	■						
레이저가공 SPLB				■	■	■	■						
방전가공 SPED					■	■							

A 설계 - 기구부

• 표면거칠기는 기호를 이용하여 도면에 지시한다.

그림 A.22는 도면에 표면거칠기를 지시하는 방법에 대해 설명한 것이다. [a]는 원소재 표면을 제거가공하여 표면거칠기를 6.3 μmRa 수준으로 맞추어야 함을 지시한 것이다. [b]는 제거가공에 대한 지시와 아울러 가공 방법까지 구체적으로 지시한 경우이다. 이 경우는 연마[G]를 지시를 하고 있다. [c]는 원소재 표면의 제거가공을 허용하지 않는 경우에 사용하는 지시 방법이다.

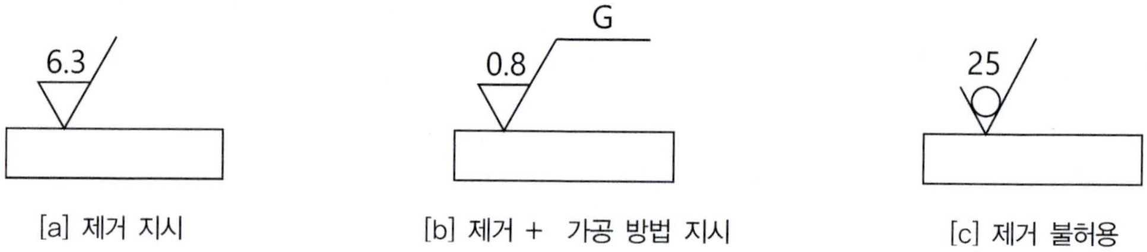

그림 A.22 표면거칠기 지시

부품의 전체면에 공통의 표면거칠기를 지시하는 경우는 특정 면에 지시하는 대신 그림 A.23에서와 같이 도면의 한 구석에 공통 표면거칠기를 지시한다. 만일 일부 면에 대해서는 표면거칠기를 다르게 지시하고자 한다면 해당 면에 표면거칠기를 기입 한 후 공통 표면거칠기 옆에 ( )를 사용하여 다르게 지시된 표면거칠기를 기입한다.

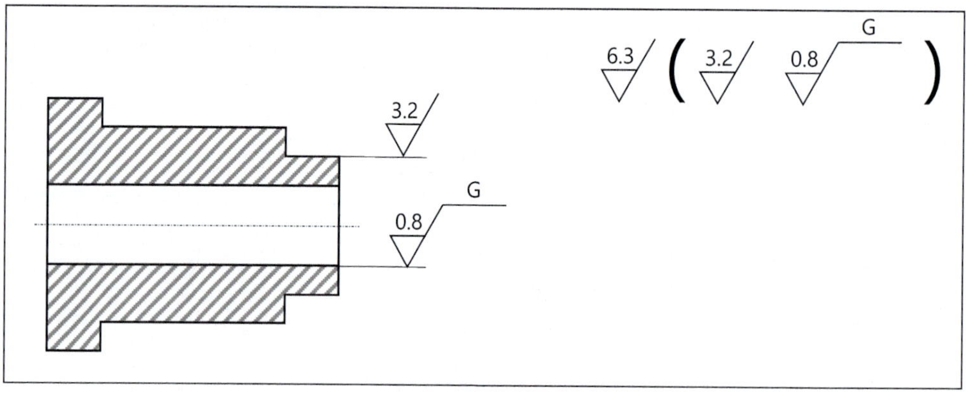

그림 A.23 공통 표면거칠기 지시

B 설계 - 구동부 [공압부]

B-1 공압 시스템

• 공압을 이용한 기계시스템의 구동은 구조 및 사용 방법이 간단하고 구축 비용이 경제적이어서 자동화 시스템에 널리 적용되고 있다.

기계시스템을 구동하기 위해서는 구동기 또는 액추에이터라고 하는 동력원이 반드시 필요하다. 대표적인 구동기로는 전기모터, 내연기관, 공압 및 유압액튜에이터 등이 있다. 이 중에서 공압[pneumatic] 즉 공기의 압력을 이용한 기계시스템의 구동은 다른 방식에 비하여 다음과 같은 장점이 있어 특히 자동화 장비에 널리 적용되고 있다.

- 구조 및 사용의 편리성 : 표준화된 부품을 간단하게 연결함으로써 필요로 하는 구동 기능을 쉽게 구현할 수 있으며 필요한 압축공기의 생성 및 분배도 용이하다.
- 경제성 : 전기모터에 비해서 상대적으로 저렴한 비용으로 필요한 동작을 구현할 수 있어 자동화 시스템 구축에 경제적이다.
- 내 환경성 및 안전성 : 공기를 매체로 사용하여 구동하는 방식이므로 환경 오염이 없고 사고 발생 시 폭발이나 화재의 위험도 거의 없다.

그러나 성능 측면에서 보면 정밀한 위치 및 속도 결정이 필요한 기계시스템의 구동 방식으로는 공압이 부적당하며 이 경우는 구동기로 전기모터를 이용하는 것이 더 적합하다. 또한 작업에 큰 힘의 발생이 필요한 경우에는 공압보다는 유압 방식이 더 적합하다. 즉 공압 시스템은 요구 성능 측면에서 보면 큰 힘이 필요하지 않고 위치 및 속도를 정밀하게 결정할 필요가 없는 자동화 시스템에 적합한 구동 방식이다.

• 공압 시스템은 컴프레서 → 서비스유닛 → 방향제어밸브 → 공압실린더의 4개의 주요 요소로 구성된다.

공압을 이용한 기계 구동 시스템은 그림 B.1와 같이 컴프레서 → 서비스유닛 → 방향제어밸브 → 공압실린더의 4개의 주요 요소로 구성된다. 각 요소의 역할은 다음과 같다.

- 컴프레서[compressor] : 공압 시스템을 구현하기 위해서는 먼저 압축공기를 생성해야 한다. 압축공기를 생성하기 위해서는 컴프레서라고 하는 장치를 이용한다. 컴프레서는 피스톤이나 스크류의 기계적 동작을 이용해서 공기의 체적 변화로부터 높은 압력의 공기를 생성해 낸다. 생성된 압축공기는 탱크에 충분한 양을 저장해 두었다가 필요 시 배관을 이용하여 기계시스템으로 공급하여 사용한다.

- 서비스유닛[service unit] : 서비스유닛은 필터[filter], 레귤레이터[regulator], 루브리케이터[lubricator]의 3가지 요소로 이루어진 공압부품이다. 탱크에 저장된 압축공기를 기계시스템에 공급하기 직전에 압축공기에 포함된 수분 및 이물을 필터를 이용하여 제거한다. 레귤레이터는 탱크에 저장된 압축공기의 압력 맥동을 평탄화하는 역할을 한다. 루브리케이터는 압축공기에 윤활제를 공급하여 방향제어밸브나 공압실린더의 구동 시 동작 마찰을 감소시켜주는 역할을 한다.

- 방향제어밸브[directional control valve] : 방향제어밸브는 압축공기의 이동 방향을 몇가지 상태로 전환할 수 있도록 해주는 공압부품이다. 압축공기 입출력 포트 및 밸브 전환 상태의 개수에 따라 3포트/2위치 밸브, 5포트/2위치 밸브 등 다양한 종류가 있다. 공압 논리 회로를 구성하거나 공압실린더를 제어하는 데 사용된다.

- 공압실린더[pneumatic cylinder] : 압축공기를 이용하여 직선 방향의 왕복 운동을 만들어 내는 공압부품이다. 피스톤으로 구획된 실린더 내부 공간에 압축공기를 주입하거나 또는 압축공기를 대기압으로 배출시킴으로서 운동을 만들어 낸다.

그림 B.1은 공압 시스템의 구성도이다. 컴프레서 및 탱크는 보통 컴프레서실이라고 불리는 작업장의 별도 공간에 설치된다. 배관으로 분기되어 공급되는 압축공기는 서비스유닛을 통한 후 각각의 기계시스템으로 공급된다. 각 기계시스템 내에는 공압회로를 구성하기 위한 다수의 방향제어밸브 및 공압실린더가 존재한다.

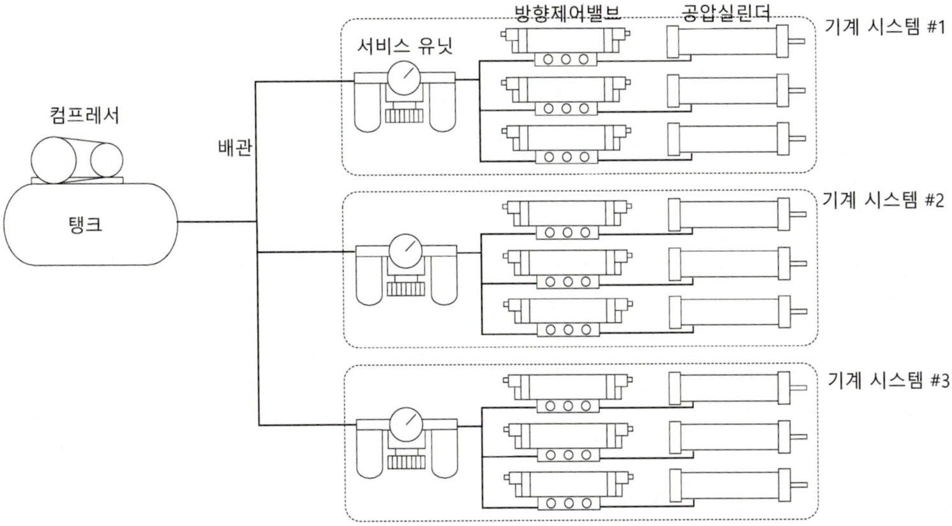

그림 B.1 공압 시스템의 구성

- 압력의 단위로는 Pa, kgf/cm^2 등을 사용한다.
- 대기압의 크기는 1kgf/cm^2 정도이다.

압력은 단위면적에 작용하는 힘의 크기로 정의된다. 압력의 표준단위는 파스칼[Pa]이며 이는 다음과 같이 정의된다.

$$1\text{Pa} \equiv 1\text{N/m}^2$$

파스칼은 대기압에 비하여 매우 작은 단위이므로 bar를 다음과 같이 정의하여 사용하고 있다.

$$10^5\text{Pa} \equiv 1\text{bar}$$

한편 공학 분야에서는 압력의 단위로 kgf/cm^2 가 널리 사용된다. 1kgf/cm^{2}는 평방센티미터 면적 위에 1kg의 물체가 놓여 있을 때 중력에 의해 가해지는 압력의 크기로 정의되며 표준단위로는 다음과 같이 환산된다.

$$1\text{kgf/cm}^2 \equiv (1\text{kg} \times 9.8\text{m/s}^2)/(1 \times 10^{-2}\text{m})^2 = 98000\text{Pa} \approx 10^5\text{Pa} = 1\text{bar}$$

한편, 대기의 무게의 의해 지표면에 가해지는 압력 즉 대기압은 atm으로 정의해서

B 설계 – 구동부(공압부)

사용하고 있다. 대기압의 실제 크기는 실험을 통하여 다음과 같다는 것이 밝혀져 있다.

$$1\text{atm} = 101325\text{Pa} \approx 10^5\text{Pa} = 1\text{bar} \approx 1\text{kgf/cm}^2$$

즉 대기압의 크기는 1평방센티미터 위에 1kg의 물체가 놓여 있을 때 물체에 작용하는 중력 즉 무게에 의해 표면에 가해지는 압력의 크기와 동일하다.

성인 남성의 어깨 폭이 40cm 두께 20cm 정도임을 고려하면, 대기가 그 무게로 인하여 어깨를 누르는 힘의 크기는 800kg의 물체가 어깨 위에 놓여 있을 때와 같은데 이는 고릴라 5마리의 무게에 해당한다. 그러나 우리의 신체는 이와 같은 대기압의 영향을 전혀 느끼지 못하고 있다. 이는 신체 내부의 골격 및 근육 구조가 대기압에 의한 압력을 지탱해 주고 있기 때문이다.

- 압력의 표시는 절대압력 또는 게이지압력으로 할 수 있다.
- 공압 시스템에서 표시되는 압력은 게이지압력이다.

공기 분자가 존재하지 않거나 거의 없는 경우를 진공 상태라고 한다. 압력은 분자 운동을 하는 공기 분자가 물체 표면에 충돌할 때 가해지는 힘에 의해 발생하는 것이다. 따라서 진공 상태의 압력은 '0' 이다. 진공 상태의 압력을 기준으로 측정된 압력의 크기를 절대압력이라고 한다. 대기압의 크기를 1bar라고 표시할 때 이는 절대압력으로 표현한 것이다. 그림 B.2에서 중앙 화살표는 A지점을 절대압력으로 표시한 것이다.

한편 우리가 생활하는 환경이나 공압 시스템이 사용되는 환경은 항상 대기압 상태에 놓여 있다. 따라서 대기압을 기준으로 해서 압력의 크기를 표현하는 것이 유용할 것이

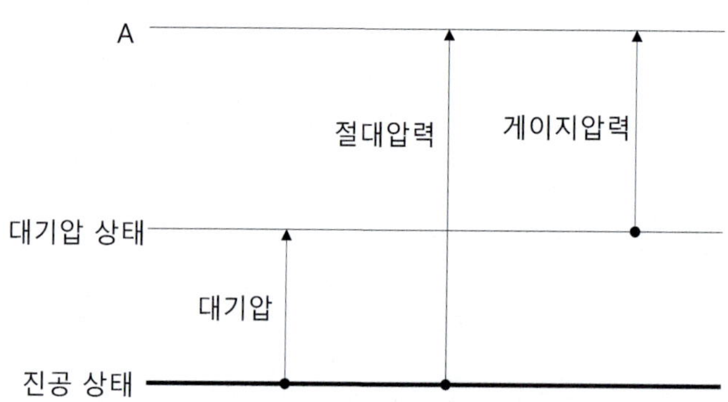

그림 B.2 절대압력과 게이지압력

다. 이와 같이 표시되는 압력을 게이지압력이라고 한다. 게이지압력은 절대압력에서 대기압의 값을 뺀 값으로 정의된다. 그림 B.2에서 오른쪽의 화살표는 A점의 압력을 게이지압력으로 표시한 것이다. 공압 시스템에 사용되는 부품에 표시되는 압력은 모두 게이지압력임을 유의해야 할 것이다.

자동화 시스템의 구동에 이용되는 공압의 압력은 게이지압력으로 5~7bar 정도가 일반적이다.

B-2 서비스 유닛

• 서비스유닛은 필터, 레귤레이터 및 루브리케이터로 구성되어 수분 및 이물의 제거, 압력 감압 및 윤활의 역할을 하는 공압부품이다.

서비스유닛은 그림 B.3와 같이 필터, 레귤레이터 및 루브리케이터의 일체형으로 사용된다. 각 부품의 기능 및 공압 기호를 설명하도록 한다.

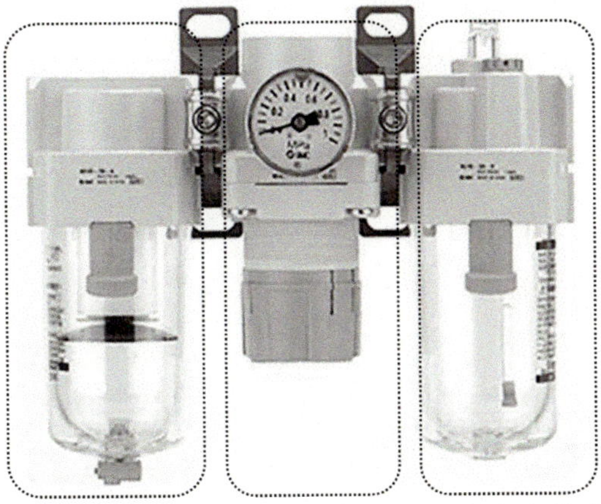

그림 B.3 서비스유닛 [출처 : 한국SMC 제품 카탈로그]

필터

컴프레서에서 기계시스템으로 공급되는 공기에는 수분이나 이물질이 포함되어 있는데 필터를 이용하여 이를 제거한다. 그림 B.4는 필터의 공압 기호이다. 부품 내에 움직이는 요소가 없는 경우는 공압 기호로 마름모를 사용한다. 기호 내에 표시된 수직점

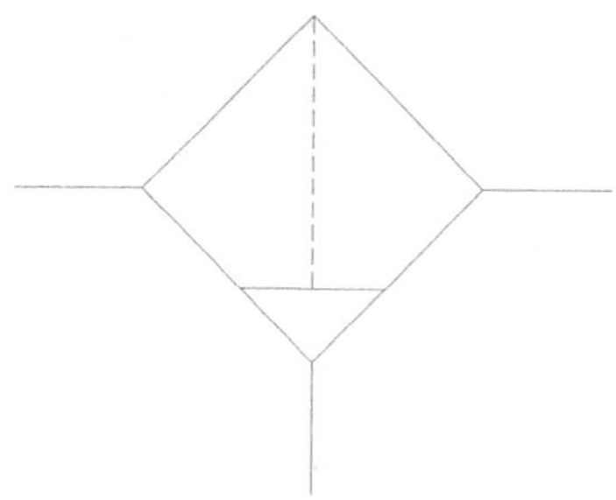

그림 B.4 공압 기호 : 필터

선 기호는 필터임을 의미하며 역삼각형은 걸러진 이물 및 수분을 배출하는 수동 배수기[드레인밸브]를 의미한다. 마름모 양쪽의 수평선은 압축공기가 이동하는 배관 또는 호스이다.

레귤레이터

레귤레이터는 컴프레서에서 공급되는 압축공기의 압력을 감압하여 각 기계시스템에 맞도록 조절하기 위해 사용되는 부품이다. 또한 입구측 압력 맥동을 평탄화하는 기능도 수행한다. 그림 B.5는 레귤레이터의 공압 기호이다. 부품 내에 움직이는 요소가 있는 경우 정사각형의 기호를 사용한다. 사각형 아래쪽의 스프링 및 화살표는 압력조절용핸들을 의미한다. 사각형 상단의 점선은 출구측 압력이 입구측 압력보다 높아지는 이상 상태가 발생하는 경우 출구측 압력을 대기압으로 배출하는 릴리프 기능을 의미한다. 사각형 왼쪽의 작은 삼각형 기호는 소음기이다. 사각형 오른쪽의 원형 눈금판은 압력 게이지로서 출구측 압력값을 표시한다.

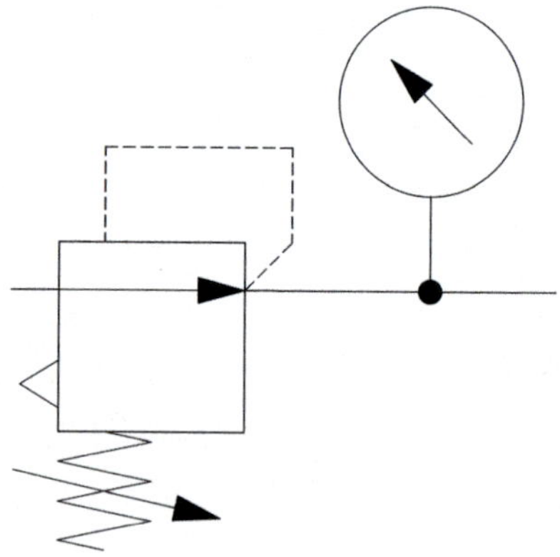

그림 B.5 공압 기호 : 레귤레이터

루브리케이터

공압 시스템에서 그 내부에 반복 동작하는 요소를 가지고 있는 방향제어벨브의 스풀이나 공압실린더의 피스톤에는 윤활유를 공급해 줄 필요가 있다. 루브리케이터는 관로 중에 설치하여 윤활유를 공급해주는 역할을 한다. 그림 B.6는 루브리케이터의 공압 기호이다. 최근에는 무급유 타입의 공압부품이 많이 개발되어 적용되고 있는데 이 경우 루브리케이터는 사용할 필요가 없다.

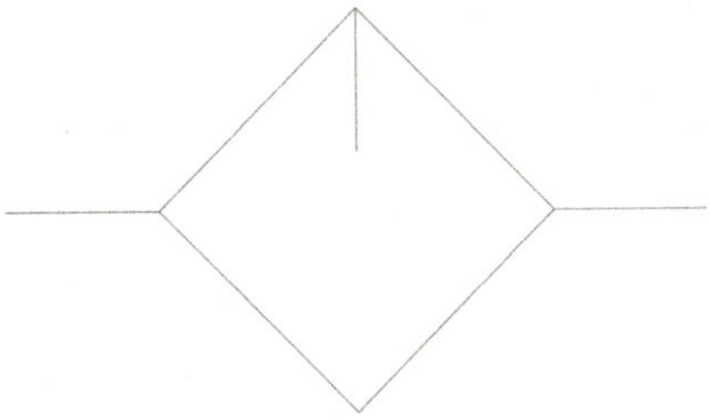

그림 B.6 공압 기호 : 루브리케이터

B-3 공압실린더

• 공압실린더는 전진 및 후진의 왕복 직선 운동을 구현하기 위해 사용되는 구동기이다.

공압실린더는 압축공기를 이용해서 전진 후진의 왕복 직선 운동을 구현하는 구동기이다. 그림 B.7은 공압실린더의 사진이다. 실린더의 양쪽 끝에 있는 포트를 통하여 압축공기를 공급하거나 또는 배출함으로써 로드의 전후진 동작을 만들어 낸다.

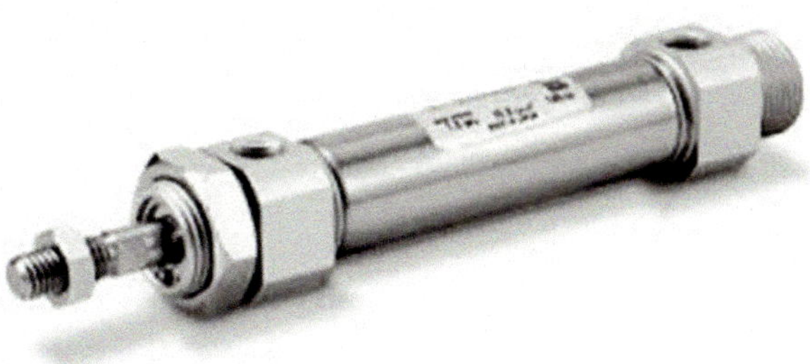

그림 B.7 공압실린더 [출처 : 한국SMC 제품 카탈로그]

공압실린더는 단동실린더와 복동실린더로 구분된다. 단동실린더는 전진 또는 후진의 일방향 구동만 가능하며 복동실린더는 전진 및 후진의 양방향 모두를 구동할 수 있다.

단동실린더

그림 B.8은 단동실린더의 공압기호이다. 실린더의 내부는 피스톤에 의해서 좌우 2개의 공간으로 구획된다. 왼쪽 아래 수직선으로 표현된 포트는 배관 또는 호스와 연결되어 실린더 왼쪽 공간에 압축공기를 공급한다. 실린더 오른쪽 공간은 항상 대기와 연결되어 있다.

이제 압축공기를 실린더 왼쪽 공간으로 공급하면 피스톤에 연결된 로드는 두 공간의 압력 차이에 의해서 오른쪽으로 전진한다. 로드를 원래 위치로 복귀시키기 위해서는 실린더의 포트를 다시 대기와 연결하면 되는데 이때 실린더 오른쪽 왼쪽 공간은 같은 대기압 상태이므로 스프링의 작용에 의해서 로드는 왼쪽으로 움직인다. 단동실린더는 전진 또는 후진 구동만 필요한 경우 사용된다.

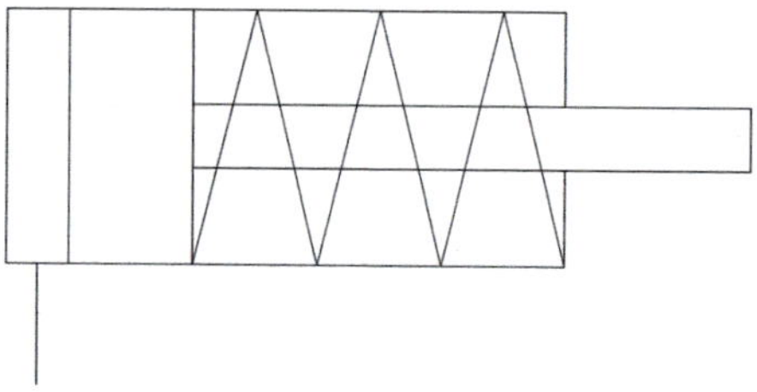

그림 B.8 공압 기호 : 단동실린더

단동실린더의 제어는 후술하는 3포트/2위치 방향제어밸브에 의해서 이루어진다.

복동실린더

그림 B.9의 복동실린더는 2개의 포트를 가지고 있다. 왼쪽 포트로 압축공기를 실린더로 공급하고 오른쪽 포트를 대기와 연결하여 배압[실린더 내부에 남아 있는 압축공기]를 배출시킬 경우 로드는 오른쪽으로 이동한다. 반대로 오른쪽 포트로 실린더에 압

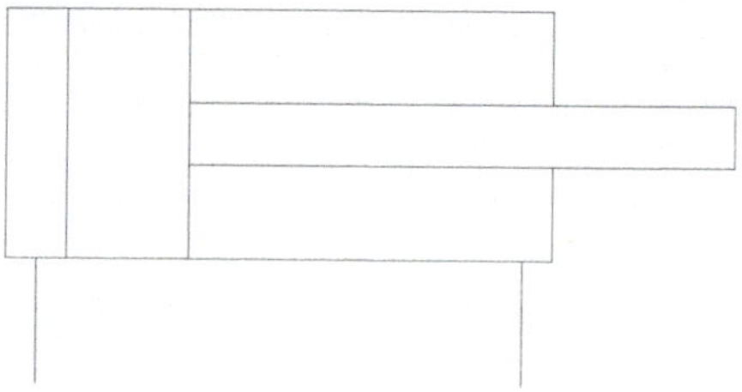

그림 B.9 공압 기호 : 복동실린더

축공기를 공급하고 왼쪽 포트를 대기와 연결하여 배압을 배출시킬 경우 로드는 왼쪽으로 이동한다. 복동실린더는 전진 및 후진을 모두 사용할 필요가 있는 경우에 사용된다.

복동실린더의 제어는 후술하는 5포트/2위치 방향제어밸브에 의해서 이루어진다.

B-4 방향제어밸브

- 방향제어밸브는 압축공기의 이동 방향을 몇가지 상태로 전환할 수 있도록 해주는 공압부품이다.
- 방향제어밸브를 이용해서 공압실린더의 전진 후진을 제어한다.

압축공기 입출력 포트[또는 유로] 및 전환 상태[또는 위치]의 개수에 따라 3포트/2위치 밸브, 5포트/2위치 밸브 등 다양한 종류가 있다. 방향제어밸브는 다양한 용도로 사용이 되나 여기서는 공압실린더의 제어용으로 사용되는 경우에 관해서 설명한다.

그림 B.10은 단동실린더의 구동에 사용되는 3포트/2위치 방향제어밸브이다. 작업자의 수동 조작에 의해 사용되므로 보통 누름버튼밸브라고 한다.

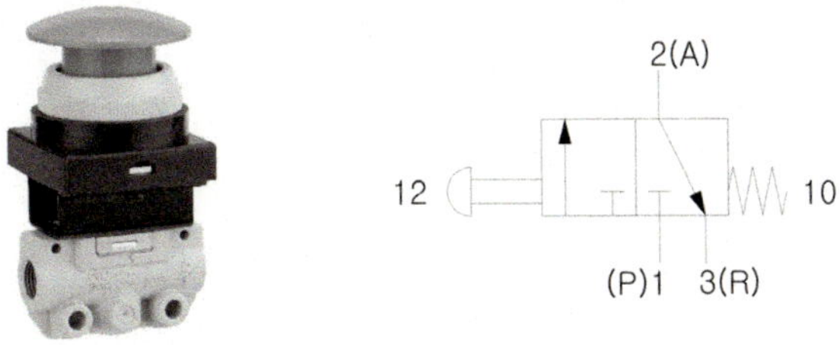

그림 B.10 누름버튼밸브 – 3포트/2위치 방향제어밸브
[출처 : 한국SMC 제품 카탈로그]

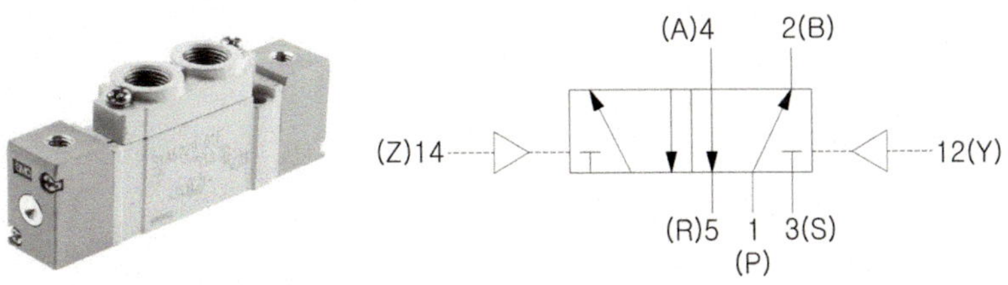

그림 B.11 오퍼레이트밸브 - 5포트/2위치 방향제어밸브
[출처 : 한국SMC 제품 카탈로그]

그림 B.11은 복동실린더의 구동에 사용되는 5포트/2위치 방향제어밸브의 사진 및 기호이다. 공압에 의해 위치가 제어되는 경우는 보통 오퍼레이트밸브라고 부른다.

방향제어밸브의 각 포트는 표 B.1과 같이 영어 대문자 또는 번호로 구분된다. 영어 대문자는 ISO-1219 규정에 의한 것이며며 숫자는 ISO-5599 규정에 의한 것이다. 포트는 역할에 따라 파워포트, 배기포트, 작업포트, 제어포트로 구분된다. 파워포트는 압축공기가 유입되는 포트이다. 배기포트는 외부 대기와 연결되는 포트이다. 작업포트는 복동실린더와 같은 작업용 공압부품과 연결된다. 제어포트는 밸브의 위치를 전환하기 위해 사용된다.

표 B.1 방향제어밸브의 포트 표시

포트의 역할	ISO-1219	ISO-5599
파워포트	P	1
배기포트	A, B	2, 4
작업포트	R, S, T	3, 5, 7
제어포트	X, Y, Z	10, 12, 14

방향제어밸브에서 포트 간의 연결 상태는 몇가지로 전환될 수 있는데 이를 방향제어밸브의 위치라고 한다. 그림 B.10 및 B.11의 기호에서 두 개의 사각형은 서로 다른 위치를 표시하고 있다. 방향제어밸브의 기호는 초기위치로 표시하도록 되어 있다. 초기위치는 방향제어밸브를 시스템 내에 설치하여 작업을 시작하려고 할 때 밸브가 갖는 위치로서, 압축공기나 전기가 공급되지 않는 상태 또는 수동조작이 이루어지지 않는 상태에서의 방향제어밸브의 위치이다.

그림 B.12는 3포트/2위치 방향제어밸브로 단동실린더의 동작을 제어하는 공압회로도이다. 초기위치에서는 파워포트[1]로 공급되는 압축공기는 차단되어 있어 작업포트[2]와 연결되지 못하고 있다. 작업포트[2]는 배기포트[3]와 연결되어 있다. 이 상태에서 단동실린더는 후진 위치에 있게 된다. 이제 작업자가 누름버튼[12]을 손으로 조작하게 되면 방향제어밸브의 상태는 오른쪽 사각형에서 왼쪽 사각형 즉 작동위치로 전환된다. 이때 파워포트[1]은 작업포트[2]와 연결되어 압축공기를 실린더로 흘려보내게 된다. 따라서 단동실린더는 오른쪽으로 전진한다. 초기위치로의 복귀는 누름버튼 조작을 해제하는 순간 복귀스프링[10]에 의해 자동으로 이루어진다.

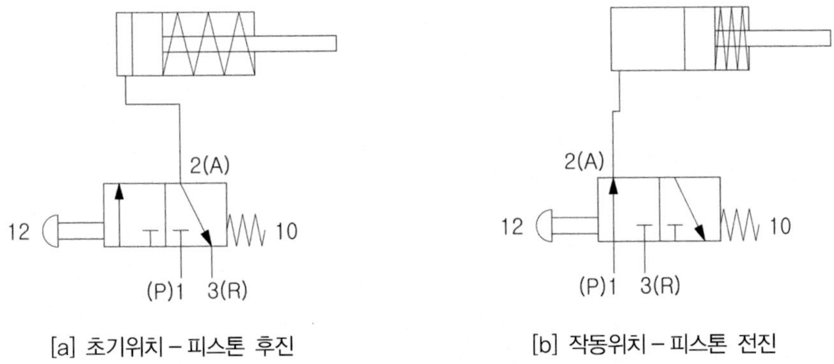

그림 B.12 단동실린더 제어

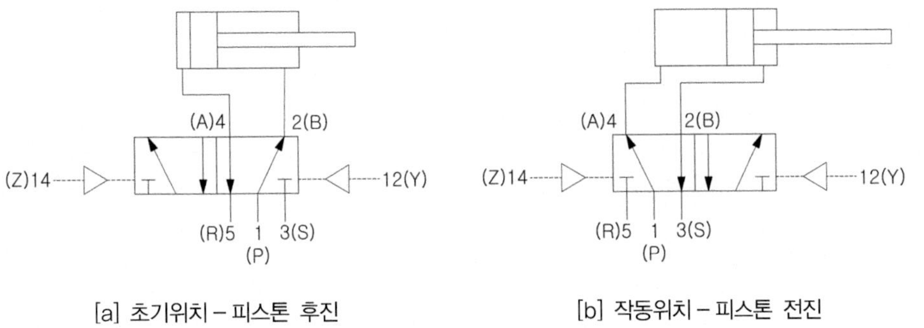

그림 B.13 복동실린더 제어

그림 B.13은 5포트/2위치 방향제어밸브로 복동실린더의 전후진을 제어하는 공압회로도이다. 복동실린더의 제어는 피스톤에 의해 구획된 양쪽 공간 중 한쪽 공간에 압축공기를 공급함과 동시에 다른 한쪽 공간의 배압을 대기로 배출함으로써 이루어진다. 초기위치에서 파워포트[1]로 공급되는 압축공기는 작업포트[2]로 흘러가게 된다. 작업포트[4]는 배기포트[5]와 연결되어 있다. 이 상태에서 복동실린더는 후진 위치에 있게 된다. 이제 제어포트[14]로 압축공기가 유입됨으로써 방향제어밸브의 위치는 오른쪽 사각형에서 왼쪽 사각형 즉 작동위치로 전환된다. 이때 압축포트[1]은 작업포트[4]로 연결되며 작업포트[2]는 배기포트[3]와 연결된다. 따라서 복동실린더는 전진하게 된다. 초기위치로의 복귀는 제어포트[12]에 압축공기를 공급함으로써 이루어진다.

5포트/2위치 방향제어밸브의 작동위치는 제어포트[12]로의 압축공기 유입에 의해 전환된다. 그런데 다음 순간 제어포트로[12]의 압축공기 유입이 차단되더라고 일단 전환된 위치는 계속 유지하도록 되어 있다. 방향제어밸브를 초기위치로 복귀시키려면 반드시 반대쪽 제어포트[14]로 압축공기를 공급해 주어야 한다. [이는 3포트/2위치 방향제어밸브와는 다른 성질이다. 3포트/2위치 방향제어밸브에서 누름버튼 조작[12]이 해제 되면 스프링[10]에 의해서 초기위치로 자동 복귀한다]

B-5 유량조절밸브

• 유량조절밸브를 이용하여 공압실린더의 동작 속도를 조절할 수 있다.

유량조절밸브는 공압실린더의 포트에 연결되어 공압실린더의 전진 및 후진 동작 속도를 조절하는 데 이용된다. 그림 B.14는 유량조절밸브의 사진 및 기호이다.

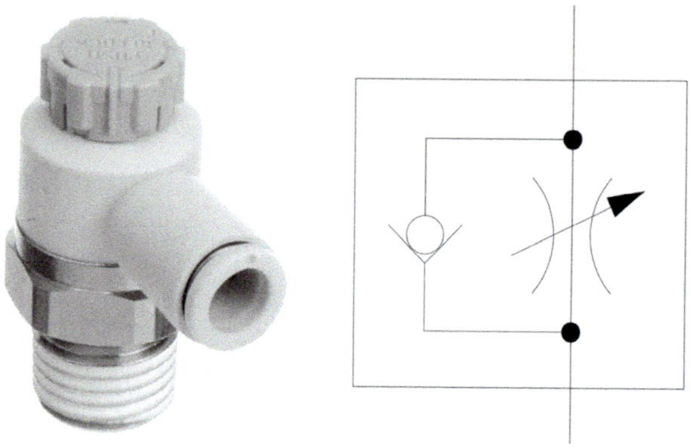

그림 B.14 **유량조절밸브** [출처 : 한국SMC 제품 카탈로그]

유량조절밸브는 종종 체크밸브와 교축밸브의 조합으로 구성된다. 그림 B.14 기호에서 사각형 내의 왼쪽 기호가 체크밸브이며 오른쪽 기호가 교축밸브이다. 체크밸브와 교축밸브를 통해 유량조절밸브의 내부에서 병렬로 공기가 흐를 수 있게 되어 있다. 체크밸브는 한쪽 방향으로만 공기의 흐름을 허용하며 반대 방향으로는 공기의 흐름을 완전히 차단시킨다. 그림의 체크밸브에서 아래에서 위쪽으로는 공기가 흐를 수 있으나 위에서 아래로는 공기가 흐를 수 없다. 한편 교축밸브는 공기가 흐르는 관로의 면적을 조절하여 공기 유량을 조절할 수 있게 한다. 그림 B.14의 사진에서 위쪽에 있는 나사를 회전시켜 교축밸브의 관로 면적을 조절하게 되어 있다.

유량조절밸브는 그림 B.15와 같이 공압실린더의 포트와 연결해서 사용한다. 압축공기가 공급되는 경우 체크밸브를 통해서 아무런 저항 없이 공압실린더로 공기의 흐름이 전달된다. 그러나 반대로 공압실린더 내에 존재하는 배압을 외부 대기로 배출시키고자 하는 경우에는 체크밸브 쪽으로는 공기의 흐름이 차단되며 교축밸브를 통해서만 배압이 대기로 흘러 나갈 수 있다. 따라서 교축밸브를 조절함으로써 공압실린더 내부의 공기가 외부 대기로 배출되는 양을 조절할 수 있게 된다.

따라서 그림 B.15에서 왼쪽 유량조절밸브의 나사를 조절함으로써 실린더의 후진 속도를 조절할 수 있게 된다. 반대로 오른쪽 유량조절밸브의 나사를 조절함으로써 실린더의 전진 속도를 조절할 수 있게 된다. 이와 같이 배압의 흐름을 조절함으로써 공압 실린더의 동작 속도를 조절하는 유량조절밸브를 미터-아웃 방식이라고 한다. [반대로 작동압의 흐름을 조절해서 실린더의 동작 속도를 조절할 수도 있는데 이 경우는 미터-인 방식의 유량조절밸브가 사용됨]

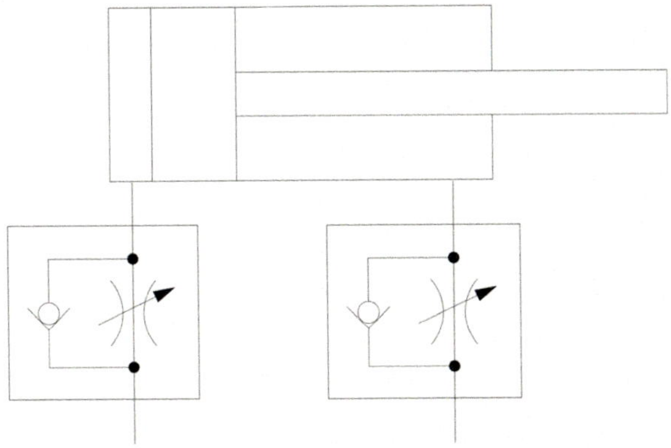

그림 B.15 미터-아웃 유량조절밸브를 이용한 공압실린더의 동작 속도 조절

B-6 셔틀밸브

• 셔틀밸브는 OR밸브로 사용되어 공압 논리회로를 구성하는데 이용된다.

그림 B.16은 셔틀밸브의 사진 및 기호이다.

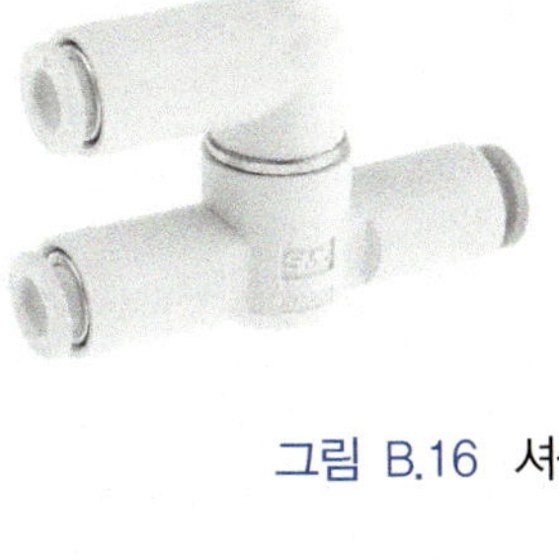

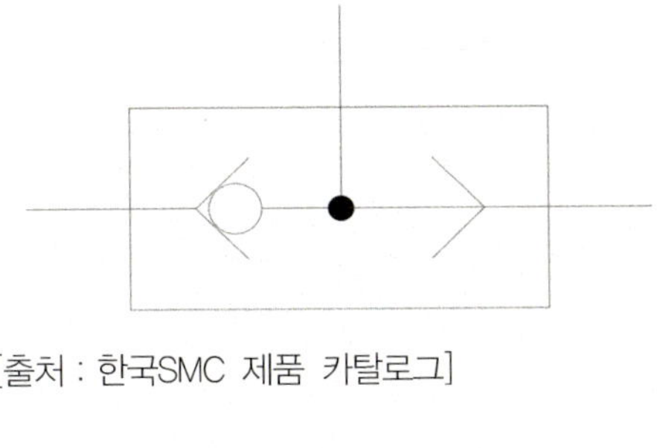

그림 B.16 셔틀밸브 [출처 : 한국SMC 제품 카탈로그]

셔틀밸브는 2개의 입력 포트와 1개의 출력 포트로 이루어져 있다. 그림 B.16 기호에서 좌측과 우측의 포트는 압축공기의 유입구이며 상측의 포트는 배출구이다. 셔틀밸브는 양체크밸브라고도 하는데 좌측 포트로부터 공기가 유입되는 경우 우측 포트는 체크밸브의 작용에 의해서 공기 유입이 차단된다. 따라서 공기는 좌측 포트로부터 상측 포트로 흐르게 된다. 반대로 우측 포트로부터 공기가 유입되는 경우 좌측 포트가 차단되며 따라서 공기는 우측 포트로부터 상측 포트로 흐르게 된다.

좌측 포트 및 우측 포트를 입력으로 상측 포트를 출력으로 생각해 본다면 셔틀밸브의 동작은 OR 논리 회로와 동일하게 된다. 따라서 셔틀밸브는 OR밸브라고도 불리며 공압 논리회로를 구성하는데 널리 이용된다.

B-7 잔압배기밸브

- 잔압배기밸브는 공압 시스템을 사용하지 않을 때 시스템 내부의 잔류 압력에 의한 오작동 사고를 방지하기 위해 잔압을 외부 대기로 배기하기 위한 용도로 사용된다.

잔압배기밸브는 그림 B.17과 같이 3포트/2위치 방향제어밸브의 한 종류이다.

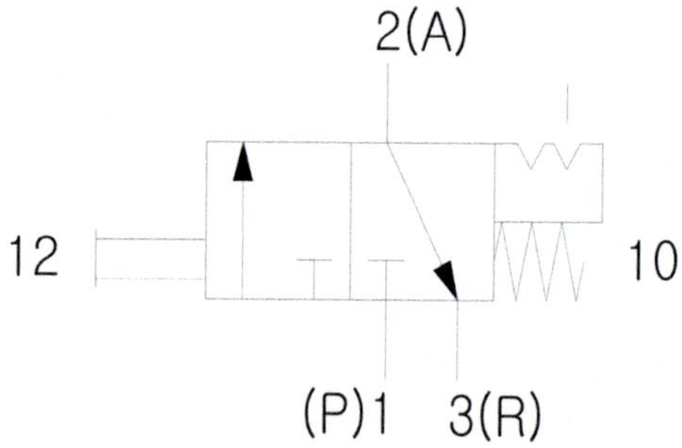

그림 B.17 잔압배기밸브 [출처 : 한국SMC 제품 카탈로그]

그림 B.17의 기호에서 잔압배기밸브는 초기위치에 있으며 배기[EXH]로 상태가 표시된다. 이 위치에서 시스템 내부의 잔압은 작업포트[2]에서 배기포트[3]을 통해 외부 대기로 배기된다. 초기위치로의 전환은 스프링에 의해 이루어지며 잠금장치에 의해 위치가 고정[10] 되도록 되어 있다. 공압 시스템을 사용하지 않을 때는 잔압배기밸브를 반드시 배기 상태로 전환해 두어야 한다.

수동회전핸들[12]을 돌려 잔압배기밸브의 위치를 전환할 수 있다. 그림 B.17는 밸브의 상태가 공급[SUP]으로 전환되 있는 사진이다. 이 위치에서 파워포트[1] 및 작업포트[2]를 통해 압축공기가 시스템 내부로 공급된다.

B-8 롤러레버밸브

- 롤러레버밸브는 기계적 조작에 의해 상태가 전환되는 방향제어밸브의 한 종류이다.

롤러레버밸브는 공압 시스템에서 기계의 움직이는 부위의 위치 검출에 널리 사용된다. 그림 B.18의 롤러레버밸브는 3포트/2위치 방향제어밸브이다.

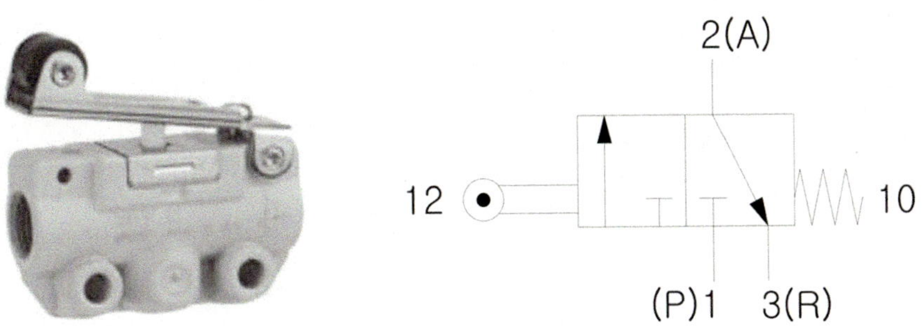

그림 B.18 **롤러레버밸브** [출처 : 한국SMC 제품 카탈로그]

롤러레버밸브가 초기위치에 있는 경우에는 파워포트[1]와 작업포트[2]의 연결이 끊어져 있는 상태이다. 이 상태에서 기계적 조작 즉 기계의 움직이는 부위에 의한 롤러레버[12]의 눌림이 발생하면 밸브는 작동위치로 전환된다. 작동위치에서는 파워포트[1]로부터 작업포트[2] 쪽으로 압축공기가 흐를 수 있는 상태가 된다. 기계적 조작이 해제 되면 스프링[10]에 의해 롤러레버밸브는 초기위치로 복귀한다.

B-9 타임딜레이밸브

• 타임딜레이밸브는 제어압 인가 후 일정 시 간 후에 위치 전환이 이루어지는 방향제어밸브의 한 종류이다.

타임딜레이밸브는 그림 B.19와 같이 유량조절밸브, 탱크, 3포트/2위치 방향제어밸브로 구성되어 있는 공압부품이다.

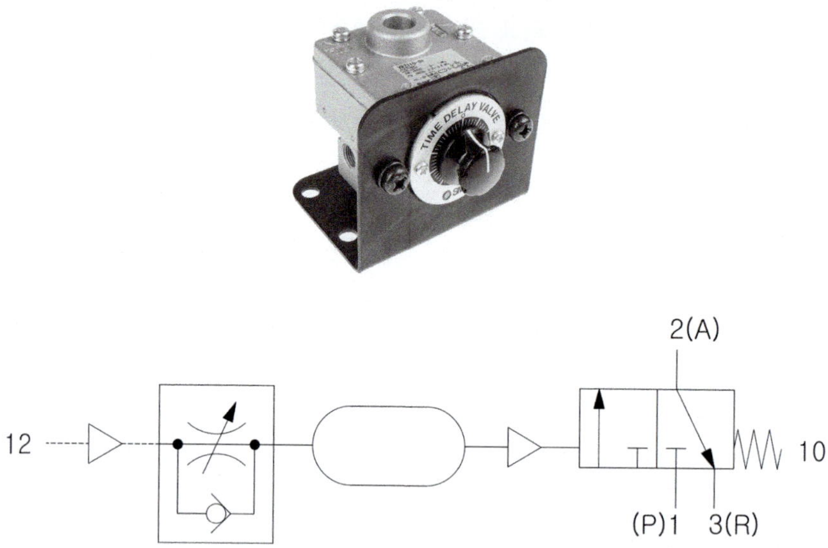

그림 B.19 타임딜레이밸브 [출처 : 한국SMC 제품 카탈로그]

방향제어밸브위 위치를 작동위치로 전환하기 위해서 제어포트[12]로 제어압이 인가되어야 한다. 그러나 제어포트[12]와 방향제어밸브 사이에 탱크가 연결되어 있으므로 탱크에 압력이 채워질 때까지 일정한 시간이 걸리게 된다. 이 특성을 이용하여 제어압 인가 시점과 방향제어밸브의 위치 전한 시점 간에는 시간 지연이 발생하게 된다.

탱크에 압력이 채워질 때까지 걸리는 시간은 유량제어벨브를 이용하여 조절할 수 이도록 되어 있다. 그림 B.19 사진에서 핸들을 조작하여 유량조절밸브의 교축밸브 유로를 조절 할 수 있다. 시간 지연은 0~60초 범위에서 조절이 가능하다.

B-10 파일럿체크밸브

• 수직으로 설치된 공압실린더의 낙하 사고를 방지하기 위해서 파일럿체크밸브가 사용된다.

파일럿체크밸브는 그림 B.20 기호와 같이 체크밸브와 유량조절밸브의 조합으로 구성된다.

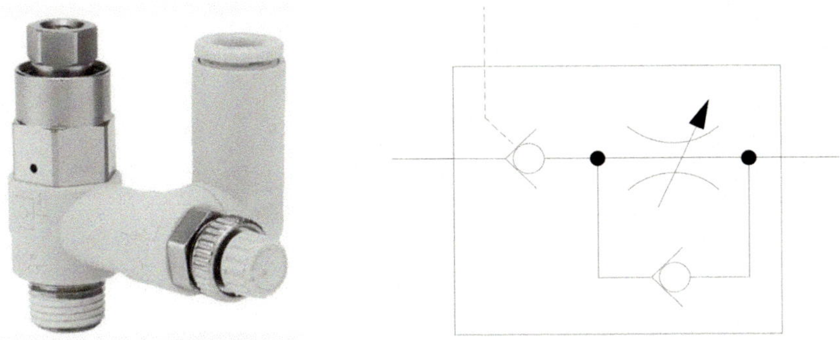

그림 B.20 파일럿체크밸브 [출처 : 한국SMC 제품 카탈로그]

그림 B.21과 같이 공압실린더가 수직으로 설치되고 로드에 중량물이 부착되는 경우를 고려해 보자. 공압 시스템을 사용하지 않는 경우 즉 시스템에 공압이 공급되지 않는 경우에는 중량물은 자중에 의해 아래 방향으로 낙하하게 되는데 이는 심각한 사고로 연결될 수 있다. 이와 같은 위험을 방지하기 위해서 파일럿체크밸브가 사용되고 있다. 그림 B.21에서 중량물이 낙하하는 경우 공압실린더의 하부포트로 배압이 배출되는데, 파일럿체크밸브를 설치하면 파일럿체크밸브의 체크밸브가 배압의 배출을 차단하여 중량물의 낙하를 저지할 수 있게 된다.

파일럿체크밸의의 체크밸브 기능은 시스템에 공압이 공급되지 않는 경우를 위한 것이다. 따라서 정상적으로 시스템에 공압이 공급되어 공압실린더를 상승 하강 제어해야 하는 경우에는 파일럿체크밸브의 체크밸브 기능은 해제가 되어야 한다. 이를 위해 그림 B.21에서 점선으로 표시된 파일럿 유로가 별도로 존재하며 이를 통해 공압이 공급되면 파일럿체크밸브의 체크밸브 기능은 해제가 된다.

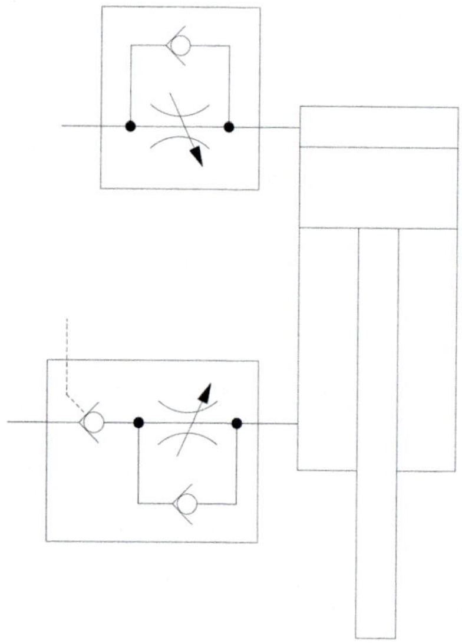

그림 B.21 파일럿체크밸브를 이용한 공압실린더 낙하 방지

B-11 비상정지밸브

• 비상정비밸브는 공압 시스템이 이상 동작할 경우 시스템을 비상정지 [emergency stop] 시키기 위해서 사용되는 공압부품이다.

비상정지밸브는 5포트/2위치 방향제어밸브의 한 종류이다. 비상정비밸브에는 그림 B.22 사진과 같이 보통 붉은색의 푸쉬버튼이 부착되어 있어 비상 상황에서 작업자가 용이하게 버튼을 식별할 수 있도록 되어 있다.

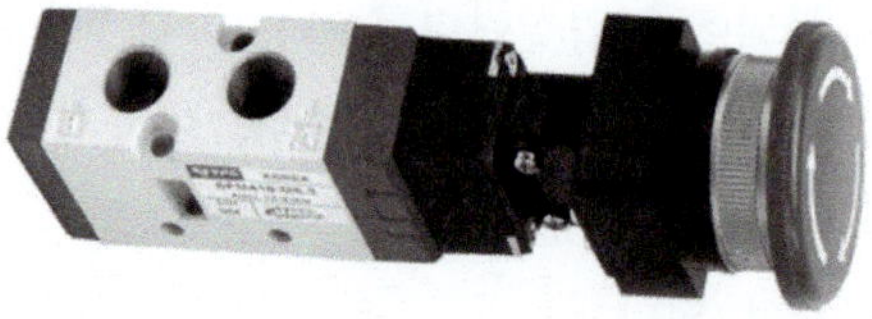

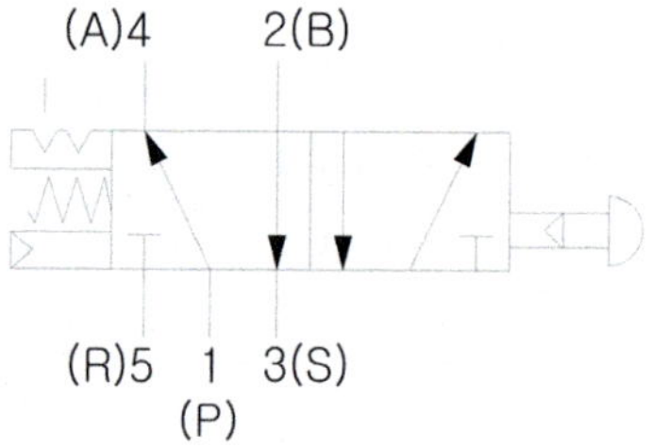

그림 B.22 비상정지밸브 [출처 : 연우뉴메틱 제품 카탈로그]

초기위치에서 파워포트[1]은 작업포트[4]와 연결이 되어 있다. 비상 발생 시 푸쉬버튼을 눌러 밸브가 작동위치로 전환되면 파워포트[1]는 작업포트[2]로 연결이 변경된다. 초기위치로의 복귀는 푸쉬버튼을 회전시키면 스프링에 의해 이루어지게 된다. 초기위치에는 잠금 장치가 있어 위치를 고정하도록 되어 있다.

C 가 공

C-1 가공품 치수의 산포

- 가공품 치수는 불가피한 산포를 가지게 되며 정규분포 형태가 일반적이다.
- 부품이 적절한 역할을 수행하기 위해서는 가공된 치수가 제작도면에 지시된 규격 한계 내에 존재해야 한다.
- 가공품은 조립에 사용되기 전에 그 실제 치수를 반드시 제작도면 기준으로 측정해야 한다.

설계자는 기계시스템 내에서 부품의 기능을 고려하여 제작도면에 적절한 치수를 기입한다. 도면 상 치수는 기준치수 및 위치수허용차 와 아래치수허용차로 표시된다. 부품을 가공하는 제작자는 가공된 부품의 치수가 도면 상의 위치수허용차 및 아래치수허용차 범위 내에 있도록 가공 환경, 가공기 종류 및 가공 방법을 적절하게 선택하여 작업하게 된다. 이때 위치수허용차 및 아래치수허용차는 가공된 부품의 실제 치수의 규격 한계를 설정하는 것이 되므로 USL[Upper Specification Limit] 및 LSL[Low Specification Limit]이라 부르기도 한다.

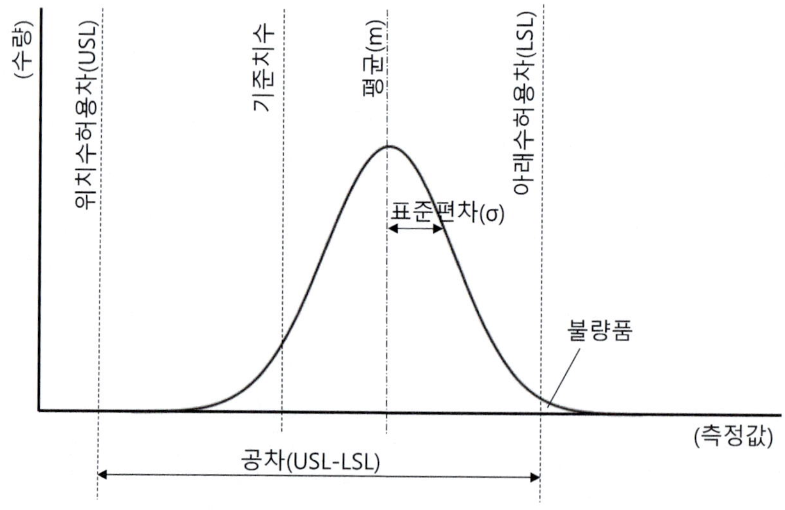

그림 C.1 가공품 치수의 산포 곡선

동일한 제작도면으로 부품을 여러 개 가공하는 경우 부품의 치수가 모두 같을 수는 없으며 일정한 범위에서 산포를 가지게 된다. 그림 C.1에서 가로축은 가공품 치수를 실제 측정한 값이며 세로축은 각 치수 구간에 해당하는 부품의 수량이다. 측정값과 수량의 관계는 곡선으로 표현이 되어 있는데, 가공품 수량은 치수가 '평균[m]' 근처인 것이 가장 많이 존재하며 '평균[m]'에서 멀어질수록 줄어들게 되어, 전체적으로는 종 형태의 곡선으로 표현되어 있다. 이와 같은 산포는 정규분포[normal distribution]라고 알려져 있으며 가공품 치수 산포뿐만 아니라 다양한 종류의 측정값에서 공통적으로 나타나는 산포 형태이다. '평균[m]'을 중심으로 하는 정규분포 곡선의 퍼짐 정도는 '표준편차[σ]'로 표현될 수 있다. 표준편차의 값이 큰 경우는 측정값이 넓은 범위에 흩어져 있는 경우이며, 표준편차의 값이 작은 경우는 측정값이 평균 주위에 밀집되어 있는 경우를 나타낸다.

한편 가공품 중 측정된 치수의 값이 USL 및 LSL 내에 들어오는 경우는 양품이라고 표현할 수 있다. 즉 이러한 부품은 설계자가 의도한 치수로 제작된 것이므로 기계시스템에 조립될 경우 적절한 기능을 수행할 것으로 기대된다. 이에 반하여 어떤 가공품의 치수는 USL 또는 LSL 바깥에 존재할 수 있는데 이 경우 그 부품은 불량품이라고 부를 수 있을 것이다. 불량품은 기계시스템 내에서 필요한 기능을 하지 못할 것으로 예상할 수 있으며 따라서 기계시스템의 조립에 사용되어서는 안된다.

가공 환경, 가공기 상태 및 가공 방법에서 기인하는 통제가 불가능한 다양한 원인에 의해서 가공품의 치수 산포는 불가피한 것이다. 최악의 경우 불량품이 발생할 수도 있다. 따라서 가공된 부품의 치수는 제작도면 기준으로 적절한 측정기를 이용하여 측정되어야 한다. 측정을 통하여 불량품이 조립에 사용되는 것을 방지할 수 있을 것이다. 또한, 치수 산포의 평균 및 표준편차를 기록 및 분석함으로써 가공 작업의 수준을 파악하고 이를 개선하여 불량품이 더이상 발생하지 않도록 할 수 있다.

C-2 측정 환경

- 온도 변화에 따른 가공품의 열팽창은 치수 측정 시 발생하는 주요한 오차 원인의 하나이다.
- 측정 오차를 최소화하기 위해서 온도의 변화 수준을 적절하게 관리할 수 있는 측정실을 작업장 내에 별도 공간으로 마련하는 것이 필요하다.

정밀기계의 조립에 사용되는 부품의 치수 공차는 수μm에서 수십μm에 이르는 것이 보통이다. 이와 같은 가공품의 치수를 측정할 때 온도 변화에 의한 재료의 열팽창은 주요한 측정 오차의 원인으로 작용한다. 고려가 필요한 사항은 온도 변화에 따른 치수 변화의 크기 및 치수 변화가 안정화 될 때까지 걸리는 시간이다.

먼저 온도 변화에 따른 치수 변화의 크기에 대해서 알아보도록 하자. 기준치수가 L인 부품의 온도가 Δt 만큼 변화하였을 때 재료의 열팽창에 의해 변화하는 길이 ΔL은 다음과 같은 수식으로 주어진다. 여기서 α는 열팽창계수[정확히는 선팽창계수, coefficient of linear expansion]로서 재료의 종류에 따라 고유한 값을 가진다. 정밀기계의 부품으로 널리 사용되는 철[iron]이나 강철[steel] 소재의 열팽창계수는 $11.0 \sim 13.0 \times 10^{-6}$/℃ 그리고 알루미늄 소재의 경우는 $23.0 \sim 24.0 \times 10^{-6}$/℃ 정도이다.

$$\Delta L = L \cdot \alpha \cdot \Delta t$$

예를 들면 기준치수가 200mm 인 강철 가공품의 온도가 10℃ 변화했을 때 열팽창에 의한 길이 변화는 아래와 같이 계산된다. 설계자가 정밀기계 부품에 부여하는 치수 공차가 수μm에서 수십μm 임을 고려하면 열팽창에 의한 길이 변화값이 무시할 수 없는 수준임을 알 수 있다.

$$\Delta L = (200) \cdot (12.0 \times 10^{-6}) \cdot 10 = 0.024\,\text{mm} = 24\,\mu\text{m}$$

다음으로 외부 환경의 온도가 변화하는 경우 열팽창에 의한 가공품의 치수 변화가 안정화 될 때까지 걸리는 시간에 대해서 알아보자. 외부의 온도가 변화할 경우 가공품의 온도와 외부의 온도가 같아지는 열평형 상태에 도달하는 데에는 시간이 걸리는데 이 시간은 소재의 종류 및 가공품의 형상에 따라 결정된다. 예를 들면 외부 온도가 5℃ 변화했을 때 지름 100mm 이고 길이가 60mm 인 원통 형상의 강철 소재가 열평형에 도달하는데 걸리는 시간은 4시간 정도로 알려져 있다. 따라서 외부 온도가 변화하는 경우 가공품의 치수를 즉각적으로 측정하게 되면 오차가 발생할 수 있다.

이상의 고려로부터 정밀기계에 사용되는 가공품의 치수 측정을 위해서는 특별한 환경적인 조건이 필요함을 할 수 있다. KS규격[KS A 0006 '시험 장소의 표준 상태'] 및 ISO 규격[ISO 554:1976 'Standard atmospheres for conditioning and/or testing – Specifications']에서는 등급을 나누어 환경 조건을 규정하고 있다. 정밀기계를 제작하는 작업장에서 가공품의 치수 측정에 필요한 환경은 아래와 같은 수준이 적합하며 온도와 및 습도에 대한 조건으로 규정되어 있다.

- 온도 : 23℃ ± 5℃
- 상대습도 : 50% ± 10%

이와 같은 환경 조건을 작업장 전체에서 유지하는 것은 실무적으로 또 비용적으로 어려운 일이다. 따라서 측정에 필요한 공간은 설계 공간이나 부품을 가공하는 공간 또는 조립 및 성능측정 공간과 분리하여 운영하는 것이 바람직하다. 정밀기계를 제작하는 많은 작업장에서는 측정실을 별도로 운영하는 것이 일반적이다.

외부의 부품 보관 창고에서 측정실로 가공품을 운반하여 치수를 측정하는 경우 특히 여름 또는 겨울의 경우는 10℃ 이상의 온도 변화가 일어나게 된다. 이 경우에는 가공품이 열평형에 도달하는 시간을 고려하여 반일 또는 하루 정도의 시간이 경과 한 후에 치수를 측정하는 것이 바람직하다.

C-3 측정 기준면

- 측정의 기준면으로 정반이 사용된다.
- 정반을 사용할 때는 충격에 의한 손상 및 기준면의 관리에 유의해야 한다.

치수 측정을 위해서는 가공품 및 측정기와는 별도로 측정의 기준이 되는 선 또는 면[이하 기준면]이 필요하다. 기준면으로는 정반이 널리 사용된다.

그림 C.2와 같은 정반은 경도가 높고 열팽창이 작은 소재인 화강암을 이용하여 제작된다. 정반의 상면은 연마 가공으로 평면도가 정밀하게 다듬어져 있다. 1000×750mm 면적의 정밀급 정반 경우 3μm 수준의 평면도로 제작될 수 있다. 이 정도 수준의 정반을 이용함으로써만 수십μm 수준의 치수 공차를 신뢰성 있게 측정할 수 있다.

그림 C.2 **정반** [출처 : 한국미쓰도요 제품 카탈로그]

정반을 사용할 때는 아래와 같은 점에 주의해야 한다.

- 정반과 직접 접촉하는 부품 및 측정기의 면은 면보루로 깨끗이 닦아 이물질에 의해 정반 면이 손상되지 않도록 한다.
- 부품 및 측정기를 정반 위에 올려놓을 때 기준면에 충격이 가해져 흠이 발생하지 않도록 조심한다.
- 정반 위에 올려놓은 부품 및 측정기는 가능하면 미끄러지는 방법으로 위치를 이동시키도록 한다.
- 정반 사용 전후에는 정반세정제 또는 알코올을 흡수시킨 면보루를 이용하여 기준면을 닦아서 관리하도록 한다.

C-4 측정기의 정도

- 측정기의 성능은 측정값 산포의 '정도'로 표현된다.
- '정도'는 '정확도'와 '정밀도'로 구분된다.

치수의 측정은 적절한 측정기를 이용함으로써 이루어진다. 동일한 가공품의 치수를 측정기를 이용하여 반복 측정하는 경우 측정된 값들은 모두 같을 수 없으며 산포를 가지게 된다. 그림 C.3는 이를 표현한 것이다. 측정값의 산포가 종 형태로 표현된 것은 정규분포임을 의미한다. 측정기의 성능은 측정값이 '실제 치수'[또는 참값]에 얼마나 근접하는가에 따라 결정되는데 이를 측정기의 '정도[accuracy]'라고 한다. 정도는 다시 '정확도[accuracy]'와 '정밀도[precision]'로 구분된다. [그림 C.1은 동일한 제작 도면을 기준으로 가공된 여러개 가공품의 치수 산포이며 그림 C.3와는 다른 것임에 유의하라]

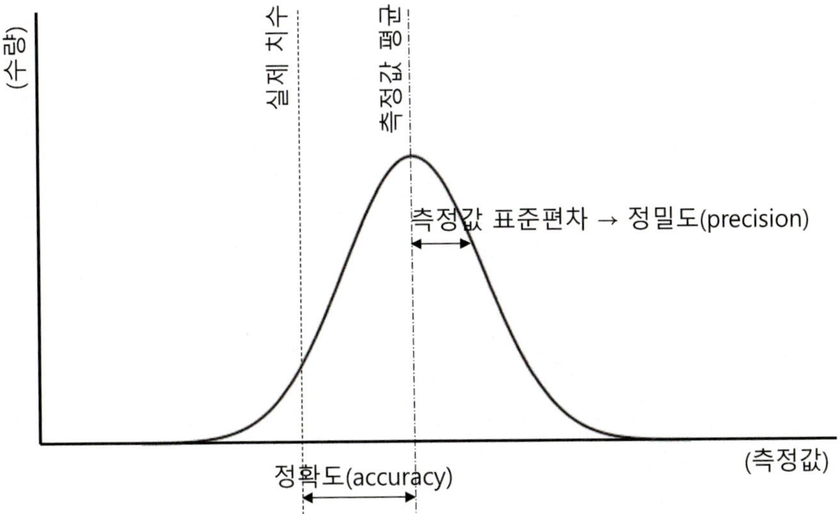

그림 C.3 측정값의 산포 곡선

정확도는 '실제 치수'와 '측정값 평균'의 차이로 정의할 수 있다. 그림 C.4는 정확도가 높은 측정기와 낮은 측정기의 측정값 산포를 비교한 것이다. 정확도가 낮은 경우 가공품의 실제 치수와 측정값 평균과 차이가 크다. 이에 반하여 정확도가 높은 경우는 두 값의 차이가 작다.

C 가공

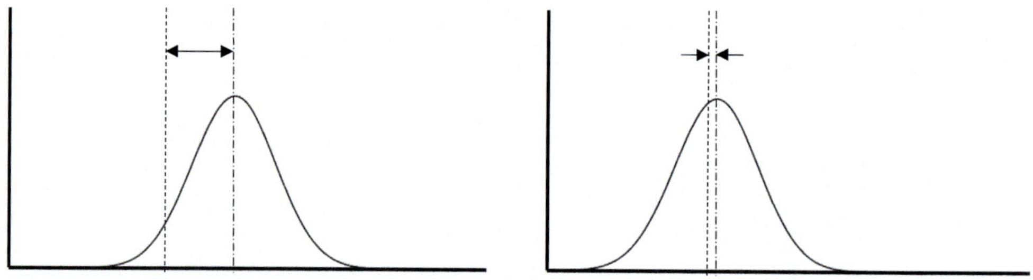

[a] 낮은 경우　　　　[b] 높은 경우

그림 C.4 정확도의 비교

정밀도는 반복정밀도[repeatability]로 부르기도 하며 측정값 산포의 표준편차로 정의할 수 있다. 그림 C.5는 정밀도가 낮은 측정기와 높은 측정기의 측정값 산포를 비교한 것이다. 정밀도가 낮은 경우 측정값들은 평균을 중심으로 넓게 퍼져 있게 되며 정밀도가 높은 경우는 측정값들이 평균 주위에 모여 있게 된다.

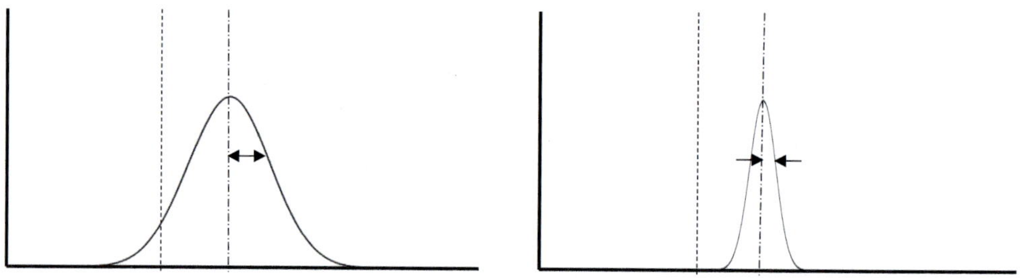

[a] 낮은 경우　　　　[b] 높은 경우

그림 C.5 정밀도의 비교

측정기의 성능을 고려할 때 정확도가 낮은 경우라면 측정기의 교정 또는 측정 데이터의 보정을 통해서 성능을 향상 시킬 수 있다. 그러나 반대로 정밀도가 낮은 경우는 이러한 방법이 효과가 없으므로 측정기 종류나 측정 방법 자체를 변경하는 것을 검토해야 할 것이다.

- 치수 측정을 위해서는 다양한 종류의 측정기가 사용된다.
- 적절한 측정기의 선택을 위해서는 측정하고자 하는 치수의 유형 및 측정기의 측정 범위와 정도를 확인해야 한다.

치수 측정을 위해서는 다양한 종류의 측정기가 활용된다. 측정하고자 하는 치수의 유형 및 측정 범위 그리고 측정기의 정도를 고려하여 적절한 측정기를 선택해야 한다. 표 C.1에는 정밀기계를 제작하는 작업장에서 널리 사용되고 있는 측정기가 나열되어 있다.

사용하고자 하는 측정기의 정도는 측정기 제조사의 제품 카탈로그에서 확인할 수 있다. 카탈로그는 정확도 및 정밀도를 구분하여 제시하는 경우는 드물며 정도의 단일 항목으로 측정기의 성능을 제시하는 것이 보통이다.

표 C.1 측정기 종류에 따른 측정 정도[출처 : 한국미쓰도요 제품 카탈로그]

측정기 종류	측정기 규격	최대 측정 범위	측정 정도
버니어캘리퍼스	530-108	200mm	±50 μm
	530-109	300mm	±80 μm
외측마이크로미터	103-137	25mm	±2 μm
내경마이크로미터[홀테스트]	368-913	50mm	±3 μm
깊이마이크로미터[뎁스게이지]	128-101	25mm	±3 μm
하이트게이지	192-131	450mm	±50 μm
리니어하이트	LH-600E	977mm	1.1+0.6L/600 μm
다이알인디케이터	1013S-10	0.02mm [1/10회전]	2.5 μm
		1mm [5회전]	6 μm
테스트인디케이터	513-404	0.8mm	8 μm
	513-405	0.2mm	3 μm

버니어캘리퍼스는 휴대가 가능하며 다양한 형태의 치수를 손쉽게 측정할 수 있어 널리 사용되는데 측정 범위도 넓어서 수백mm까지 사용할 수 있다. 그러나 정도는 낮아서 수십 μm 수준에 불과하다.

마이크로미터 역시 휴대가 가능한 측정이며 버니어캘리퍼스에 비해 성능이 우수하여 수 μm 수준의 정도로 측정을 하는 것이 가능하다. 마이크로미터는 측정하고자 하는 치수의 형태에 따라 외측, 내경, 깊이마이크로미터 등 별도 측정기로 구분되어 있다. 또한, 측정 범위는 상대적으로 작아서 수십mm 정도인 것이 보통이다.

측정의 기준면이 되는 정반 위에 설치하여 사용하는 측정기도 있는데 정도에 따라 몇가지 종류로 구분된다. 하이트게이지는 구조 및 사용 방법이 간단하여 널리 사용되는데 정도는 낮아서 수십 μm 수준이다. 이보다 높은 정도로 사용할 수 있는 측정기로는 리니어하이트가 있는데 수 μm의 정도로 측정이 가능하다. 이와 같은 측정기들은 최대 수백mm 범위까지 측정할 수 있다.

한편, 하이트게이지와 결합하여 사용함으로써 작은 측정 범위에서는 높은 정도로 측정을 할 수 있도록 해주는 측정기도 있다. 다이알인디케이터나 테스트인디케이터는 하이트게이지에 부착하여 사용되는데 측정 범위는 수mm 이하로 매우 작지만 측정의 정도는 높아서 수 μm 수준이 보통이다.

C-5 버니어캘리퍼스

- 버니어캘리퍼스 [한국미쓰도요 530-108 기준]
  - 측정범위 : 0 ~ 200mm
  - 정도 : ±0.05mm
  - 최소눈금 : 0.05mm

[1] 구조

버니어캘리퍼스는 휴대가 가능하며 부품의 다양한 형상을 한 종류의 측정기로 모두 측정할 수 있어 현장에서 널리 사용되고 있다. 그림 C.6는 버니어캘리퍼스의 구조 및 주요 부분의 명칭이다. 외측용죠, 내측용죠 및 뎁스바를 부품면에 접촉하여 치수를 측정하도록 되어 있다. 아들자와 어미자에는 측정값을 읽기 위한 눈금이 새겨져 있으며, 측정 시 아들자는 어미자 위를 슬라이드 하여 이동하는 구조이다.

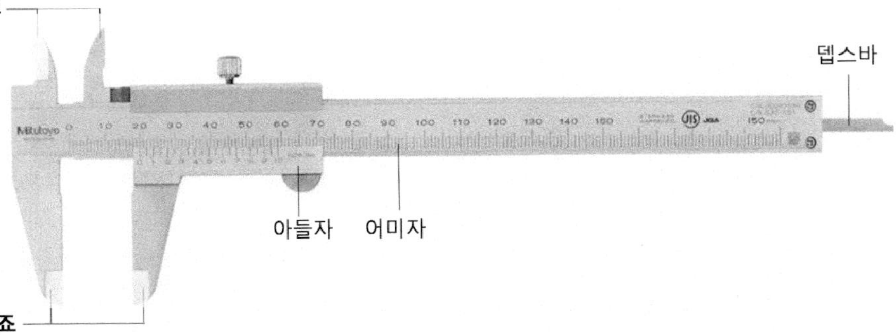

그림 C.6 버니어캘리퍼스 구조 [출처 : 한국미쓰도요 제품 카탈로그]

[2] 측정 방법

그림 C.7은 버니어캘리퍼스를 이용해서 부품의 외측, 내측, 단차 및 깊이를 측정하는 모습이다. 외측용죠를 이용하여 부품의 외측 치수를 측정할 수 있으며 내측용죠를 이용해서는 내측 치수를 측정할 수 있다. 뎁스바는 단차나 깊이를 측정하는 데 이용된다.

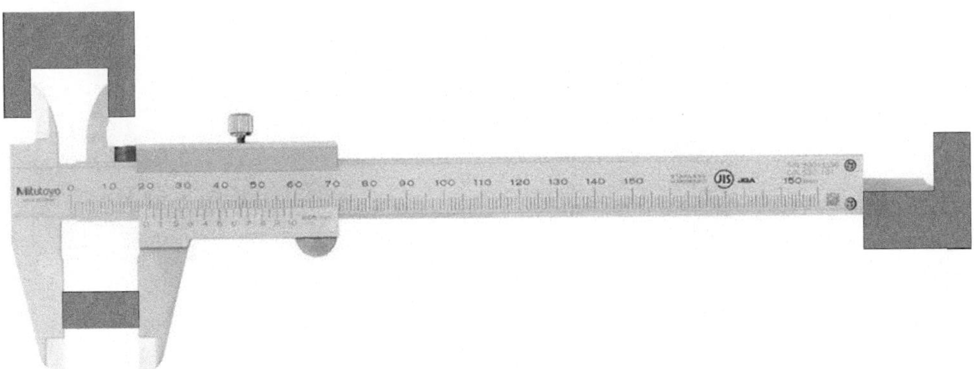

그림 C.7 버니어캘리퍼스의 측정 방법 [출처 : 한국미쓰도요 제품 카탈로그]

[3] 눈금 읽기

버니어캘리퍼스의 눈금은 어미자와 아들자 눈금을 이용하여 읽는다. 그림 C.8의 예를 이용하여 눈금 읽는 방법에 대해서 알아보자. 그림 C.8 [a]에서 눈금을 읽어보자. 먼저 아들자 눈금 '0'이 어미자 눈금의 어떤 값을 가리키고 있는지 확인한다. ①로 표시된 위치를 보면 10mm와 11mm 사이에 아들자 눈금 '0'이 위치한 것을 알 수 있다. 따라서 10mm로 읽는다. 다음으로 어미자와 아들자 눈금이 수직 선상에서 가장 일치하고 있는 지점의 아들자 눈금을 읽는다. 위치 ②에 해당하며 이때 눈금값은 0.8mm로 읽는다. 최종적으로 두 값을 합한 10.80mm가 버니어켈리스퍼로 측정한 치수값이 된다. 그림 C.8 [b]의 경우 위치 ③은 18mm에 해당하며 위치 ④는 0.05mm에 해당

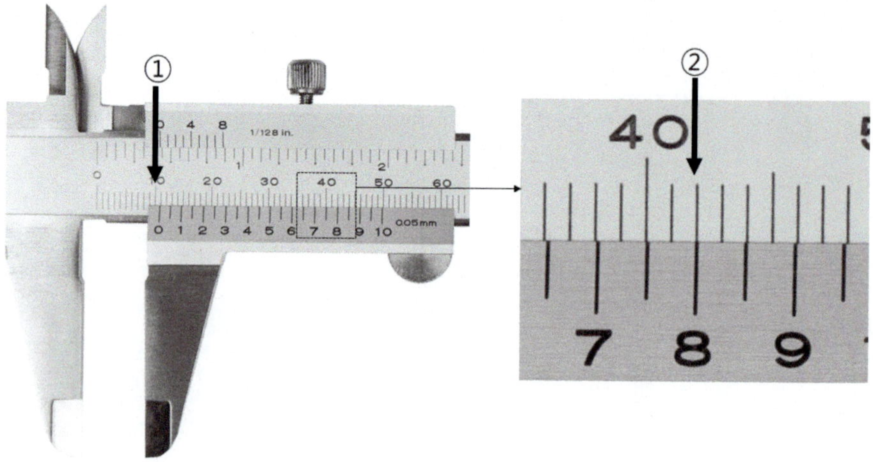

[a] 눈금1

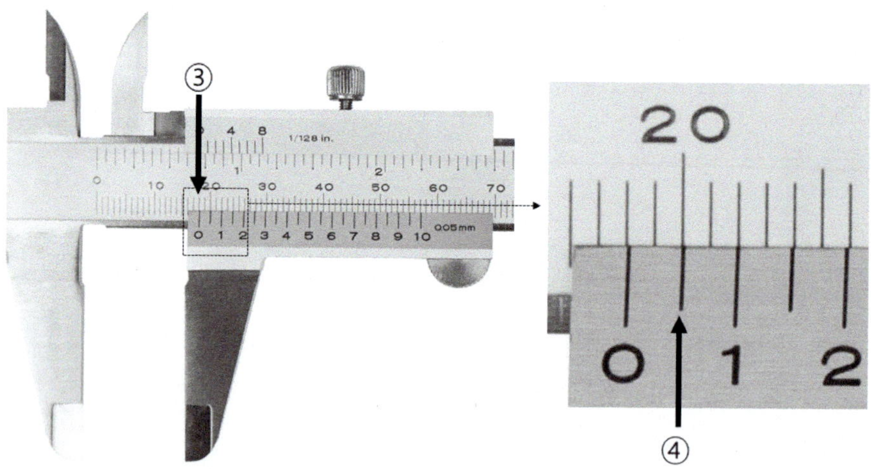

[b] 눈금2

그림 C.8 버니어캘리퍼스의 눈금 읽는 방법

한다. 이때 반눈금을 읽은 것에 주의해야 한다. 최종적으로 두 값을 합한 18.05mm가 버니어켈리스퍼로 측정한 치수값이 된다.

[4] 사용상 주의 사항

측정 용 죠의 부품면 밀착

외측용죠, 내측용죠 및 뎁스바는 측정하고자 하는 부품면에 밀착하여 사용해야 한다. 또한 외측용죠 및 내측용죠를 사용할 경우 부품을 가능하면 2개의 죠 사이에 깊숙하게 끼워넣고 사용해야 한다. 그림 C.9은 외측 측정 방법에 대한 주의 사항을 표현한 것이다.

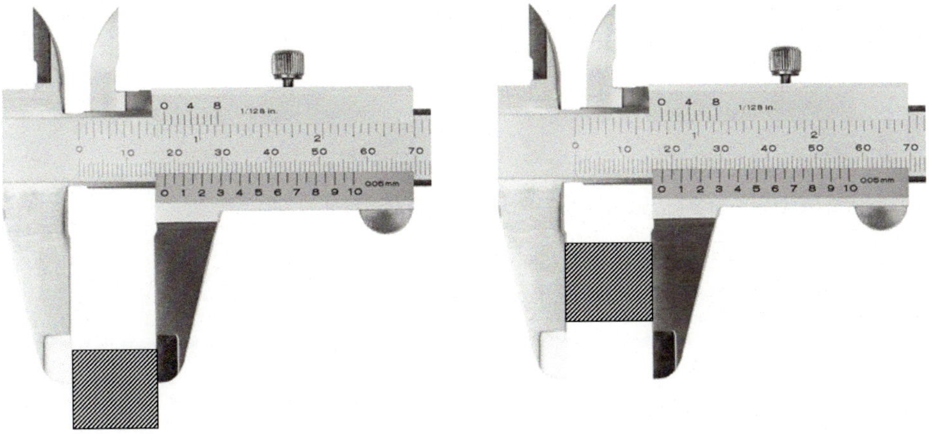

[a] 잘못된 방법 [b] 올바른 방법

그림 C.9 외측용죠 사용 방법

눈금 읽을 때의 시차

아들자 눈금과 어미자 눈금의 일치점을 찾는 경우 시선은 그림 C.10 ①과 같이 눈금이 새겨진 평면에서 수직으로 일치점을 내려다 볼 수 있도록 한다. 그림 C.10 ②와 같이 시선이 기울어지는 경우 Δx 만큼의 오차가 발생할 수 있다. 시차에 대한 주의는 버니어캘리퍼스뿐만 아니라 모든 측정기에 공통으로 해당한다.

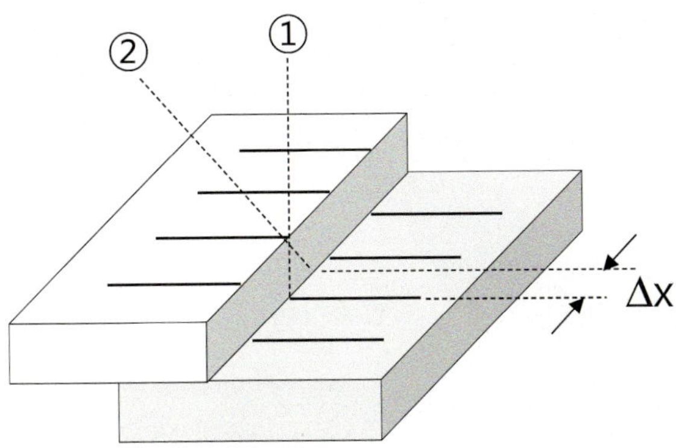

그림 C.10 시차에 의한 오차

원점 확인

측정기를 사용하기 전에는 죠를 닫아서 눈금이 '0'으로 정확하게 읽히는지 확인한다. 원점 확인도 모든 측정기에 공통으로 해당하는 사항이다.

C-6 외측마이크로미터

• 외측마이크로미터 [한국미쓰도요 103-137 기준]
- 측정범위 : 0 ~ 25mm
- 정도 : ±0.002mm
- 최소눈금 : 0.01mm

[1] 구조

휴대용 측정기로서 버니어캘리퍼스보다 정도가 높은 마이크로미터가 널리 쓰이고 있다. 마이크로미터는 측정하고자 하는 형상에 따라 다양한 종류가 구비되어 있는데 그림 C.11은 외측마이크로미터이다. 심블을 회전시키면 스핀들이 엔빌쪽으로 전진하도록 되있는 구조이다. 래치스톱은 측정 대상 부품면을 측정기면에 밀착시키기 위해 사용된다. 눈금은 스리브와 심블면에 각각 표시되어 있다. 한편 체온에 의한 측정기의 열팽창을 최소화하기 위해 방열커버를 손으로 잡고 사용하도록 되어 있다.

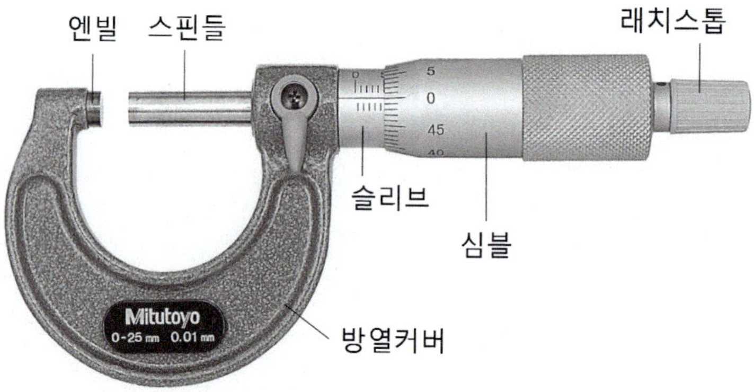

그림 C.11 외측마이크로미터 구조 [출처 : 한국미쓰도요 제품 카탈로그]

[2] 측정 방법

측정하고자 하는 부품을 앤빌과 스핀들 사이에 넣고 심블을 회전시켜 부품이 접촉되도록 한다. 다음으로 정압 인가 장치인 래치스톱을 1~2회 회전시켜 부품면과 측정기면이 밀착되도록 한다.

[3] 눈금 읽기

마이크로미터의 눈금은 슬리브와 심블 눈금을 이용하여 읽는다. 그림 C.12의 예를 이용하여 눈금 읽는 방법에 대해서 알아보자. 그림 C.12 [a]에서 눈금을 읽어보자. 먼저 슬리브의 눈금을 읽는다. 슬리브의 눈금은 3.0~3.5mm 사이에 있다. 따라서 슬리브의 눈금은 3.0mm로 읽는다. 다음으로 심블의 눈금을 읽는다. 심블의 눈금은 0.37mm이다. 최종적으로 두 값을 합한 3.37mm가 마이크로미터로 측정한 치수값이 된다. 다음으로 그림 C.12 [b]의 경우를 살펴보자. 슬리브의 눈금은 6.5mm이다. 이 경우 반눈금이 있는 것에 유의해야 한다. 심블은 눈금은 0.16mm이다. 최종적으로 두 값을 합한 6.66mm가 마이크로미터로 측정한 치수값이 된다.

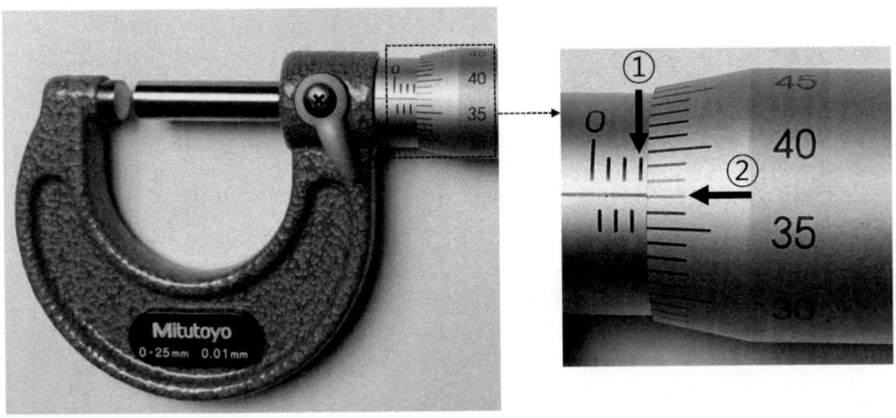

[a] 눈금1

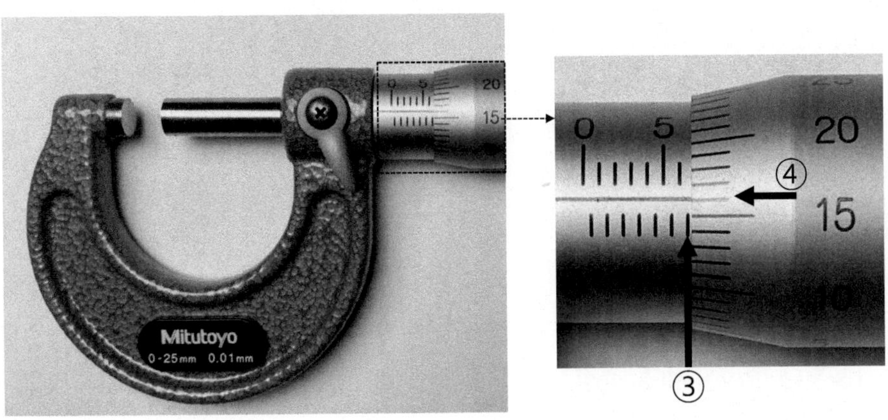

[b] 눈금2

그림 C.12 마이크로미터의 눈금 읽는 방법

[4] 사용상 주의 사항

열팽창 오차 최소화

체온에 의한 측정기의 열팽창은 측정 오차를 크게 발생시킬 수 있다. 예를 들면 기준길이 100mm의 부품 측정 시 체온에 의해서 최대 6 μm까지 오차가 발생할 수 있다. 따라서 측정 시 손으로 마이크로미터를 잡는 시간은 최소화해야 한다. 또는 장갑을 끼거나 방열커버만을 손으로 잡고 측정함으로써 오차를 최소화 할 수 있다.

앤빌과 스핀들 면 손상에 주의

앤발과 스핀들면이 이물에 의해 손상되지 않도록 면보루로 닦아서 일상 관리한다.

정압 장치 사용

측정기면과 부품면을 접촉시킬 때 래치스톱을 사용하여 과도한 압력이 인가되지 않도록 한다.

C-7 내경마이크로미터[홀테스트]

- 내경마이크로미터[홀테스트] [한국미쓰도요 368-913 기준]
  - 측정범위 : 20 ~ 50mm
  - 정도 : ±0.003mm
  - 최소눈금 : 0.005mm

[1] 구조

내경마이크로미터는 구멍의 내경을 측정하기 위해서 사용되는 측정기로서 3점식 측정 방법을 사용한다. 즉 측정기의 측정자 3개가 구멍 내경에 동시에 접촉하는 방식으로 사용된다. 2점식 내경 측정기인 보어게이지도 사용되고 있으나 정도가 내경마이크로미터에 비해서 떨어진다.

그림 C.13은 내경마이크로미터의 구조이다. 슬리브와 심블 및 래치스톱 등은 외측마이크로미터와 동일한 구조이다. 3개의 측정자는 심블을 회전시킴에 따라 반경 방향으로 동시에 움직여서 구멍의 내측에 접촉하게 되어 있다.

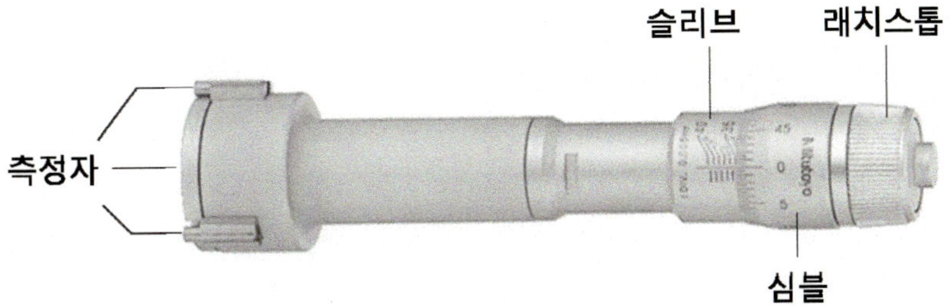

그림 C.13 내경마이크로미터 구조 [출처 : 한국미쓰도요 제품 카탈로그]

[2] 측정 방법

내경마이크로미터의 측정자를 구멍에 삽입하기 전에 심블을 조정하여 구멍 내경보다 조금 작게 측정자의 위치를 조절해 둔다. 다음으로 측정자를 구멍에 삽입한 후 심블을 회전시켜 측정자가 내경에 접촉하도록 한다. 초기 접촉 후에는 래치스톱을 1~2회 더 회전시켜 접촉이 완전히 이루어지도록 한다. 이 상태에서 슬리브와 심블의 눈금을 읽어 측정값을 확인한다.

[3] 눈금 읽는 방법

내경마이크로미터의 눈금 읽는 방법은 외측마이크로니터의 경우와 동일하다.

C-8 깊이마이크로미터[뎁스게이지]

- 깊이마이크로미터[뎁스게이지] [한국미쓰도요 128-101기준]
  - 측정범위 : 0 ~ 25mm
  - 정도 : ±0.003mm
  - 최소눈금 : 0.01mm

[1] 구조

깊이마이크로미터는 구멍이나 단차의 깊이를 측정하기 위해서 사용된다. 그림 C.14는 깊이마이크로미터의 구조이다. 기본 구조는 외측마이크로미터와 동일하여 슬리브, 심블 및 래치스톱으로 되어 있다. 베이스는 측정 대상 부품의 기준면과 접촉하는 측정기 면이며 심블을 회전시키면 측정자가 움직여서 측정면과 접촉하도록 되어 있다.

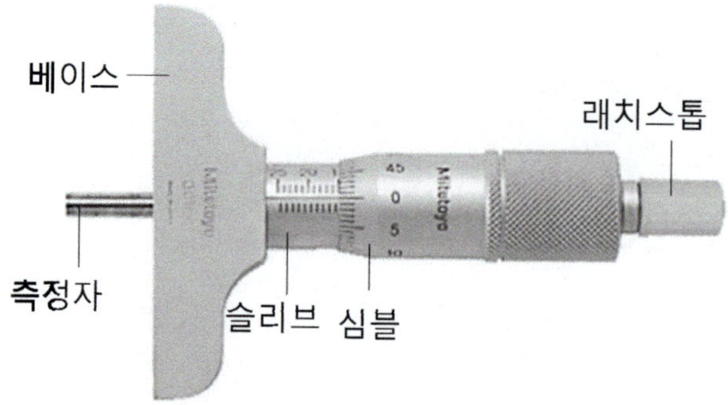

그림 C.14 깊이마이크로미터 구조
[출처 : 한국미쓰도요 제품 카탈로그]

[2] 측정 방법

외측마이크로미터의 베이스면을 측정 대상 부품의 기준면에 밀착시킨다. 다음으로 심블을 회전시켜 측정자가 측정면에 접촉하도록 한다. 초기 접촉 후에는 래치스톱을 1~2회 더 회전시켜 접촉이 완전히 이루어지도록 한다. 이 상태에서 슬리브와 심블의 눈금을 읽어 측정값을 확인한다.

[3] 눈금 읽는 방법

깊이마이크로미터의 눈금 읽는 방법은 외측마이크로니터의 경우와 동일하다.

C-9 하이트게이지

- 하이트게이지 [한국미쓰도요 192-131 기준]
  - 측정범위 : 0 ~ 450mm
  - 정도 : ±0.05mm
  - 최소눈금 : 0.01mm

[1] 구조

하이트게이지는 정반 위에서 사용되며 부품의 수직 방향 치수를 측정하기 위해 이용된다. 눈금의 형태에 따라 디지메틱, 버니어, 다이알 하이트게이지 등의 종류가 있다.

그림 C.15는 다이알 하이트게이지의 구조이다.

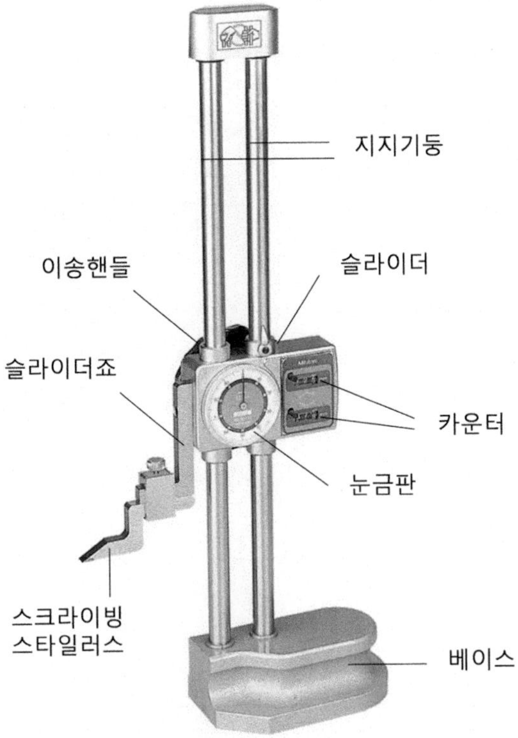

그림 C.15 **하이트게이지 구조** [출처 : 한국미쓰도요 제품 카탈로그]

[2] 측정 방법

먼저 하이트게이지와 측정하고자 하는 부품을 측정의 기준면이 되는 정반면 위에 놓는다. 측정을 시작하기 전에 하이트게이지의 영점 조정이 필요하다. 이송핸들을 돌려 스타일러스가 정반면 위에 접촉하도록 한 후 리셋버튼을 눌러 카운터를 영점 조정하고 눈금판의 베젤을 돌려 눈금판도 영점 조정한다.

다음으로 이송핸들을 돌려서 슬라이더를 측정하고자 하는 부품면 보다 위쪽으로 이동 시킨 후 천천히 하강시켜 측정면에 스타일러스가 접촉하도록 한다. 이 상태에서 카운터의 값과 눈금판의 값을 읽어 측정값을 확인한다.

실제로는 스크라이빙 스타일러스로는 측정면에 정압을 인가하기 어렵다. 따라서 치수 측정 시에는 스크라이빙 스타일러스로 대신 다이알인디케이터나 테스트인디케이터를 설치하여 사용한다. 스크라이빙 스타일러스는 부품면에 스크라이빙 작업을 하기 위해 주로 사용된다. 다이알인디케이터나 테스트인디케이터의 사용 방법은 뒤에서 다시 설명한다.

[3] 눈금 읽기

하이트게이지는 상향측정과 하향측정의 2가지 방법으로 사용할 수 있는데 각각의 경우 눈금을 읽는 방법이 다르므로 주의가 필요하다.

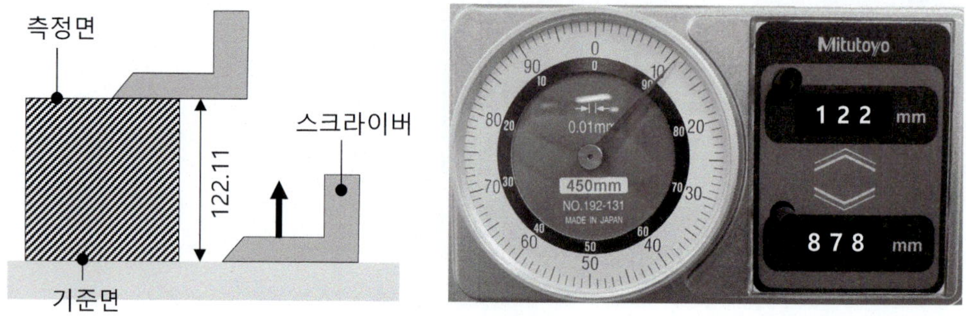

[a] 상향 측정

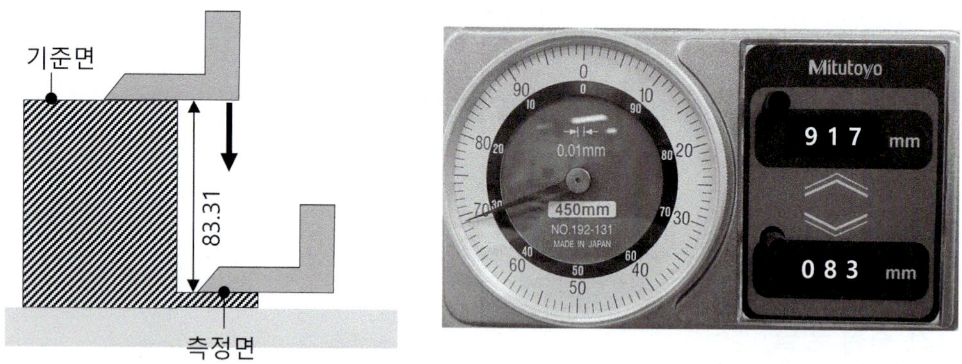

[b] 하향 측정

그림 C.16 하이트게이지의 눈금 읽는 방법

상향 측정

그림 C.16 [a]는 슬라이더의 상향 측정 모습이다. 스크라이버를 기준면에 밀착하여 먼저 영점 조정을 한다. 다음으로 슬라이더를 상향하여 측정면에 밀착시킨 상태에서 눈금을 읽는다. 눈금은 카운터의 눈금을 먼저 읽은 후 눈금판의 눈금을 읽으면 된다. 상향측정 시는 2개의 카운터 중 위쪽 카운터의 눈금을 읽으면 되는데 그림 C.16 [a]에서 카운터의 값은 122mm이다. 다음으로 바늘이 가리키는 눈금판의 숫자 중 흰색 바탕의 숫자를 읽는데 0.11mm임을 알 수 있다. 최종적으로 측정된 치수값은 122.11mm가 된다.

하향 측정

그림 C.16 [b]와 같이 슬라이더를 하향하여 측정할 수도 있다. 이때 기준면은 부품 상면이 되는데 이곳에 스크라이버를 밀착시킨 후 영점 조정한다. 다음으로 슬라이더를 하향하여 측정면에 밀착시킨 후 눈금을 읽게 된다. 하향 측정 시는 카운터는 아래의 것을 눈금판의 숫자는 검은색 바탕의 것을 읽으면 된다. 그림 C.16 [b]에서 카운터의 값은 83mm이며 눈금판의 값은 0.31mm이므로 측정값은 83.31mm가 된다.

[4] 사용상 주의 사항

스크라이빙 스타일러스의 고정

슬라이더에 부착되는 스크라이빙 스타일러스, 다이알인디케이터나, 테스트인디케이터는 측정 시 흔들리지 않도록 클램프를 이용하여 확실하게 고정시킨다.

이동 및 운반

하이트게이지를 정반면 상에서 이동할 때는 반드시 베이스를 손으로 잡고 이동시킨다. 특히 지지기둥을 손으로 잡고 이동하거나 운반하게 되면 하이트게이지 구조가 변형되어 사용이 불가능하게 될 수도 있으므로 유의해야 한다.

- 리니어하이트 [한국미쓰도요 LH-600E 기준]
  - 측정범위 : 0 ~ 977mm
  - 정도 : 1.1+0.6L/600 μm

하이트게이지는 정반을 기준면으로 해서 편리하게 사용할 수 있으나 측정기 자체로는 정도가 ±0.05mm 수준에 불과하여 정밀기계 부품의 치수 측정에는 부적당하다.

더 높은 정도의 치수 측정을 위해서 그림 C.17와 같은 리니어하이트가 사용된다. 리니어하이트는 고정도 리니어엔코더와 가이드 및 에어베어링으로 구성되어 있어 수 μm의 정도로 정반면을 기준으로 한 높이 측정이 가능하다. 리니어하이트는 하이트게이지와 같은 방법으로 상향 및 하향 측정이 가능할 뿐만 아니라 구멍 및 축의 직경 등 하이트게이지로는 측정이 어려운 다양한 형상의 치수를 편리하게 측정할 수 있다.

하이트게이지에 비하여 고가의 측정기이나 사용 상의 편리 및 높은 정도로 인하여 최근에는 정밀기계 제작 현장의 기본 치수 측정기로 널리 사용되고 있다.

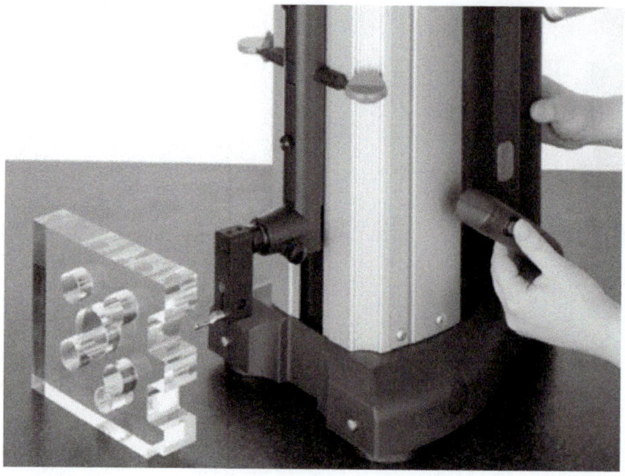

그림 C.17 리니어하이트 [출처 : 한국미쓰도요 제품 카탈로그]

C-10 다이알인디케이터

• 다이알인디케이터 [한국미쓰도요 1013S-10 기준]

[1/10회전]	[5회전]
- 측정범위 : 0 ~ 0.02mm	- 측정범위 : 0 ~ 1mm
- 정도 : 2.5 μm	- 정도 : 6 μm

- 최소눈금 : [장침] 2 μm, [단침] 0.2mm

[1] 구조

다이알인디케이터는 부품 표면의 미세한 범위의 치수를 높은 정도로 측정하는 측정기로서 다이알게이지라고도 한다. 그림 C.18은 다이알인디케이터의 사진이다.

측정자는 측정 대상 표면에 접촉하는 부위이다. 스핀들과 스템은 측정 표면의 높이 변화에 의해서 미세하게 상대 운동을 하게 되는데 그 양은 눈금을 읽음으로써 확인할 수 있다. 눈금은 장침과 단침의 2가지가 있는데 장침이 1회 회전하면 단침은 1눈금 변화 한다. 베젤은 눈금판을 회전시켜 영점을 조정하는데 이용된다. 클램프는 필요시 베젤을 고정하는 용도로 사용된다.

그림 C.18 다이알인디케이터 구조
[출처 : 한국미쓰도요 제품 카탈로그]

[2] 측정 방법

다이알인디케이터는 전용의 스탠드 또는 하이트게이지에 부착되어 사용되며 평면도, 평행도, 직각도, 진원도 등을 측정할 수 있다. 이하 내용에서는 평행도를 측정하는 경우에 대하여 설명한다.

평행도 측정

그림 C.19는 하이트게이지를 이용하여 부품 하면을 기준으로 상면의 평행도를 측정하고 있는 모습이다. 다이알인디케이터는 하이트게이지의 슬라이더죠에 클램프를 이용하여 고정되어 있다. 이때 다이알인디케이터의 측정자는 측정면에 수직으로 접촉하도록 설치되어야 한다.

측정을 위해서는 먼저 다이알인디케이터의 영점을 조정해야 한다. 하이트게이지의 슬라이드를 하향하여 다이알인디케이터의 측정자가 부품의 측정면에 살짝 접촉하도록 한다. 다음으로 다이알인디케이터의 장침이 눈금판에서 반바퀴 정도 회전할 때까지 하이트게이지의 슬라이더를 천천히 하향시킨다. 이 상태에서 다이알인디케이터의 베젤을 회전시켜 장침이 눈금판 숫자 '0'을 가리키도록 영점을 조정한다.

영점 조정 후 하이트게이지를 정반면에서 이동시키면 다이알게이지의 측정자는 부품 표면을 따라 이동하게 되는데 영점 조정한 위치를 기준으로 미세한 높이 변화를 눈금의 움직임으로 확인할 수 있다. 눈금 최대값과 최소값의 차이가 평행도 값이 된다.

C 가공

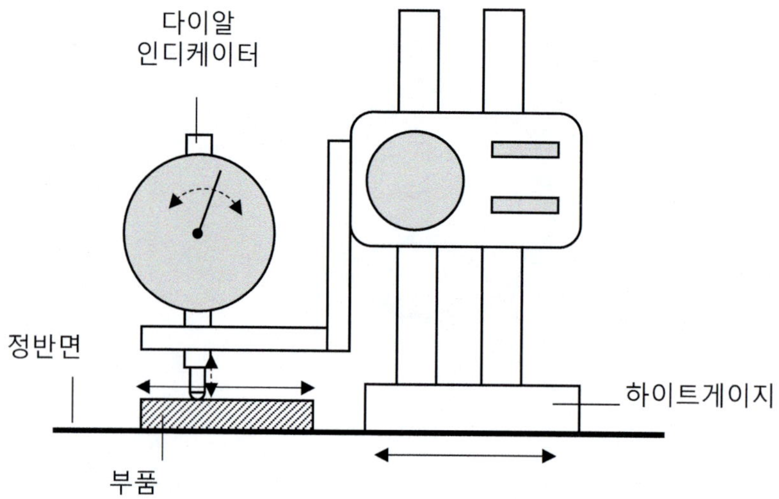

그림 C.19 하이트게이지에 부착된 다이알인디케이터

[3] 눈금 읽는 방법

다이알인디케이터의 눈금은 단침의 눈금값과 장침의 눈금값을 함께 읽으면 된다. 그림 C.20에서 장침은 최소눈금이 2 μm이며 영점으로부터 ±0.5회전을 할 수 있도록 되어 있는데 이는 측정값으로는 ±0.1mm에 해당한다. 단침은 장침이 1회전 하면 한 눈금씩 움직여서 장침의 회전수를 알 수 있도록 해준다. 단침의 최소눈금은 0.2mm이며 최대 5눈금 즉 1mm까지 표시할 수 있게 되어 있다.

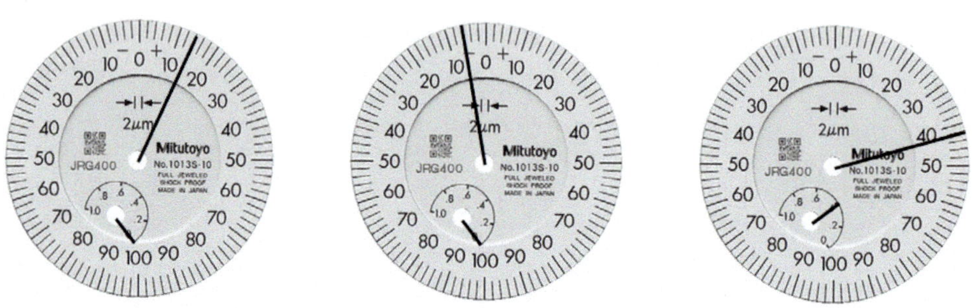

[a] 눈금1 [b] 눈금2 [c] 눈금3

그림 C.20 다이알인디케이터의 눈금 읽는 방법 [출처 : 한국미쓰도요 제품 카탈로그]

그림 C.20 [a]에서는 단침은 0을 가리키고 있으며 장침은 14를 가리키고 있으므로 측정값은 14 μm이다. [b]의 경우는 단침은 0을 가리키고 있으며 장침은 −6을 가리키로 있으므로 측정값은 -6 μm이다. 한편 [c]의 경우는 단침이 움직여 0.4를 가리키고 있다. 장침이 42에 위치해 있으므로 측정값은 442 μm 또는 0.442mm이다.

C-11 테스트인디케이터

• 테스트인디케이터 [한국미쓰도요 513-404 기준]
- 측정범위 : 0 ~ 0.8mm
- 정도 : 8 μm
- 최소눈금 : 0.01mm

[1] 구조

테스트인디케이터는 다이알인디케이터와 마찬가지로 부품 표면의 미세한 범위의 치수를 높은 정도로 측정하는 측정기이다. 다이알인디케이터가 측정면에 항상 수직하게 놓여져야 하는 것과 다르게 테스트인디케이터는 비교적 자유롭게 설치 방향을 조정할 수 있어 사용상 편리성이 높다. 그림 C.21은 테스트인디케이터의 사진이다.

레버 스타일러스는 측정면에 직접 접촉하는 부분으로서 스타일러스와 측정기 몸체와의 각도를 임의로 조정할 수 있도록 되어있다. 눈금판에는 측정값을 읽을 수 있는 장침이 있으며 눈금판 외곽의 베젤을 이용하여 영점을 조정한다. 테스트인디케이터의 스템은 하이트게이지의 슬라이더죠에 부착할 때 사용되는 부분이다.

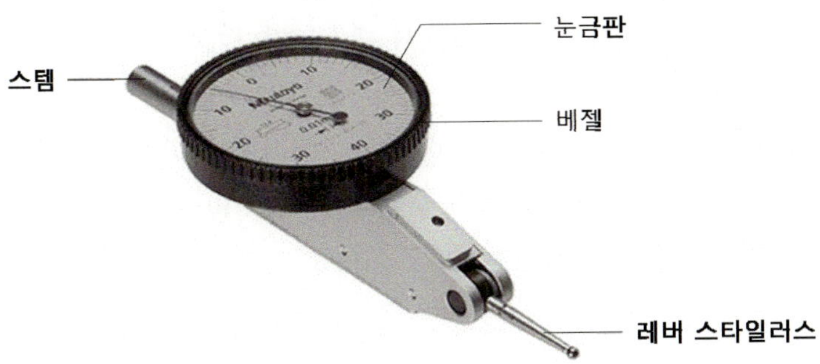

그림 C.21 테스트인디케이터의 구조 [출처 : 한국미쓰도요 제품 카탈로그]

[2] 사용 방법

테스트인디케이터는 전용의 스탠드 또는 하이트게이지에 부착되어 사용되며 평면도, 평행도, 직각도, 진원도 등을 측정할 수 있다. 또한, 하이트게이지를 이용한 높이 측정 시 스크라이빙 스타일러스 대신 측정면 접촉을 용이하게 감지하기 위해서 테스트인디케이터가 널리 사용된다. 이하에서는 평행도, 직각도 및 높이 측정 방법에 대해서 알아본다.

평행도 측정

그림 C.22는 테스트인디케이터를 이용한 부품 상면의 평행도 측정 모습이다. 테스트인디케이터는 하이트게이지 조에 클램프를 이용하여 고정되어 있다.

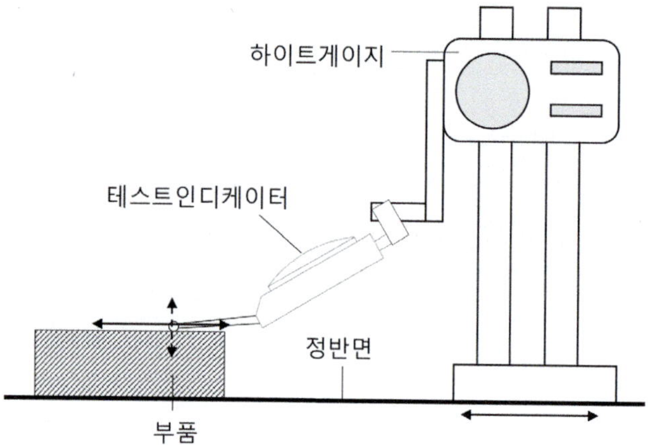

그림 C.22 테스트인디케이터 사용 방법 - 평행도 측정

측정 전에 먼저 테스트인디케이터의 영점을 조정해야 한다. 하이트게이지 슬라이더의 높이를 조정하고 베이스를 이동시켜 테스트인디케이터의 스타일러스가 부품면에 접촉하도록 한다. 최초 접촉은 테스트인디케이터 눈금의 움직임으로 쉽게 확인 할 수 있다. 이 시점부터 테스트인디케이터 눈금이 0.5회전 할 때까지 추가로 천천히 하이트게이지 슬라이더를 하향시킨다. 이 상태에서 테스트인디케이터의 베젤을 돌려 장침이 눈금판의 '0'을 가리키도록 하면 영점 조정이 된 것이다.

다음으로 하이트게이지 베이스를 정반면에서 천천히 움직이면서 스타일러스가 부품 상면에서 이동하도록 한다. 이때 장침 눈금값의 최대값 및 최소값을 기록해 둔다. 눈금 최대값과 최소값의 차이가 평행도 값이 된다.

직각도 측정

그림 C.23은 테스트인디케이터를 이용한 부품 우측면의 직각도 측정 모습이다. 테스트인디케이터의 스타일러스가 부품의 우측면에 접촉해 있음을 확인 할 수 있다. 그림 C.22와 비교해 보면 테스트인디케이터 스타일러스와 몸체의 각도가 달라진 것을 알 수 있는데 이처럼 테스트인디케이터는 측정 시 스타일러스와 몸체의 각도를 임의로 조정할 수 있어 매우 편리하게 측정을 할 수 있는 장점이 있다.

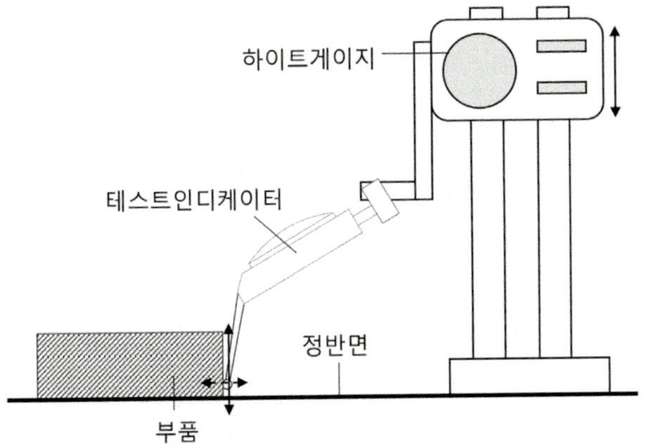

그림 C.23 테스트인디케이터 사용 방법 - 직각도 측정

이번에도 테스트인디케이터의 영점을 먼저 조정해야 한다. 하이트게이지 베이스 및 슬라이더를 조정해서 테스트인디케이터의 스타일러스가 부품의 우측면에 접촉하도록 한다. 눈금판을 확인하면서 최초 접촉 이후 장침이 0.5회전 하도록 한 후 베젤을 회전시켜 영점 조정을 한다.

다음으로 하이트게이지 슬라이더를 수직으로 이동하면서 테스트인디케이터 눈금값의 변화를 기록한다. 눈금 최대값과 최소값의 차이가 직각도 값이 된다.

높이 측정

그림 C.24는 테스트인디케이터 및 하이트게이지를 이용하며 부품의 높이를 측정하는 모습니다. A면을 기준면으로 하여 측정면인 B면까지 높이를 측정하고자 한다.

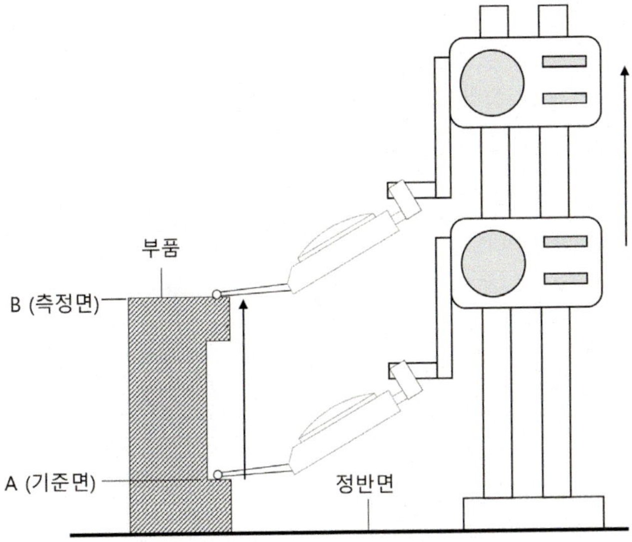

그림 C.24 테스트인디케이터 사용 방법 - 높이 측정

먼저 하이트게이지를 조정하여 테스트인디케이터의 스타일러스를 기준면에 접촉시킨다. 이 상태에서 하이트인디케이터와 테스트인디케이터의 영점을 차례대로 조정하여 모든 눈금이 '0'을 표시하도록 한다.

다음으로 하이트게이지의 슬라이더를 상향시켜 측정면보다 약간 위쪽까지 테스트인디케이터 스타일러스를 이동시킨다. 이제 테스트인디케이터 눈금을 보면서 스타일러스를 천천히 하강시켜 측정면에 접촉하도록 하는데 테스트인디케이터 눈금이 '0'을 가리키면 하강을 멈춘다. 이 상태에서 하이트게이지의 눈금을 읽으면 A면에서 B면 까지의 높이가 된다.

이 방법으로 높이를 측정하는 경우 측정값의 정도는 하이트게이지의 측정 정도에 의존한다. 그림 C.15의 하이트게이지를 사용하는 경우라면 ±0.05mm의 정도로 측정한 것이 된다. 테스트인디케이터는 기준면과 측정면의 접촉을 위해서 사용될 뿐 눈금값이 측정에 이용되지는 않음에 유의하라. 더 높은 정도로 높이 측정을 하기 위해서는 그림 C.17의 리니어하이트를 이용하는 것이 바람직하다.

구멍 최하점 측정

하이트게이지와 테스트인디케이터를 이용하면 기준면에서 구멍 최하점까지의 거리도 측정할 수 있다. 그림 C.25에서 h의 값을 측정하기 위해서는 테스트인디케이터의 스타일러스가 구멍의 최하점 c에 접촉할 수 있어야 한다. 이를 위해서는 다음과 같은 방법을 사용한다.

① 하이트게이지 및 테스트인디케이터 눈금을 정반면 기준으로 영점 조정한다.
② 하이트게이지를 이동하여 테스트인디케이터 스타일러스가 구멍 내면의 위치 a에 접촉하도록 한다. 접촉 후 테스트인디케이터의 눈금이 반바퀴 정도 회전할 때까지 하이트게이지의 슬라이더를 미세 조정한다.
③ 스타일러스가 구멍 내면에 접촉한 상태에서 a에서 b로 연속적으로 이동하도록 하이트게이지를 조금씩 움직인다. 이때 테스트인디케이터 눈금의 회전 방향을 관찰한다. 눈금의 회전 방향이 바뀌는 지점이 구멍의 최하점 위치인 c가 된다.
④ 위치 c에서 하이트게이지 슬라이더를 조정하여 테스트인디케이터 눈금 값이 '0'이 되도록 한다.
⑤ 이 상태에서 읽은 하이트게이지 눈금값이 h의 값이 된다.

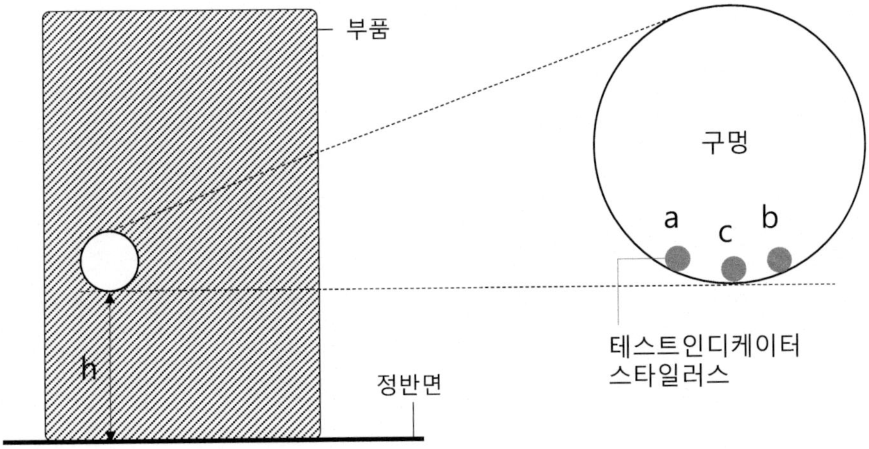

그림 C.25 테스트인디케이터 사용 방법 - 구멍 최하점 측정

[3] 눈금 읽는 방법

테스트인디케이터의 눈금 읽는 방법은 다이알인디케이터 경우와 동일하다.

[4] 사용상 주의 사항

테스트인디케이터 스타일러스는 항상 측정면과 최대한 수평하게 접촉하도록 해야 한다. 스타일러스와 측정면의 각도가 커질 경우 테스트인디케이터 눈금으로 읽은 측정값에 오차가 커질 수 있다. 그림 C.26은 올바른 스타일러스 접촉에 대한 모습이다.

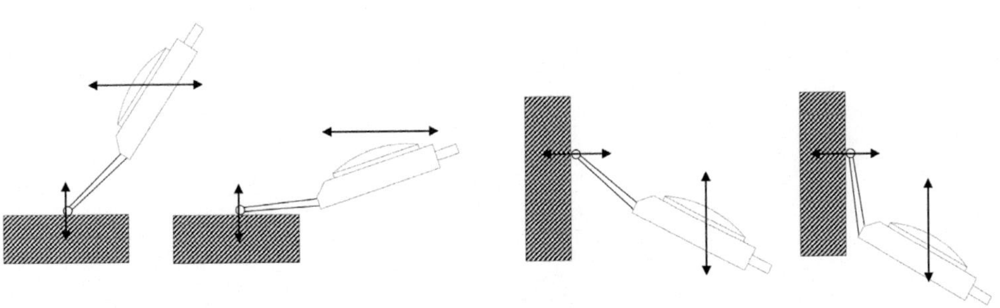

[a] 수평면 접촉 : 잘못된 방법/올바른 방법 [b] 수직면 접촉 : 잘못된 방법/올바른 방법

그림 C.26 테스트인디케이터 스타일러스 접촉 방법

D 조립 - 기구부

D-1 조립용 공구

• 기구부 부품의 조립에는 렌치가 사용된다

조립 작업에서 부품의 체결은 볼트와 너트를 기본으로 해서 이루어진다. 다양한 종류가 사용되고 있으나, 기계시스템의 기구부 조립에는 그림 D.1과 같은 육각렌치볼트[또는 육각구멍붙이볼트] 및 육각너트가 가장 널리 사용되고 있다.

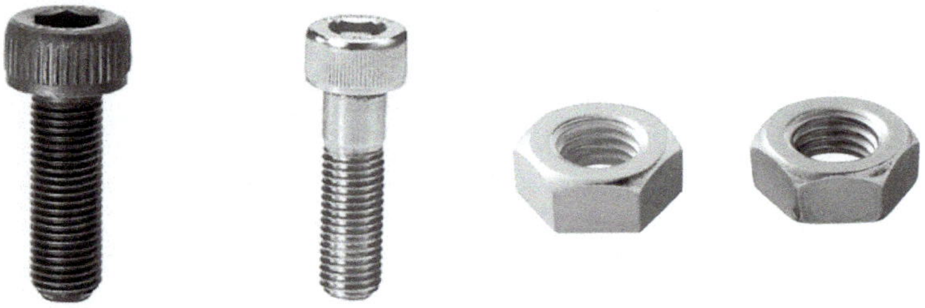

그림 D.1 육각렌치볼트와 육각너트

[1] L렌치

육각렌치볼트의 체결에는 L렌치가 사용된다. L렌치의 한쪽 끝은 육각렌치볼트의 머리에 수직으로 삽입되어 볼트를 회전시켜 체결할 수 있게 되어 있으며 반대쪽 끝은 볼형태로 되어 있어 기울어진 자세에서도 볼트 체결 작업이 용이하게 되어 있다. L렌

그림 D.2 L렌치

치는 볼렌치라고도 한다. L렌치는 그림 D.2와 같이 세트로 판매되는 경우가 많으며 다양한 볼트 호칭에 대해서 필요한 L렌치를 선택하여 사용할 수 있게 되어 있다.

[2] 렌치

렌치는 육각너트의 체결에 사용되는 공구이다. 스패너라고도 부른다. 끝단의 형상에 따라 개구형과 폐구형으로 나뉜다. 양쪽 끝단에 개구형과 폐구형을 각각 구비한 컴비네이션렌치가 널리 사용된다. 렌치도 다양한 너트 호칭에 사용하기 위해서 세트로 구비되는 경우가 많이 있다.

그림 D.3 컴비네이션렌치

[3] 몽키스패너

크기 조절이 가능한 렌치도 있는데 보통 몽키스패너라고 부른다.

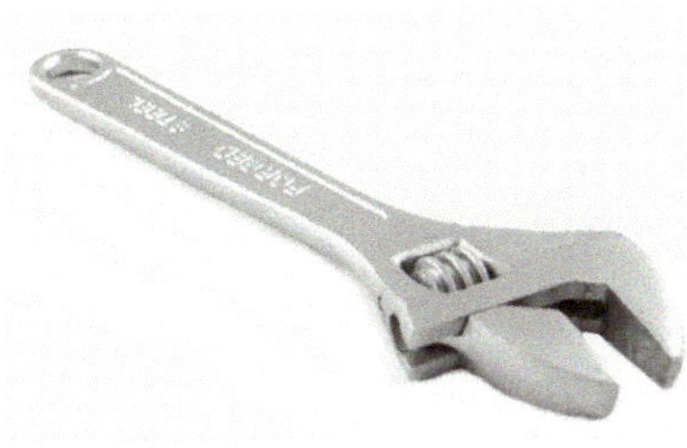

그림 D.4 몽키스패너

[4] 토크렌치

볼트를 원하는 토크로 체결하기 위해서 토크렌치가 사용된다. 토크렌치는 원하는 값으로 토크를 조절하여 볼트를 체결할 수 있도록 해주는 공구이다.

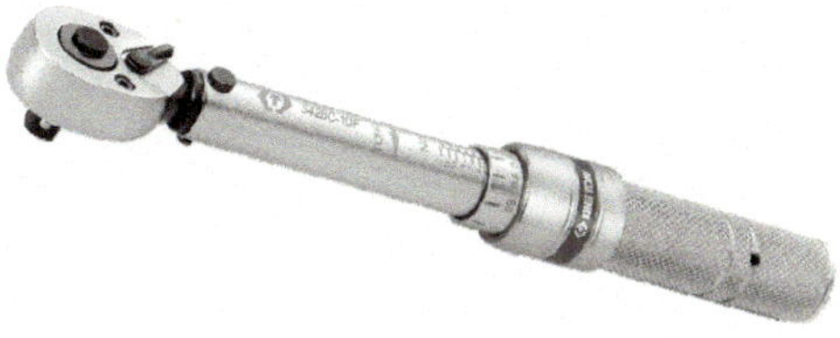

그림 D.5 토크렌치

D 조립 – 기구부

D-2 볼트 체결 토크

• 부품의 조립 시에는 적절한 토크로 볼트를 체결해야 한다.

기계 부품의 조립에는 체결 요소로 볼트가 일반적으로 사용된다. 볼트에 의해서 만들어지는 부품 간의 체결력은 볼트 크기, 재질, 표면처리, 윤활뿐만 아니라 체결되는 부품의 재질에 따라서 제한이 된다. 일반적으로는 볼트의 인장강도, 항복응력과 함께 체결되는 부품의 함몰 및 파손 여부 등을 고려하여 적절한 체결력으로 볼트를 체결해야 한다.

볼트에 의한 부품 체결은 볼트에 적절한 토크를 인가함으로써 이루어진다. 표 D.1은 적절한 체결 토크를 볼트의 호칭별로 일부 제시한 것이다. 표에서 볼트의 강도는 표준으로 규정되어 있으며 보통 볼트 머리에 수치로 표시되어 있다. [인장강도를 표시한 2개의 숫자 중 앞쪽의 숫자는 볼트의 최소인장강도의 1/100 값이며 단위는 N/mm^2이다. 뒤쪽 숫자는 항복응력이 인장강도의 몇배인지를 표시한 것이며 단위는 십%이다.]

부품을 체결할 때는 표 D.1에 표시되어 있는 토크 이하로 볼트를 체결하여야 한다.

표 D.1 볼트의 체결 토크 [출처 : 한국미스미 제품 카탈로그] [단위 : Nm]

볼트 호칭	볼트 강도		
	8.8	10.9	12.9
M3	0.98	1.47	1.67
M4	2.25	3.33	3.92
M5	4.61	6.76	7.94
M6	7.84	11.56	13.52
M8	19.11	28.03	32.73

※ 표의 값은 연강과 연강을 기름 윤활 상태에서 체결할 때의 적정 토크임

E 성능측정

E-1 누적공차

- 2개 이상의 부품이 서로 조립될 때 각 부품에 존재하는 치수공차가 누적되어 최종 조립된 기계시스템에 나타나게 된다.
- 누적공차는 개별 부품의 치수공차보다 매우 커질 수 있다.

이를 그림 E.1의 예를 들어 설명하도록 한다. 그림은 4개의 부품으로 조립되는 기계 시스템의 조립 도면이다. 각 부품의 치수는 보통공차에 의해서 규제 되고 있다. 이때 A면과 B면 간 거리는 40mm가 되는 데 이 치수의 누적공차가 얼마나 되는지 알아보도록 한다.

각 부품 치수에 보통공차의 보통급을 적용하면 그 공차는 다음과 같다.

40 → 40±0.3 / 20 → 20±0.2 / 80 → 80±0.3 / 160 → 160±0.5

따라서 기준면에 대한 A면의 높이는 140±0.8 이며 기준면에 대한 B면의 높이는 180±0.7이다. 이로부터 A면과 B면 간 거리의 치수공차는 40±1.5임을 알 수 있다. 이는 개별 부품의 치수공차와 비교하여 훨씬 큰 값이다.

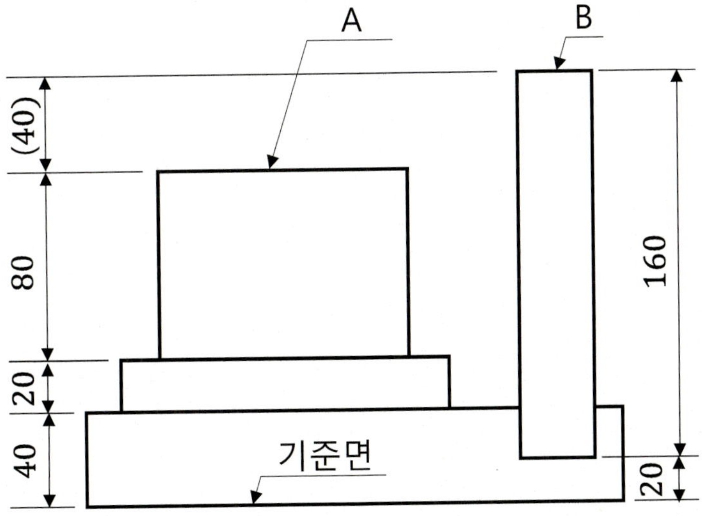

그림 E.1 누적공차

E 성능측정

일반적으로 조립되는 부품의 개수가 많아질수록 조립된 기계시스템에 나타나는 치수공차는 누적해서 커지게 된다. 기계시스템의 성능은 조립 후 누적되어 나타나는 공차에 영향을 받게 된다. 따라서 기계시스템을 제작할 때는 개별 부품 공차뿐만 아니라 조립 시 누적되는 공차에 대한 고려 및 측정이 반드시 필요하다.

E-2 공압실린더의 추력

- 공압실린더의 추력은 작동압의 크기와 공압실린더 내경 단면적의 곱으로 구할 수 있다.

압축공기에 의해서 구동되는 공압실린더는 미는 힘 즉 추력[thrust force]을 발생시킨다. 기계시스템에 사용되는 공압실린더는 추력을 이용하여 다양한 작업을 할 수 있게 된다. 본 절에서는 공압실린더 중 복동실린더의 추력을 계산하는 방법에 대해서 알아보도록 한다.

그림 E.2는 복동실린더가 동작할 때 실린더 내부의 압력을 도시한 것이다. 그림에서 A는 공압실린더 내경의 단면적, B는 로드 외경의 단면적, p는 게이지압력으로 표현된 압축공기의 압력 즉 작동압을 나타낸다. 배압은 보통 대기압과 같다. 공압실린더의 추력[F]는 피스톤에 걸리는 작동압에 의한 힘과 배압에 의한 힘의 차이로 계산될 수 있다. 작동압이 게이지압력으로 표현될 경우는 대기압과 같은 압력인 배압의 게이지압력은 제로이다.

그림 E.2 [a]와 같이 공압실린더가 전진 시는 왼쪽 포트로는 작동압이 공급되며 오른쪽 포트로는 배압이 대기로 배출된다. 이때 추력은 작동압과 작동압이 걸리는 유효단면적을 곱하여 구할 수 있다. 이때 유효단면적은 공압실린더 내경 단면적이 된다.

$$F = p \times A$$

한편 그림 E.2 [b]와 같이 공압실린더가 후진할 경우는 작동압이 걸리는 유효단면적은 전진할 경우보다 작아지게 된다. 이때 유효단면적은 공압실린더 내경 단면적에서 로드 외경 단면적을 뺀 값이 된다. 따라서 후진의 경우 추력은 다음과 같이 계산된다.

$$F = p \times (A - B)$$

공압실린더가 발생하는 추력의 실제 크기는 위와 같이 이론적으로 계산된 값보다

20~30% 정도 작은 값이 된다. 이는 피스톤과 실린더 사이에 존재하는 마찰력에 의한 힘의 손실 때문이다.

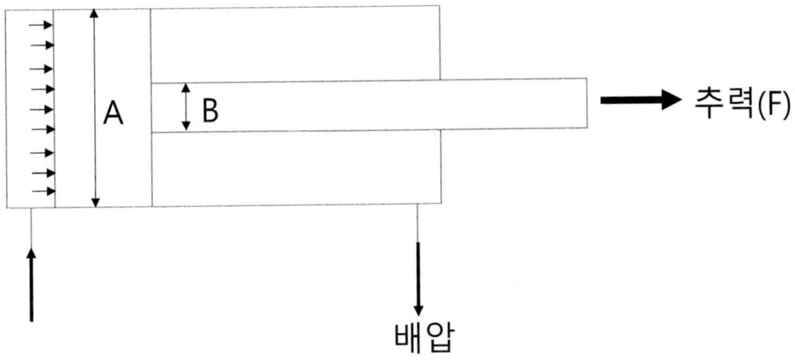

[a] 전진 시

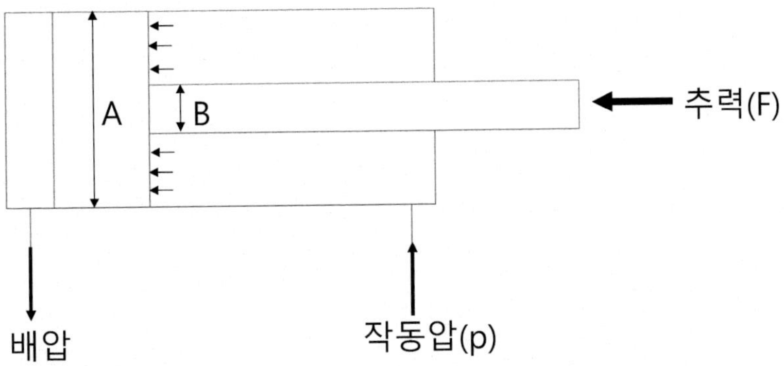

[b] 후진 시

그림 E.2 복동실린더의 추력

E-3 압력측정필름

• 압력에 따라 색상이 변화하는 필름을 이용하여 평판 사이의 압력을 측정할 수 있다.

산업 현장에서는 다양한 목적으로 서로 접촉하는 2개의 평판 사이의 압력을 측정할 필요가 있다. 예를 들면 자동차 엔진의 실린더헤드와 실린더블록 사이에는 가스의 누설을 방지하지 위한 개스킷이 삽입된다. 엔진 조립 시 개스킷이 적절하게 실린더를 밀폐하는지 확인할 필요가 있다. 이를 위해서는 실린더헤드와 실린더블록이 개스킷에 인가하는 압력의 수준을 측정하여야 한다.

압력을 측정하는 방법으로는 압력측정필름이 널리 사용되고 있다. 압력측정필름은 두께가 얇은 폴리머 소재 필름 표면에 압력의 크기에 따라 색상이 변화하는 특수 화학약품을 도포해 둔 제품이다. 상용 제품으로는 후지필름사의 상품명 'PREESCALE'이 널리 사용된다. 이하에서는 이 제품을 기준으로 설명하도록 한다.

측정 압력의 범위에 따라 1가지 종류 필름으로 측정하는 방법[모노시트타입]과 2가지 종류 필름으로 측정하는 방법[투시트타입]이 있다. 그림 E.3는 투시트타입 필름으로 압력을 측정하는 경우를 나타낸 것이다. 압력을 측정하고자 하는 2개의 평판 사이에 필름이 삽입되어 있다. 위쪽에 위치한 필름을 A필름 아래쪽에 위치한 필름을 B필름이라고 한다. A필름의 아래쪽 표면에는 발색제라는 마이크로캡슐 형태의 화학약품이, B필름의 위쪽 표면에는 현색제라는 약품이 각각 도포되어 있다. 2가지 필름이 접촉하여 압력을 받게 되면 A필름의 마이크로캡슐이 깨지면서 화학반응이 일어나는데 이때 B필름의 현색제는 적색으로 색깔이 변화하게 된다. 이 색깔의 진한 정도를 기준

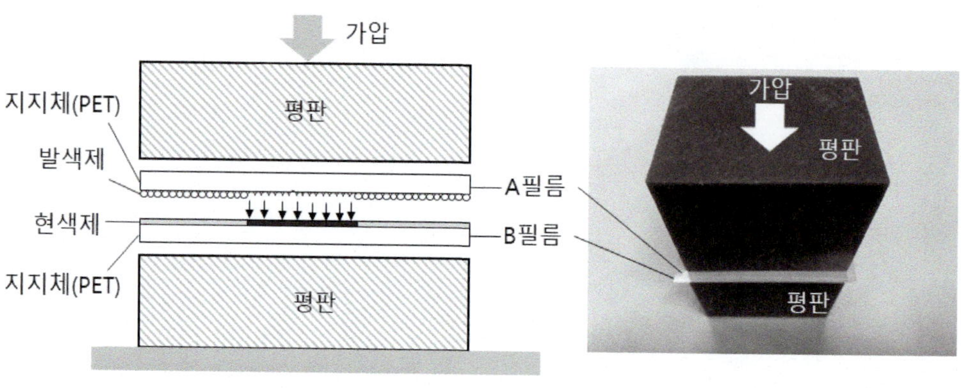

그림 E.3 압력측정필름의 원리

으로 필름에 인가된 압력을 측정할 수 있다.

그림 E.4에서 가압 후 B필름 표면에 나타난 색상 변화를 확인할 수 있다. 필름 전면에서 색상이 균일하게 나타나지 않는 것을 알 수 있다. 이로부터 압력이 평판 상의 위치에 따라 다르게 작용하고 있음을 알 수 있다.

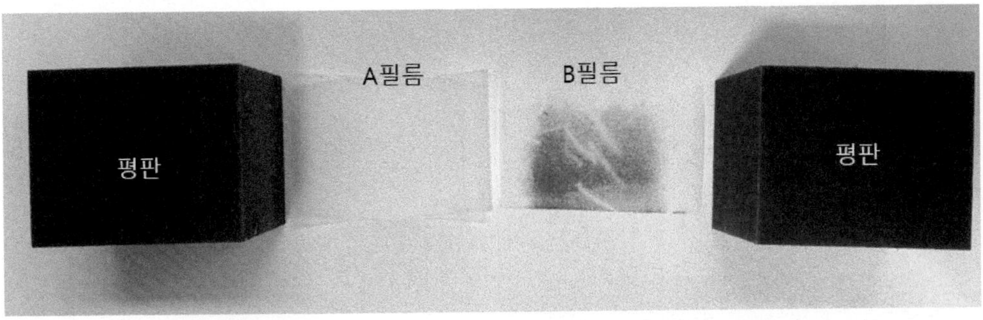

그림 E.4 가압 후 압력측정필름의 색상 변화

B필름에 나타난 색상의 진한 정도를 압력값으로 환산하기 위해서는 그림 E.5와 같이 표준색샘플과 육안으로 비교하는 방법이 사용된다. 표준색샘플은 압력이 인가된 B필름의 색상과 별도의 정밀 압력측정기를 이용해 실제 측정한 압력값을 비교하여 기록해둔 것이다. 그림 E.5에서는 색상별로 MPa 단위의 압력값이 표시되어 있다. 표준색샘플과 B필름의 색상을 비교해 보면 필름의 좌우측 부분은 압력이 0.1MPa 이하이며 중앙 부분에서는 0.9MPa 이상인 곳도 존재함을 알 수 있다.

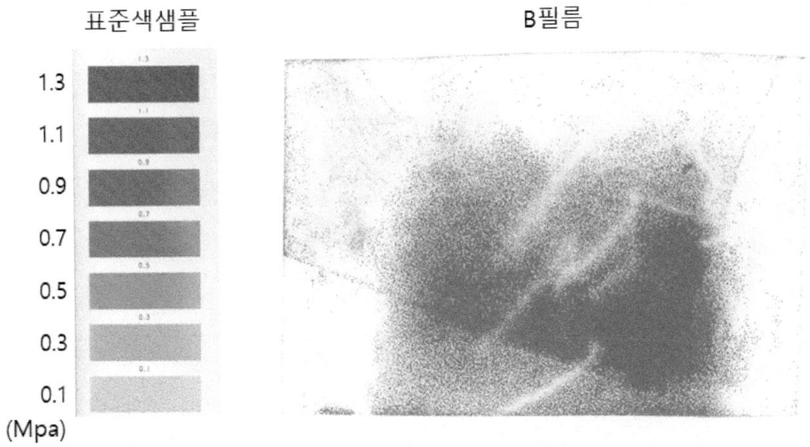

그림 E.5 **압력 측정 - 표준색샘플과의 비교** [출처 : 한국후지필름/후지이미지테크 PRESCALE 제품 카탈로그]

E 성능측정

육안으로 표준색샘플과 B필름 표면 색상을 비교하여 압력값을 알아내는 방법은 사람마다 편차가 존재할 수밖에 없어 측정 오차의 요인이 된다. 이를 최소화하기 위해서는 B필름을 스캐너로 스캔하고 그 데이터를 이미지 알고리즘으로 처리하여 압력값을 알아내는 방법이 사용된다. 그림 E.6 [a]은 후지필름사의 FPD8010E 시스템을 이용해서 B필름을 스캔하는 모습이다. 스캔된 데이터는 그림 E.6 [b]와 같이 전용 이미지 처리 프로그램을 이용하여 압력값을 수치로 정량화할 수 있다.

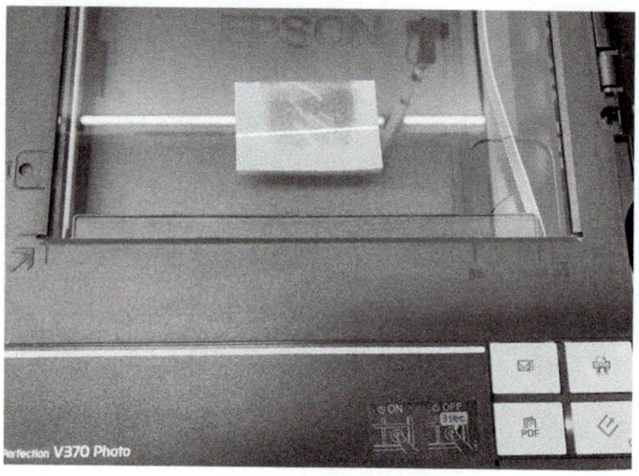

[a] 스캐닝

[b] 이미지 처리

그림 E.6 압력 측정 - 전용 프로그램 활용 [스캐닝 및 이미지 처리]

후지필름사의 압력측정필름인 PREESCALE은 측정하고자 하는 압력의 범위에 따라서 표 E.1과 같이 가장 낮은 압력 범위를 측정하는 5LW부터 가장 높은 압력을 측정하는 HHS 까지 9가지의 규격으로 구분되어 출시되고 있다. 압력측정필름을 활용하고자 할 때는 측정 전에 압력의 대략 범위를 예상한 후 적절한 필름을 선정하여야 한다.

표 E.1 압력 측정 범위에 따른 필름 규격
[출처 : 한국후지필름/후지이미지테크 PRESCALE 제품 카탈로그]

압력 측정 범위 [MPa]	필름 규격	필름 종류
0.006~0.05	5LW	투시트타입
0.05~0.2	4LW	
0.2~0.6	LLLW	
0.5~2.5	LLW	
2.5~10	LW	
10~50	MW	
10~50	MS	모노시트타입
50~130	HS	
130~300	HHS	

지금까지 설명한 압력측정필름은 사용상의 편리함으로 인하여 산업현장에서 널리 사용되고 있으나 정확한 압력값을 측정하고자 하는 용도로는 부적당하다. 압력측정필름으로 측정한 압력값은 ±10% 수준의 오차를 가짐을 염두에 두고 측정을 수행하여야 한다.

F 유지관리

F-1 제조장비의 유지관리

• 유지관리란 제품의 대량생산에 사용되는 제조장비의 성능을 제품 생산을 위해 필요한 수준으로 유지하고 관리하기 위한 일체의 기술 활동이다.

현대 사회의 다양한 제품들은 대부분 공장에서 대량생산 방식에 의해 만들어지고 있다. 대량생산은 다양한 종류의 제조장비에 의해서 이루어진다. 예를 들면 전자제품의 필수 부품인 메모리 반도체 제품은 증착기, 노광기, 에칭기 등 다양한 종류의 제조장비에 의해 팹[FAB]이라고 불리우는 자동화된 공장에서 대량생산되고 있다. 이때 각 제조장비가 담당하는 제조 단위를 보통 '공정[process]'이라고 한다. 그림 F.1와 같이 메모리 반도체 제품은 300개가 넘는 공정을 통해서 생산된다.

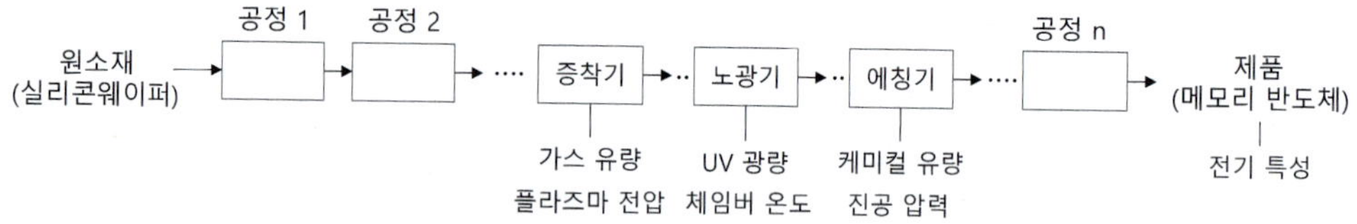

그림 F.1 단위공정 제조장비의 성능과 제품의 최종 품질 - 메모리 반도체

대량생산의 목적은 제품의 최종 품질을 적절한 수준으로 확보하는 것이다. 메모리 반도체의 최종 품질은 DC 및 AC 전기 특성인데, 이를 확보하기 위해서는 각 단위공정의 제조장비가 필요한 성능을 적절한 수준으로 발휘하여야 한다. 제조장비의 필요 성능은 여러 가지 항목으로 구성될 수 있다. 증착기의 경우 가스유량, 플라즈마 전압이, 노광기는 UV 광량, 체임버 온도가 그리고 에칭기는 케미컬 유량, 진공 압력이 주요한 성능이 될 수 있다.

대량생산 공장에서 제조장비는 24시간 365일 내내 정지 없이 가동되는 경우가 대부분이다. 특히 자동화된 무인 제조장비가 점점 더 보편화 되고 있어 이러한 추세는 가속되고 있다. 예로 든 메모리 반도체의 팹은 자동화된 제조장비에 의해 연중 무휴로 가동되고 있다. 이러한 경우 각 제조장비는 일일 기준으로 수십~수천개의 제품을 생산하게 된다. 이때 제조장비의 성능이 필요한 수준으로 유지되지 못한다면 최종 제품의 품질에 문제가 생겨 불량이 증가하게 되고 최악의 경우 제품 생산이 불가능하게 될 수도 있다.

한편 필요한 제품 생산량을 맞추기 위해서 특정 공정에서 동일한 종류의 제조장비가 여러대 동시에 사용되는 것도 일반적이다. 그림 F.2는 메모리 반도체 제조 시 특정 공정에 사용되고 있는 동일 종류 제조장비 여러대의 사진이다. 이때 각 제조장비 간 성능이 동일한 수준으로 관리되지 못한다면 성능이 저하된 특정 제조장비를 통해 생산되는 제품에 불량이 발생하게 될 것이다. 이는 결국 제품의 생산량 저하로 나타나게 된다.

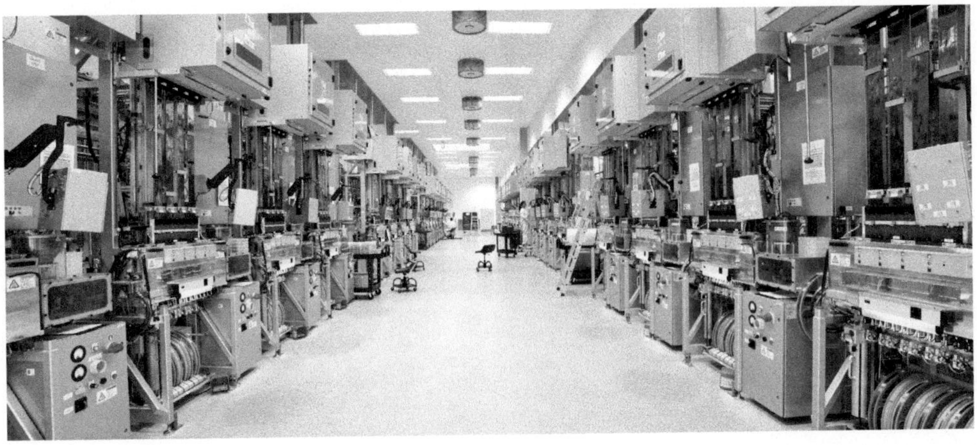

그림 F.2 특정 반도체 공정에서 사용되는 다수의 동일 종류 제조장비

제조장비의 성능은 다양한 원인에 의해 저하될 수 있다. 전형적인 원인으로는 구성 부품의 고장, 오염, 열화, 파손, 소모품 미교체 등이다. 따라서 이를 탐지해 내고 성능 저하 원인을 규명한 후 필요한 성능으로 복원시키는 기술 활동이 매우 중요하다. 이러한 일체의 기술 활동을 제조장비의 '유지관리[maintenance]'라고 한다. [그림 F.3]

유지관리는 제조장비의 주기적인 성능측정을 통해 시작된다. 측정은 보통 전용 측정기를 이용하여 일정한 시간 주기 또는 생산량 주기로 수행된다. 예를 들면 증착기의 성능 중 하나인 가스 유량은 제조장비에 부착된 질량유량측정기[MFM, mass flow meter]라고 부르는 센서에 의해 3초에 한번씩 측정될 수 있다. 주기적인 측정 결과 성능이 저하되는 것이 탐지될 경우 즉시 제조장비의 가동을 중단하고 그 원인을 찾아보아야 한다. 원인이 파악되면 저하된 성능을 복원하거나 개선하기 위한 기술 활동이 연결하여 이루어져야 하는데, 제조장비 구성 부품의 수리, 세정, 교체 및 업그레이드 등이 유지관리에 포함되는 전형적인 활동이다.

그림 F.3 제조장비 유지관리 모습

한편 유지관리를 통해서 파악된 제조장비 성능 저하 원인은 제조장비의 업그레이드 개발에 핵심적인 정보로 이용되기도 한다. 노광기를 예로 들면 유지관리 단계에서 장비 외부 온도 변화에 영향을 받아 체임버 내부 온도에 ±0.5℃ 수준의 편차가 발생하고 이에 의해 메모리 반도체 제품의 전기 특성 불량이 발생하는 것으로 원인 파악이 될 수 있다. 이 정보를 이용하여 체임버의 구조를 이중으로 설계 변경하여 외부 온도 변화에도 불구하고 체임버 내부 온도 편차를 ±0.1℃ 수준으로 유지할 수 있는 업그레이드된 노광기를 개발할 수 있을 것이다. 이와 같이 제조장비의 업그레이드 개발은 많은 경우 대량생산 시의 유지관리 경험 및 정보에 의해 촉진되는 경우가 많다.

F-2 공정능력

- 대량생산 시 특정 공정에서 사용되는 제조장비가 제품을 올바르게 생산해내는 능력을 공정능력이라고 한다.

유지관리를 위해서는 단위공정에서 제조장비가 제품을 올바르게 생산해 내는 능력을 정량적인 지표로 정의할 필요가 있는데 이를 제조장비의 공정능력[Cp, process capability]라고 부른다. 공정능력은 제조장비 성능의 규격 범위에 대한 제조장비 성능의 편차로 정의할 수 있다. 이에 대해서 알아보자.

먼저 제조장비 성능의 규격 범위에 대해서 알아보자. 증착기의 주요 성능인 가스 유량을 예로 들어 설명한다. 메모리 반도체 제품의 품질을 확보하기 위해서는 증착기로 유입되는 가스의 유량이 올바르게 관리되어야 하는데, 실레인[SiH_4] 가스가 최대 250ccm[cc per minute] 부터 최소 200ccm 범위에서 공급되어야 한다는 식이다. 가스 유량이 이 범위를 벗어나게 되면 반도체에 전기 특성 불량이 발생하게 된다. 제조장비의 이러한 성능 범위는 보통 규격상한[USL, upper specification limit] 및 규격하한[LSL, lower specification limit]이라고 부른다.

규격상한과 규격하한의 범위는 올바른 생산을 위한 제조장비의 성능을 규정한다. 증착기에서 필요한 가스 유량의 범위가 범위가 좁을 경우 유량을 제어하기 위해 고성능의 질량질량유량제어기[MFC, mass flow controller]를 장비에 장착해야 한다. 이에 반해 가스 유량의 범위가 상대적으로 넓다면 질량유량제어기가 필요 없을 수 있다. 즉 규격상한과 규격하한의 범위가 좁다면 생산을 위해 고성능의 장비가 필요한 것이고 반대의 경우 규격 범위가 넓다면 낮은 성능의 장비로도 생산이 가능한 것이다.

다음으로 제조장비 성능의 편차에 대해서 알아보자. 연속 가동되는 증착기의 실레인 가스 유량을 일정한 시간 간격으로 측정해 보면 항상 일정한 값을 가질 수는 없으며 시간에 따른 편차를 보이게 될 것이다. 이때 제대로 유지관리가 되어 운영되고 있는 증착기는 작은 유량 편차를 보일 것이다. 반대로 유지관리가 적절하게 이루어지지 않은 증착기의 유량은 큰 편차를 보일 것이다. 제조장비의 성능 편차는 측정된 성능값들의 분포가 정규분포인 경우 그 표준편차[σ, standard deviation]로 정량적으로 표현될 수 있다.

이제 공정능력의 의미에 대해서 생각해 보자. 제조장비의 공정능력이 좋다는 것은 제품 생산에 필요한 장비의 성능 규격 범위보다 장비 성능 편차가 작다는 것, 반대로 제조장비의 공정능력이 나쁘다는 것은 필요한 규격 범위보다 장비 성능 편차가 크다는

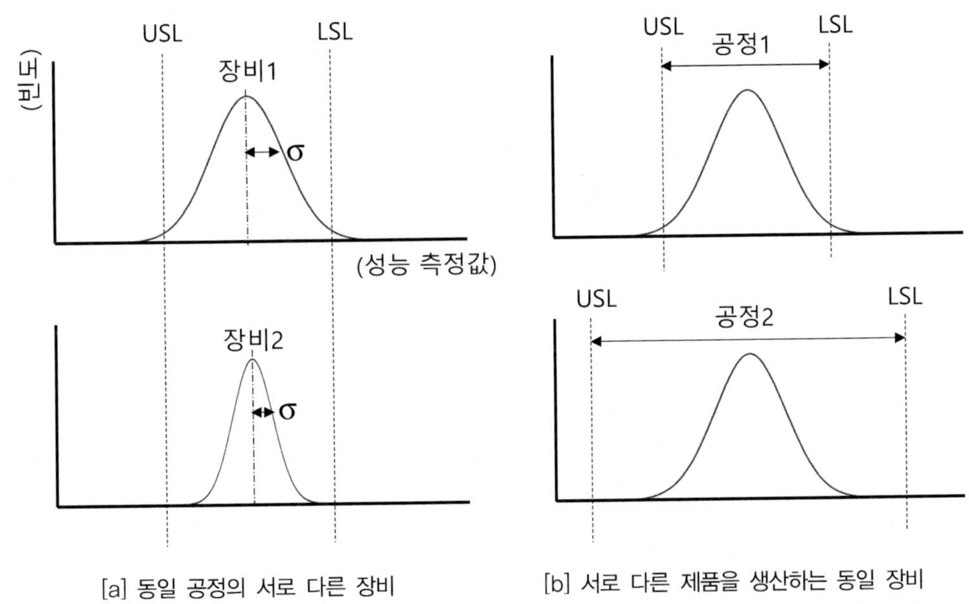

그림 F.4 제조장비의 성능 규격 범위와 성능 편차의 관계

것으로 정의할 수 있을 것이다.

그림 F.4는 연속 가동되는 제조장비의 성능측정값을 가로축으로 빈도를 세로축으로 표시한 것이다. 성능측정값의 분포는 그림에서와 같이 흔히 종형태의 정규분포로 나타난다. 대부분의 성능측정값들은 규격 내에 존재하나 일부 측정값은 불가피하게 규격을 이탈한 것으로 나타난다. 성능 측정값이 규격을 벗어나 생산하는 경우는 제품에 불량이 발생하게 된다.

그림 F.4 [a]는 동일한 공정에서 사용되는 서로 다른 제조장비를 나타낸 것이다. 동일한 공정이므로 규격상한과 규격하한의 범위도 동일하다. 그러나 위 그림의 장비에 비해 아래 그림 장비의 성능 편차가 좁게 나타나 있는 것을 볼 수 있다. 이 경우 제품을 올바르게 생산해내는 능력 즉 공정능력은 아래의 경우가 높다고 할 수 있다.

그림 F.4 [b]는 동일한 장비로 서로 다른 제품을 생산하는 경우이다. 보통 제품이 다를 경우 공정에 필요한 규격범위도 서로 다르다. 동일한 장비를 사용하고 있으므로 성능의 편차는 동일하다. 그러나 공정의 규격범위가 다르므로 따라서 규격상한과 규격하한이 다르다. 위의 경우는 아래에 비해서 상대적으로 좁은 범위의 규격을 필요로 하고 있다. 따라서 제품을 올바르게 생산해내는 능력 즉 공정능력은 아래의 경우가 더 높다고 할 수 있을 것이다.

이상을 정리해 보면 공정능력은 제조장비 성능 규격 범위와 제조장비 성능 편차의 비율로 정의할 수 있을 것이다. 실제로 공정능력은 아래와 같은 식으로 정의하여 사용하고 있다.

$$Cp = \frac{USL - LSL}{6\sigma}$$

한편, 공정에 따라 규격상한만 존재는 경우나 규격하한만 존재하는 경우도 있다. 이 경우는 공정능력은 다음과 같이 정의하여 사용한다. 식에서 μ는 성능측정값의 평균이다.

규격상한만 있는 경우는, $Cp = \dfrac{USL - \mu}{3\sigma}$

규격하한만 있는 경우는, $Cp = \dfrac{\mu - LSL}{3\sigma}$

대량생산 시 요구되는 제조장비의 최소한의 공정능력은 Cp=1 정도이다. 이 경우 연속 가동 시 측정한 제조장비의 성능측정값들 중 99.73%가 규격 범위 내에 있게 된다. 또는 성능측정값들 중 0.27%는 성능 규격 범위를 벗어나게 된다는 의미이기도 하며 따라서 그 정도 비율로 제품에도 불량이 발생하게 된다는 의미이다. 좀더 엄격하게 공정을 관리할 필요가 있는 경우에는 Cp=1.33 이나 Cp=1.67 정도로 유지관리하는 경우가 많이 있다. 표 F.1은 이상의 내용을 정리한 것이다.

표 F.1 Cp값에 따른 제조장비 성능값의 규격 내 또는 규격 외 비율

Cp	USL-LSL	성능값의 규격 내 비율 [또는 양품률]	성능값의 규격 외 비율 [또는 불량률]
1	6σ [$\pm 3\sigma$]	99.73%	0.27%
1.33	8σ [$\pm 4\sigma$]	99.9937%	0.0063%
1.67	10σ [$\pm 5\sigma$]	99.999943%	0.000057%

동일한 제조장비라 하더라도 공정능력이 항상 일정하게 유지되는 것이 아니다. 부품의 고장이나 열화에 의해 제조장비의 성능이 저하되는 것을 제대로 탐지해 내지 못할 경우 공정능력은 떨어질 수밖에 없으며, 따라서 최종 제품의 불량률이 증가하게 될 것이다. 메모리 반도체와 같이 대량생산 제조업의 경쟁력은 불량률에 좌우된다. 이러한 의미에서 제조장비의 유지관리는 매우 중요한 기술 활동이라고 할 수 있다.

F-3 누적수율

• 연속된 다수 공정으로 구성된 대량생산 과정에서 최종 제품의 양품률은 단위 공정 공정능력의 누적으로 나타난다.

공정능력은 특정 제조장비가 생산을 담당하는 특정 공정의 생산 능력을 표현하는 수치이다. 그런데 제품을 생산하기 위해서는 그림 F.1와 같이 다수의 공정에서 제품이 순차적으로 처리되어야 한다. 예를 들면 메모리반도체 제품의 생산을 위해서는 300개의 공정 또는 300종의 제조장비가 필요하다.

이러한 과정을 통해서 최종 생산되는 제품의 양품률은 개별 공정 양품률의 누적으로 나타나게 될 것이다. 이러한 관점에서 최종 제품의 양품률을 보통 누적수율[RTY, rolled throughput yield]하고 한다.

30개의 공정으로 이루어진 제품의 생산에 대해서 생각해 보자. 개별 공정의 공정능력이 1 정도인 경우 누적수율은 어떻게 되는가? 표 F.1로부터 단위공정의 양품률은

99.73%이다. 30개의 공정이 모두 공정능력 1 정도로 유지관리되고 있다면 최종 제품의 누적수율은 $[99.75\% \text{ 또는 } 0.9973]^{30} = 0.92$ 또는 92% 가 될 것이다. 물론 최종 제품의 불량률은 1−0.092 = 8%이다. 즉 원소재 100개를 대량생산에 투입한다면 8개의 제품이 중간 공정에서 불량으로 처리되고 결과적으로 판매에 사용할 수 없게 되는 것이다. 제조업의 평균 이익률이 5% 내외임을 감안하면 이러한 불량률은 결코 낮은 불량률이 아님을 알 수 있다.

이번에는 300개의 공정으로 이루어지는 메모리반도체와 같은 제품의 생산에 대해서 생각해 보자. 동일한 계산에 의해 모든 공정의 공정능력을 1 수준으로 유지관리하는 경우 최종 제품의 누적수율은 44%에 불과하며 불량률은 56%에 이른다. 이정도 유지관리 수준으로는 대량생산이 불가능함을 알 수 있다. 누적수율을 향상시키기 위해서는 개별 공정의 공정능력을 높여야 하는데 Cp를 1.33수준으로 유지관리하는 경우에 대해서 계산해 보면 이번에는 누적수율 98% 불량률은 2% 정도임을 알 수 있다. 개별 공정의 유지관리 수준이 이 정도가 되어야 대량생산이 가능하다고 할 수 있다.

표 F.2 공정능력 및 공정의 개수에 따른 누적수율

C_p	30공정		300공정	
	양품률 [RTY]	불량률 [1−RTY]	양품률 [RTY]	불량률 [1−RTY]
1	92%	8%	44%	56%
1.33	100%	0%	98%	2%
1.67	100%	0%	100%	0%

단위공정 제조장비의 공정능력이 Cp=1 인 경우와 Cp=1.33 인 경우가 수치상 큰 차이가 없는 것으로 생각할 수도 있다. 그러나 전자제품을 포함하는 현대 사회의 다양한 대량생산 제품은 수백개의 공정을 통해서 제조되는 것을 고려하면, 개별 공정을 담당하는 제조장비의 공정능력을 Cp=1.33 이상으로 유지관리하는 것이 제조업체의 사활을 결정하는 핵심적인 기술 활동임을 이해하는 것이 중요하다.

F-4 데이터 분포의 시각화 - 박스도표

• 박스도표를 이용하면 여러개의 숫자로 이루어진 데이터 분포를 용이하게 시각화할 수 있다.

대량생산에 사용되는 제조장비의 유지관리를 위해서는 그 성능을 주기적으로 측정할 필요가 있다. 이때 측정된 데이터는 분포를 가지는 여러개의 값들로 표현된다. 예를 들면 표 F.3의 숫자들은 일정한 시간 간격으로 23회에 걸쳐 측정된 증착기의 유량이라고 간주해 볼 수 있다.

표 F.3 분포를 가지는 데이터의 예

0.11	0.96	0.62	0.74	0.60	0.50	0.82	0.90	0.57	0.83	0.50	0.59
0.51	1.39	1.24	0.61	0.87	0.71	0.89	0.78	0.64	0.68	0.74	

대량생산 시 측정되는 데이터의 분포는 정규분포의 형태가 일반적이지만 그 외에도 다양한 분포가 나타난다. 이러한 숫자들의 분포를 시각적으로 보여주어 데이터 분포의 이해 및 활용에 용이하도록 하는 방법을 데이터 시각화[data visualization]라고 한다. 데이터 시각화에는 다양한 방법이 사용되고 있는데 본 절에서는 대량생산 공장에

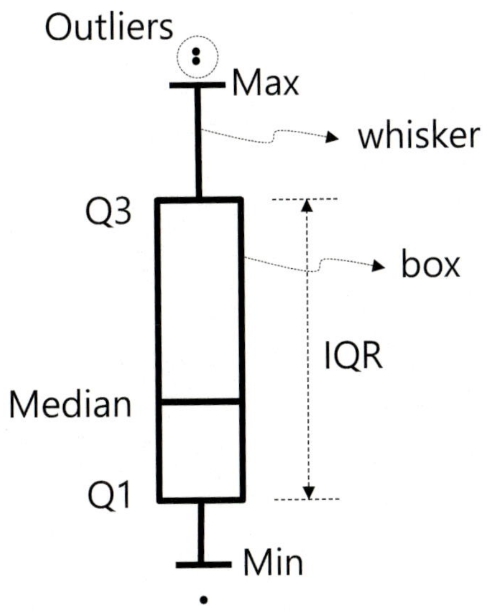

그림 F.5 박스도표

서 널리 사용되는 박스도표[box plot]에 대해서 알아보도록 한다.

그림 F.5는 데이터 분포를 박스도표로 표현하는 방법이다. 박스도표는 사각형 형태의 박스[box] 및 직선으로 표현되는 수염[whisker]로 데이터의 분포를 시각화하는 방법이다. 그림에서 데이터는 수직축을 따라 표시되고 있다. 박스도표는 여러개 숫자로 구성된 데이터를 다음의 5개의 특성값으로 나타낸다.

- 중앙값[median] : 데이터를 크기 순으로 정렬했을 때 가운데 위치하는 값
- 1분위수[Q1] : 데이터를 오름차순 정렬했을 때 25% 순서에 위치하는 값
- 3분위수[Q3] : 데이터를 오름차순 정렬했을 때 75% 순서에 위치하는 값
- 최소값[Min] : Q1−1.5×IQR 보다 큰 값들 중 가장 작은 값 [IQR = Q3−Q1]
- 최대값[Max] : Q3+1.5×IQR 보다 작은 값들 중 가장 큰 값

표 F.3의 데이터 분포를 대상으로 박스도표를 그려보도록 하자. 먼저 데이터를 정렬하여 오름차순으로 나타내면 표 F.4와 같다.

표 F.4 분포를 가지는 데이터의 예 – 크기 정렬 후

0.11	0.50	0.50	0.51	0.57	0.59	0.60	0.61	0.62	0.64	0.68	0.71
0.74	0.74	0.78	0.82	0.83	0.87	0.89	0.90	0.96	1.24	1.39	

다음으로 특성값을 계산하면 다음과 같다.

- 중앙값[median] : 총 23개의 숫자이므로 12번째 숫자인 0.71
- 1분위수[Q1] : 중앙값보다 작은 값이 11개 있으므로 그 중 가운데인 0.59
- 3분위수[Q3] : 중앙값보다 큰 값이 11개 있으므로 그 중 가운데인 0.87
- 최소값[Min] : IQR=0.87−0.59=0.28,　Q1−1.5×IQR=0.59−1.5×0.28=0.17 이므로 0.17보다 큰 값들 중 가장 작은 값인 0.50
- 최대값[Max] : Q3+1.5×IQR=0.87+1.5×0.28=1.29 이므로 1.29보다 작은 값들 중 가장 큰 값인 1.24

특성값을 구했으므로 이제 다음과 같이 박스도표를 그린다.

- 1분위수와 3분위수를 이용해 박스를 그린다
- 중앙값을 이용해서 박스 중간에 선을 그려넣는다
- 최소값, 최대값을 이용해서 수염을 선으로 그려넣는다.
- 최소값, 최대값을 벗어나는 값은 이상값[outliers]으로 취급하여 점으로 표시한다

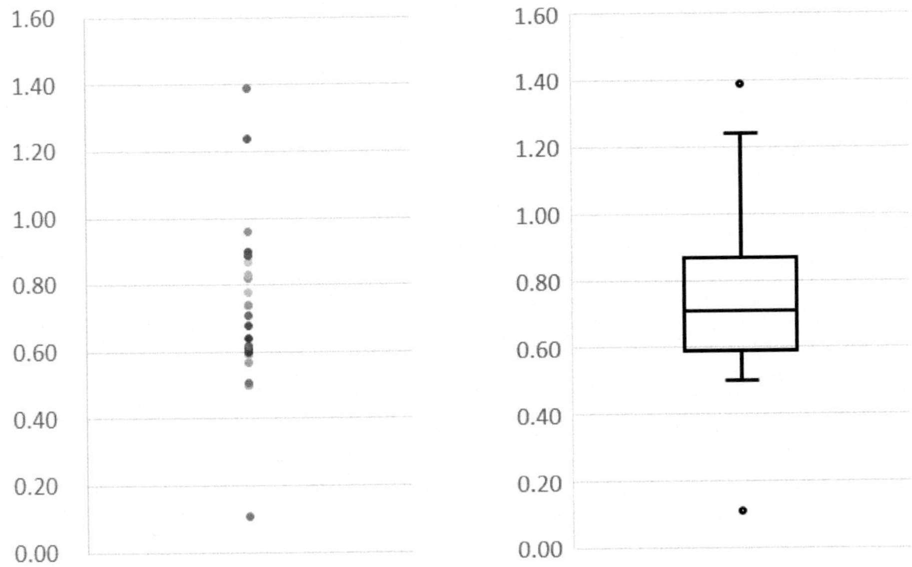

[a] 데이터 분포 [b] 박스도표

그림 F.6 분포를 가지는 데이터의 시각화 예 - 박스도표

그림 F.6 [a]는 표 F.2의 데이터 분포를 수직축에 점으로 표현한 것이며, 그림 F.6 [b]는 이를 박스도표로 표현한 것이다. 전체 데이터 값의 50%는 IQR 범위 즉 박스 내부에 위치한다. 또한 대부분의 데이터는 최대-최소 범위 즉 수염 내부에 위치한다. 이 경우 2개의 데이터는 최대-최소 범위를 벗어나서 이상 데이터로 표시되어 있다. 데이터를 박스도표로 표현함으로써 숫자들의 나열로 표현하거나 단순히 점으로 표시하는 것보다 그 분포를 용이하게 시각화하여 이해할 수 있음을 알 수 있다.

널리 사용되는 액셀 프로그램에서는 데이터 분포를 쉽게 박스도표로 표현할 수 있는 기능을 제공하고 있다. 액셀의 차트 기능에서 '상자 수염 그림'을 이용하면 손쉽게 박스도표를 그릴 수 있다. 그림 F.6 [b]는 이 기능을 이용하여 그려진 박스도표이다.

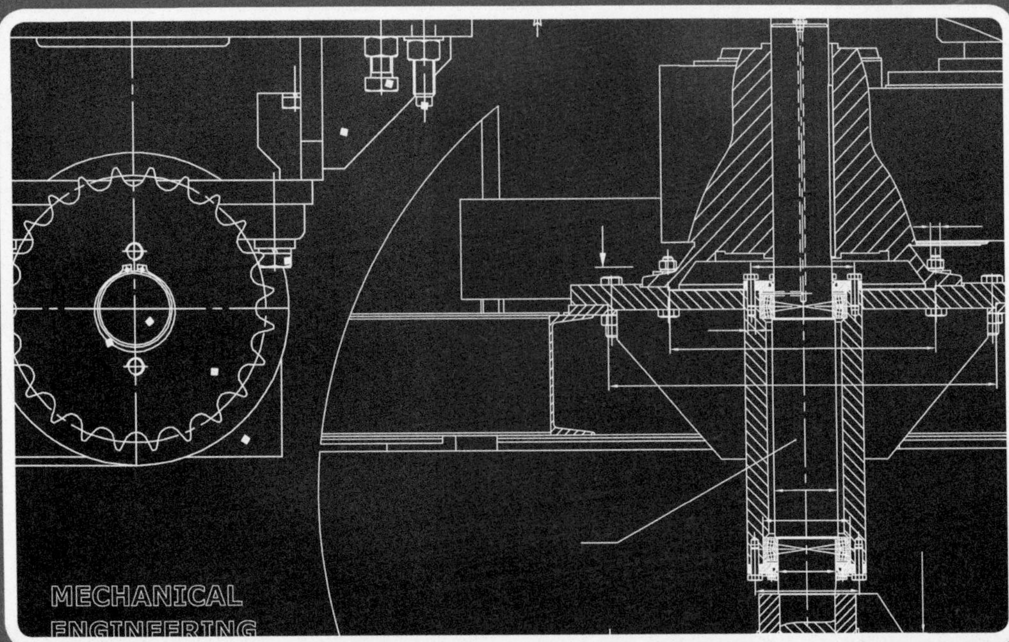

라미네이터 제작도면

PART Ⅲ

Part III a장, b장은 'Part I 라미네이터 제작 실습'에 필요한 라미네이터의 완전한 제작도면을 수록하고 있다. Part I 실습 시 필요한 제작도면은 Part III를 참조할 수 있게 되어 있다.

Part III c장에는 주요 구매품의 카탈로그를 발췌한 내용이 수록되어 있다. 역시 Part I 실습 시 필요한 내용을 참조할 수 있도록 하기 위한 것이다.

Part III d장~f장에는 실습에 필요한 일체의 부품, 공구, 측정기의 목록이 정리되어 있다. 본 교재를 이용하여 수업을 진행하는 교수는 Part III의 내용을 바탕으로 실습을 준비할 수 있을 것이다. 부품 목록 중 가공품은 부품도를 이용하면 전문 외주 가공 업체를 통해서 용이 하게 제작할 수 있다. 구매품, 공구, 측정기의 경우는 Part III 목록에 공급 업체 및 규격이 제시되어 있으므로 이를 이용해 구매할 수 있다.

또한 Part III에 수록된 일체의 부품, 공구, 측정기는 아래의 공급 업체를 통해서 일괄 구매할 수도 있다. 실습 준비의 편이성을 위해서 연락처를 수록한다.

업체명 : 케이엠티플러스
주소 : 인천시 남동구 선수촌공원로1 [구월테크노밸리 D동 1010호]
대표 연락처 : 010-2245-6155, jade-kj@naver.com

a 조립도

a-1 전체조립도

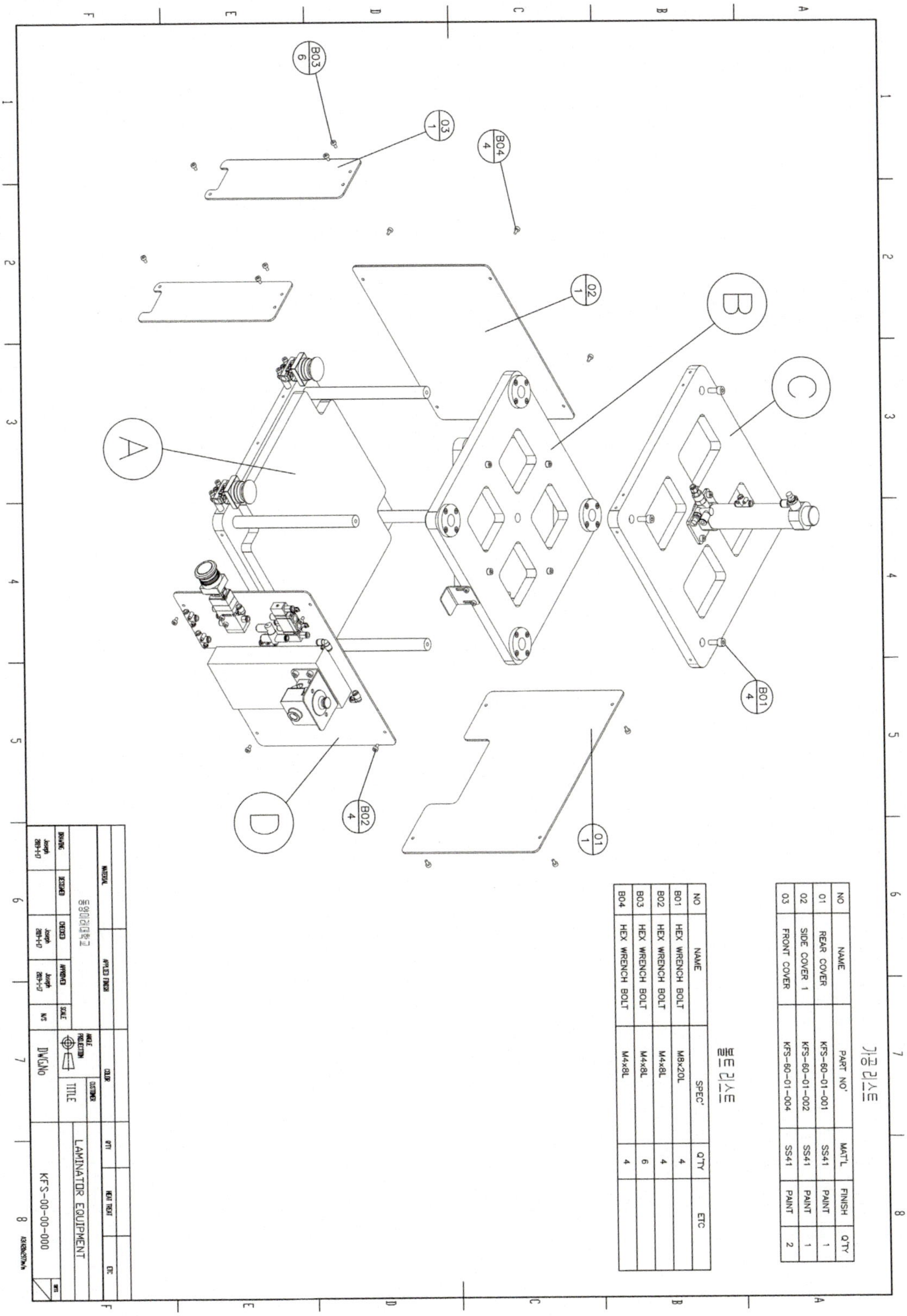

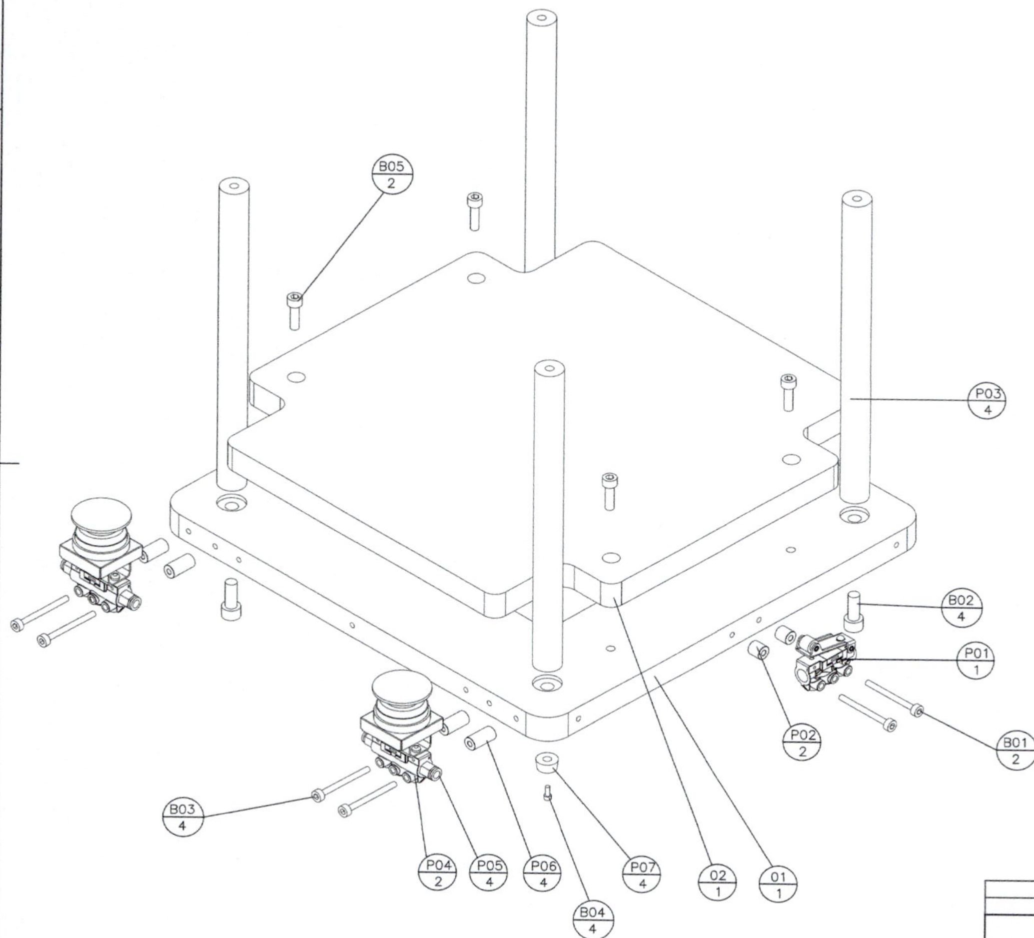

구매 리스트

NO	NAME	MAKER	SPEC'	Q'TY
P01	ROLLER LEVER VALVE	SMC	VM131-01-01SA	1
P02	SPACER	MISUMI	KNCLM4-10-10	2
P03	POST	MISUMI	CPSFJW20-250-M8-N8-LKC	4
P04	PUSH BUTTON VALVE	SMC	VM130-01-30GA	2
P05	FITTING	SMC	KQ2H06-01NS	4
P06	SPACER	MISUMI	KNCLM4-10-20	4
P07	FOOT	MISUMI	ECRK15	4

가공 리스트

NO	NAME	PART NO'	MAT'L	FINISH	Q'TY
01	MAIN BASE	KFS-10-01-000	AL6061	H-ANO	1
02	BTM STAGE	KFS-20-01-000	AL6061	H-ANO	1

볼트 리스트

NO	NAME	SPEC'	Q'TY	ETC
B01	HEX WRENCH BOLT	M4x35L	2	
B02	HEX WRENCH BOLT	M8x20L	4	
B03	HEX WRENCH BOLT	M4x45L	4	
B04	HEX WRENCH BOLT	M3x8L	4	
B05	HEX WRENCH BOLT	M6x20L	4	

MATERIAL	APPLIED FINISH	COLOR	Q'TY	HEAT TREAT	ETC
동양미래대학교		ANGLE PROJECTION	CUSTOMER		
DRAWING: Joseph 2019-1-17	DESIGNED	CHECKED: Joseph 2019-1-17	APPROVED: Joseph 2019-1-17	SCALE: N/S	TITLE: LAMINATOR EQUIPMENT LOWER MODULE ASS'Y
DWG.No	KFS-00-00-000-A				

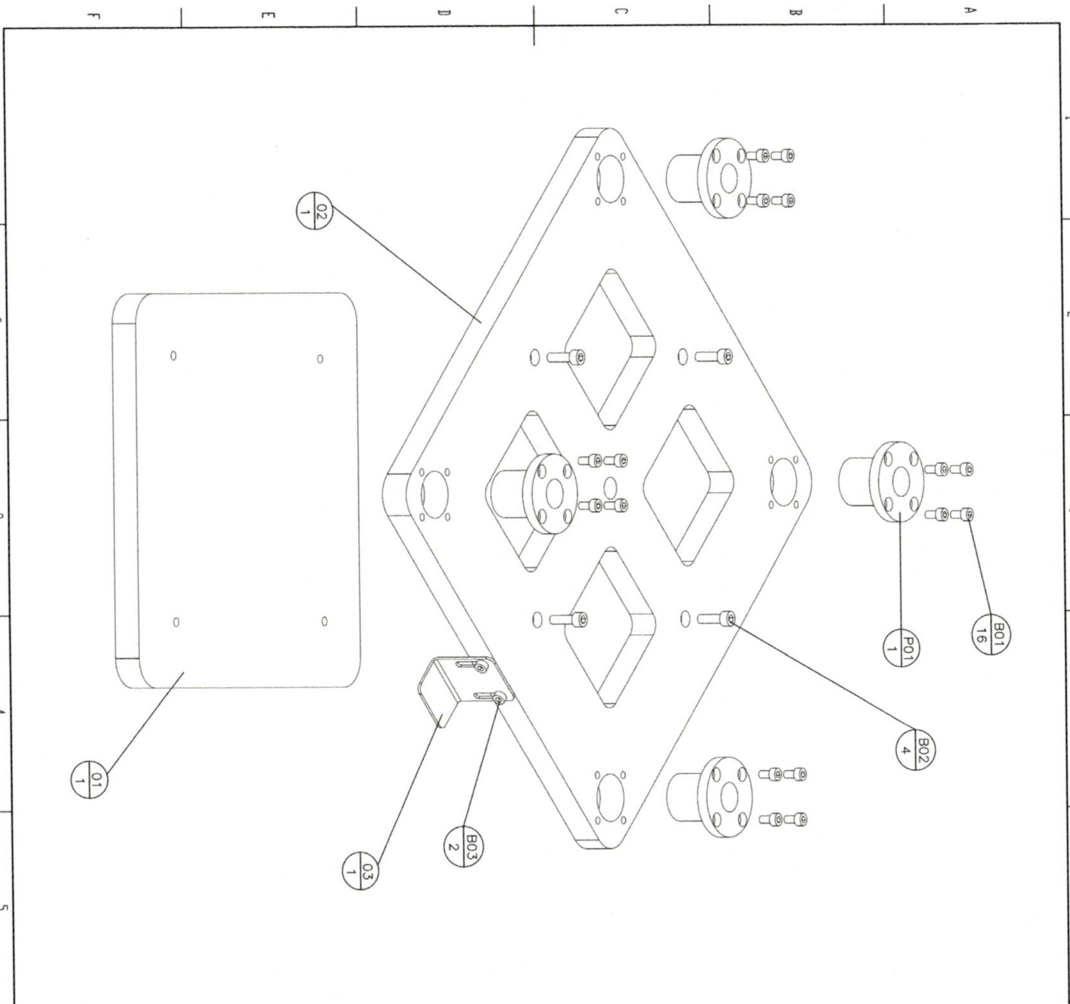

구매 리스트

NO	NAME	MAKER	SPEC'	Q'TY
P01	BALL BUSH	THK	LMF20UU	4

가공 리스트

NO	NAME	PART NO'	MAT'L	FINISH	Q'TY
01	TOP PRESS PLATE	KFS-30-01-000	AL6061	H-ANO	1
02	GUIDE PLATE	KFS-40-01-000	AL6061	H-ANO	1
03	TOUCH PLATE	KFS-60-01-005	SS41	PAINT	1

볼트 리스트

NO	NAME	SPEC'	Q'TY	ETC
B01	HEX WRENCH BOLT	M5x10L	16	
B02	HEX WRENCH BOLT	M6x20L	4	
B03	HEX WRENCH BOLT	M4x8L	2	

동양미래대학교

TITLE: LAMINATOR EQUIPMENT MOVING MODULE ASS'Y

DWG.No: KFS-00-00-000-B

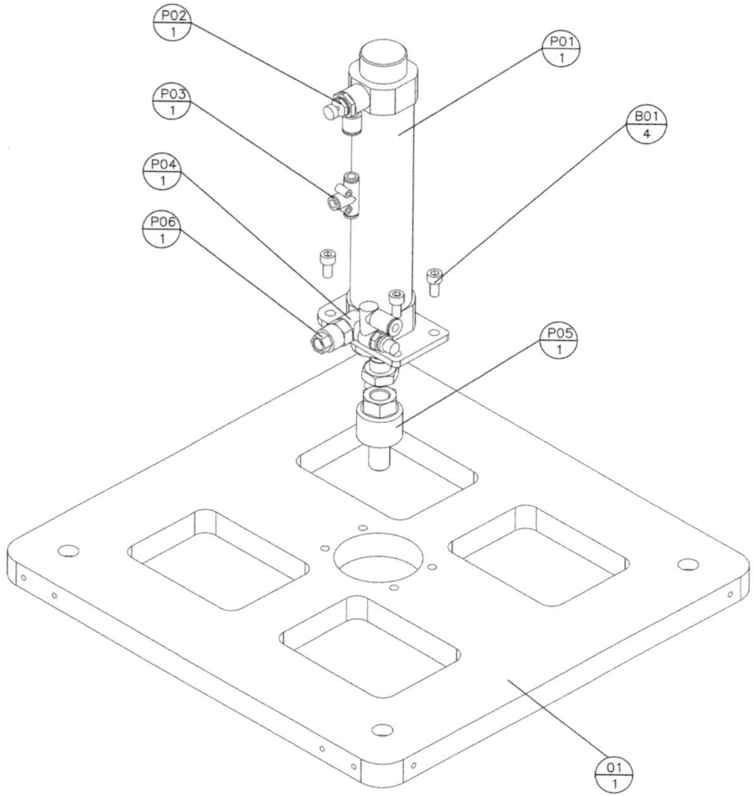

구매 리스트

NO	NAME	MAKER	SPEC'	Q'TY
P01	CYLINDER	SMC	CM2F40-125Z	1
P02	SPEED CON'T VALVE	SMC	AS2201F-02-06SA	1
P03	FITTING	SMC	KQ2T06-00A	1
P04	PILOT CHECK VALVE	SMC	ASP430F-02-06S	1
P05	FOLATING JOINT	SMC	JA40-14-150	1
P06	FITTING	SMC	KQ2H06-01NS	1

가공 리스트

NO	NAME	PART NO'	MAT'L	FINISH	Q'TY
01	TOP BASE	KFS-50-01-000	AL6061	H-ANO	1

볼트 리스트

NO	NAME	SPEC'	Q'TY	ETC
B01	HEX WRENCH BOLT	M6x12L	4	

MATERIAL	APPLIED FINISH	COLOR	Q'TY	HEAT TREAT	ETC

동양미래대학교

DRAWING	DESIGNED	CHECKED	APPROVED	SCALE
Joseph 2019-1-17		Joseph 2019-1-17	Joseph 2019-1-17	N/S

ANGLE PROJECTION | CUSTOMER | TITLE: LAMINATOR EQUIPMENT UPPER MODULE ASS'Y

DWG.No: KFS-00-00-000-C

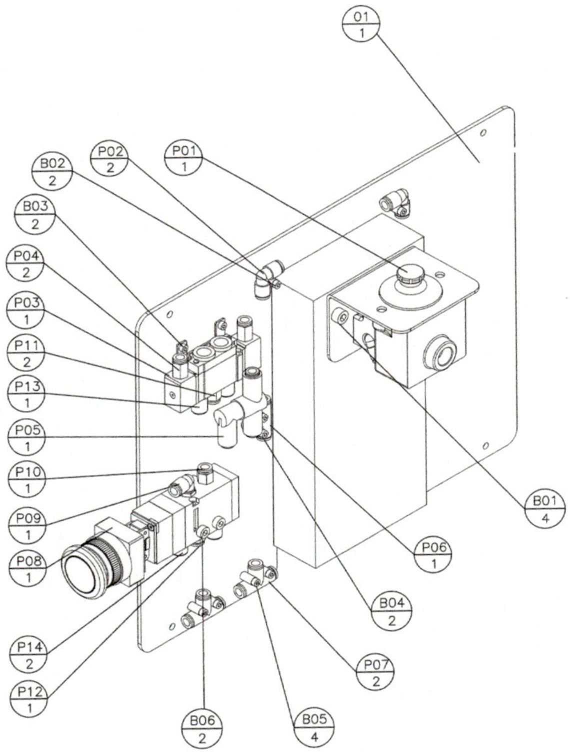

구매 리스트

NO	NAME	MAKER	SPEC'	Q'TY
P01	TIME DELAY VALVE	SMC	VR2110-01	1
P02	FITTING	SMC	KQ2L06-00A	2
P03	OPERATER VALVE	SMC	SYA5220-01-F2	1
P04	FITTING	SMC	KQ2H06-M5N	2
P05	SHUTTLE VALVE	SMC	VR1210F-06	1
P06	FITTING	SMC	KQ2T06-00A	1
P07	FITTING	SMC	KQ2T06-00A	2
P08	EMERGENCY VALVE	YPC	SFM310-MT-3	1
P09	FITTING	SMC	KQ2L06-01NS	1
P10	FITTING	SMC	KQ2H06-01NS	1
P11	FITTING	SMC	KQ2H06-01NS	1
P12	FITTING	SMC	KQ2H06-01NS	1
P13	FITTING	SMC	AN10-01	2
P14	FITTING	SMC	AN10-01	2

가공 리스트

NO	NAME	PART NO'	MAT'L	FINISH	Q'TY
01	SIDE COVER 2	KFS-60-01-003	SS41	PAINT	1

볼트 리스트

NO	NAME	SPEC'	Q'TY	ETC
B01	HEX WRENCH BOLT	M6x10L	2	
B02	HEX WRENCH BOLT	M3x15L	2	
B03	HEX WRENCH BOLT	M3x8L	2	
B04	HEX WRENCH BOLT	M3x15L	2	
B05	HEX WRENCH BOLT	M3x15L	4	
B06	HEX WRENCH BOLT	M4x35L	2	

MATERIAL	APPLIED FINISH	COLOR	Q'TY	HEAT TREAT	ETC
동양미래대학교		ANGLE PROJECTION	CUSTOMER		
DRAWING Joseph 2019-1-17	DESIGNED	CHECKED Joseph 2019-1-17	APPROVED Joseph 2019-1-17	SCALE N/S	TITLE: LAMINATOR EQUIPMENT PNEUMATIC MODULE ASS'Y
DWG.No	KFS-00-00-000-D				

A3(420x297mm)

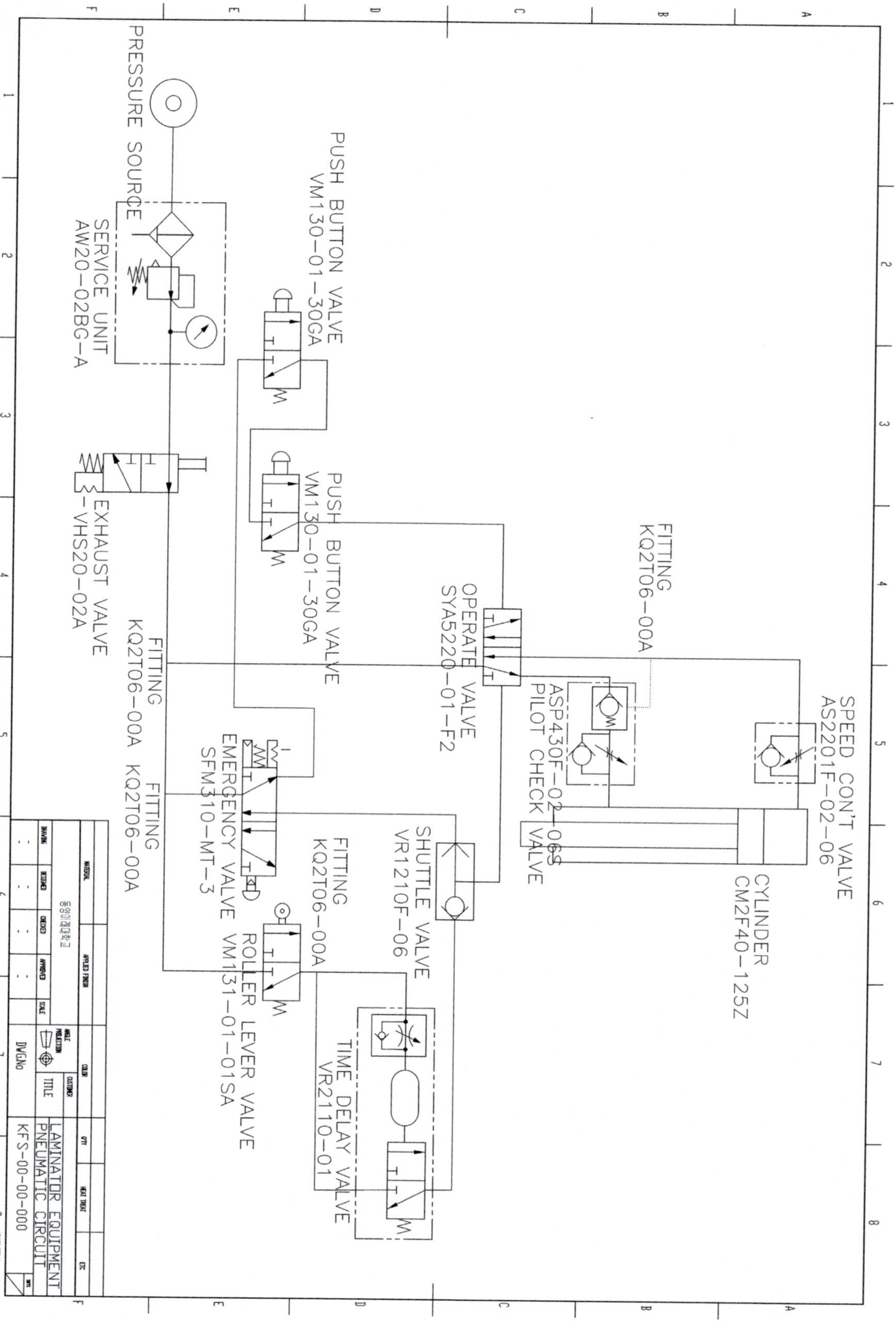
PRESSURE SOURCE
SERVICE UNIT
AW20-02BG-A
PUSH BUTTON VALVE
VM130-01-30GA
EXHAUST VALVE
VHS20-02A
PUSH BUTTON VALVE
VM130-01-30GA
FITTING
KQ2T06-00A
OPERATE VALVE
SYA5220-01-F2
FITTING
KQ2T06-00A
ASP430F-02-06S
PILOT CHECK VALVE
SPEED CON'T VALVE
AS2201F-02-06
CYLINDER
CM2F40-125Z
FITTING
KQ2T06-00A KQ2T06-00A
EMERGENCY VALVE
SFM310-MT-3
SHUTTLE VALVE
VR1210F-06
FITTING
KQ2T06-00A
ROLLER LEVER VALVE VM131-01-01SA
TIME DELAY VALVE
VR2110-01
LAMINATOR EQUIPMENT
PNEUMATIC CIRCUIT
TITLE
DWG.No
KFS-00-00-000

b-1 MAIN BASE

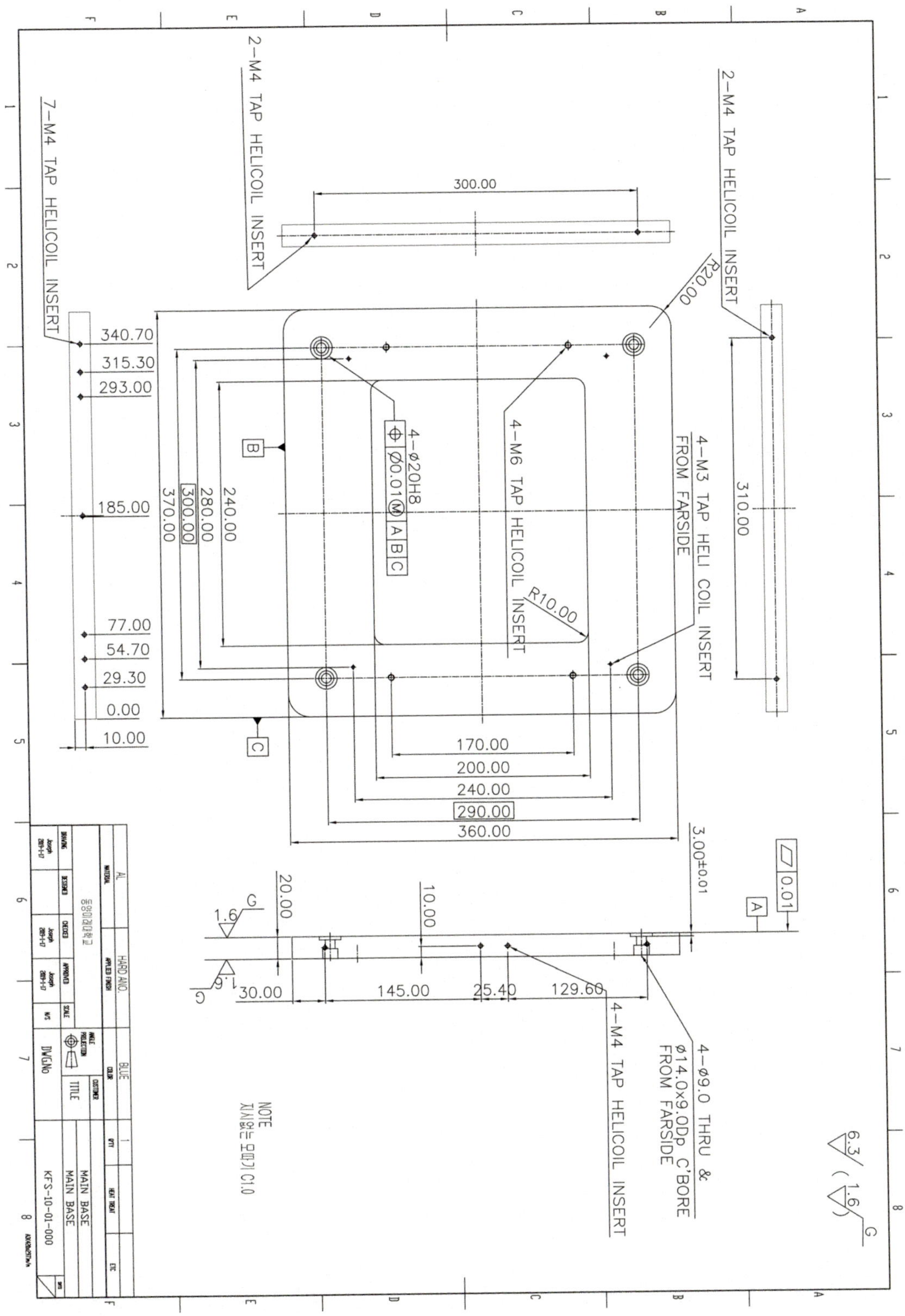
2-M4 TAP HELICOIL INSERT
7-M4 TAP HELICOIL INSERT
2-M4 TAP HELICOIL INSERT
300.00
R20.00
340.70
315.30
293.00
185.00
77.00
54.70
29.30
0.00
10.00
4-⌀20H8
⌀0.01 Ⓜ A B C
4-M6 TAP HELICOIL INSERT
4-M3 TAP HELI COIL INSERT FROM FARSIDE
310.00
240.00
280.00
300.00
370.00
R10.00
170.00
200.00
240.00
290.00
360.00
3.00±0.01
0.01
20.00
10.00
30.00
145.00
25.40
129.60
4-M4 TAP HELICOIL INSERT
4-⌀9.0 THRU & ⌀14.0x9.0Dp C'BORE FROM FARSIDE
NOTE
지시없는 모따기 C1.0
AL
HARD ANO.
BLUE
MAIN BASE
MAIN BASE
KFS-10-01-000
DWG.No
TITLE

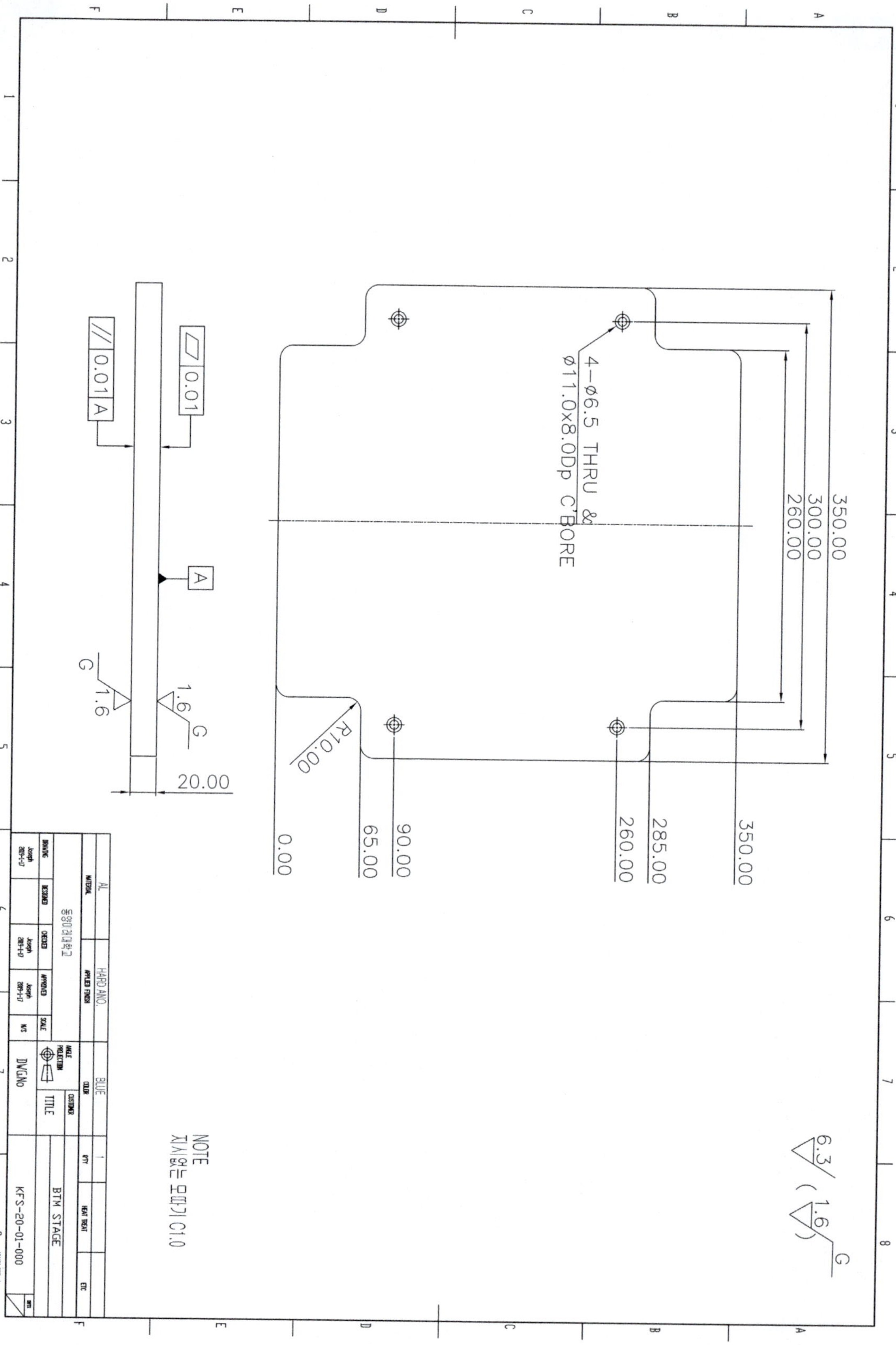
350.00
300.00
260.00
4-Ø6.5 THRU &
Ø11.0x8.0Dp C'BORE
R10.00
350.00
285.00
260.00
90.00
65.00
0.00
0.01
0.01 A
A
1.6 G
20.00
NOTE
지시없는 모따기 C1.0
AL
HARD ANO.
BLUE
BTM STAGE
KFS-20-01-000

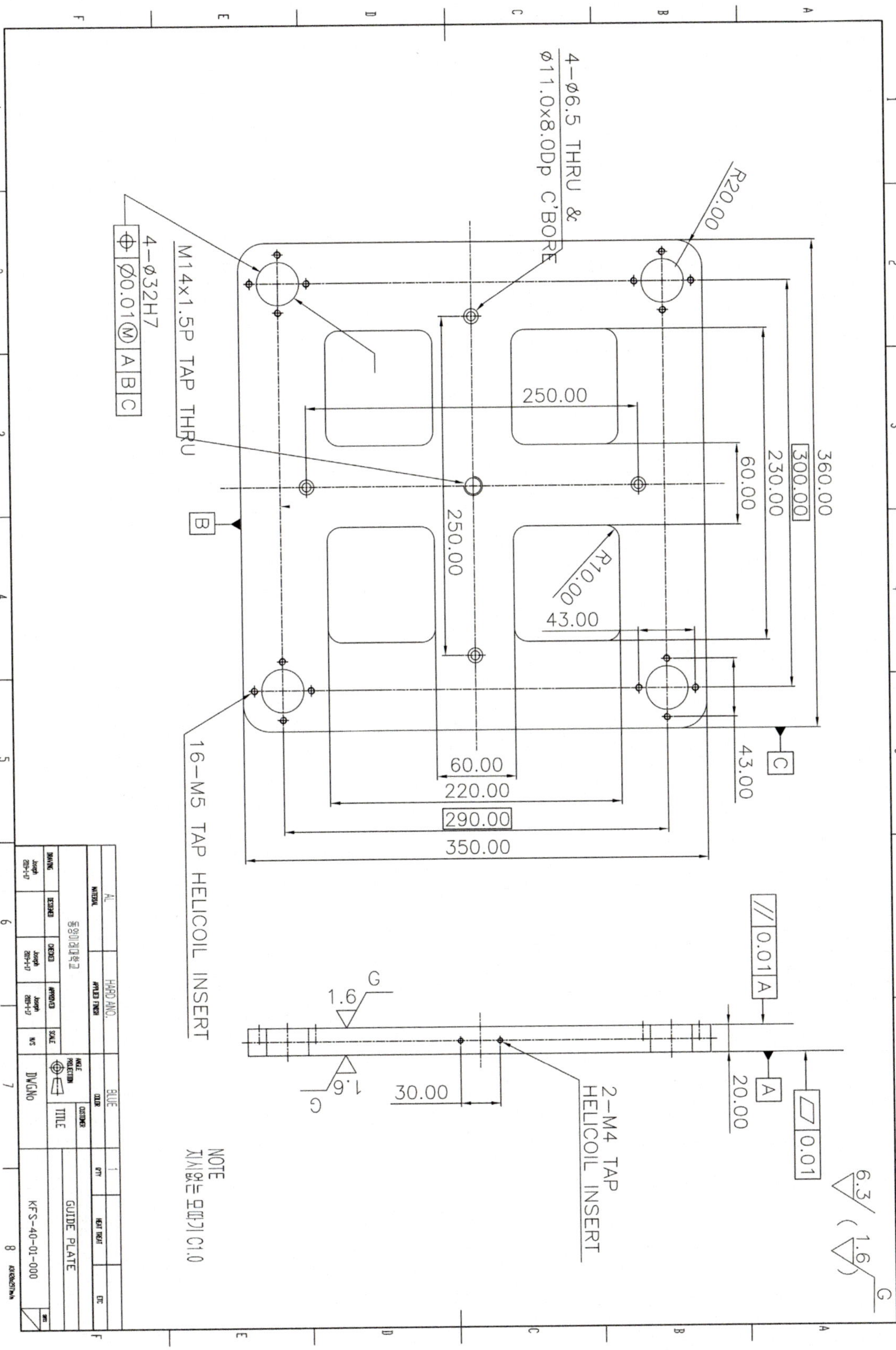
4-Ø6.5 THRU &
Ø11.0x8.0Dp C'BORE
R20.00
M14x1.5P TAP THRU
4-Ø32H7
Ø0.01 M A B C
250.00
360.00
300.00
230.00
60.00
250.00
R10.00
43.00
B
C
43.00
60.00
220.00
290.00
350.00
16-M5 TAP HELICOIL INSERT
0.01 A
1.6
G
30.00
2-M4 TAP
HELICOIL INSERT
A
20.00
0.01
6.3
1.6
NOTE
지시없는 모따기 C1.0
AL
HARD ANO.
BLUE
GUIDE PLATE
KFS-40-01-000

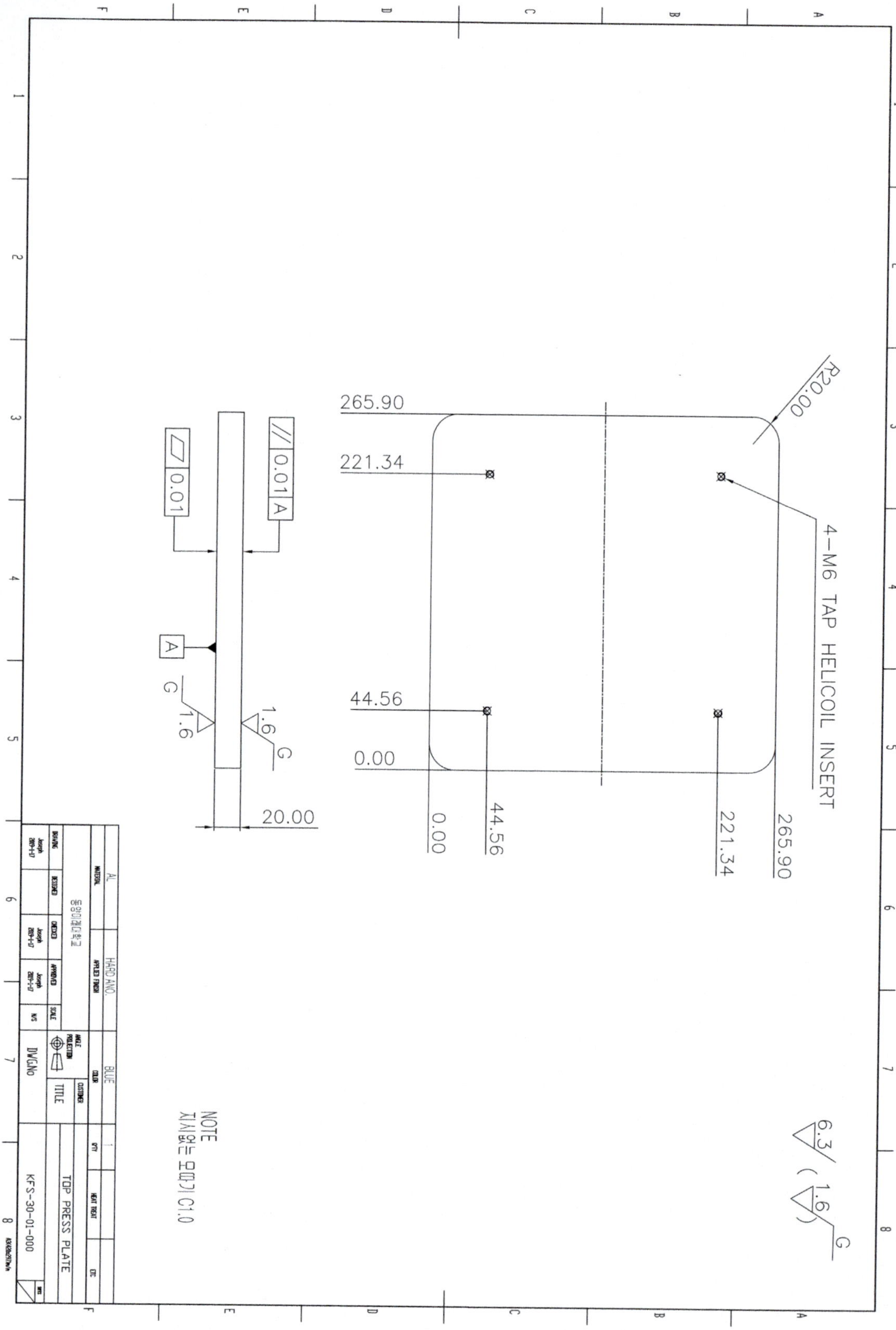
R20.00
265.90
221.34
44.56
0.00
4-M6 TAP HELICOIL INSERT
0.01 A
0.01
A
1.6 G
1.6 G
20.00
NOTE
지시없는 모따기 C1.0
6.3 (1.6) G
AL
HARD ANO.
BLUE
1
TOP PRESS PLATE
DWG.No
KFS-30-01-000
TITLE

b-5 TOP BASE

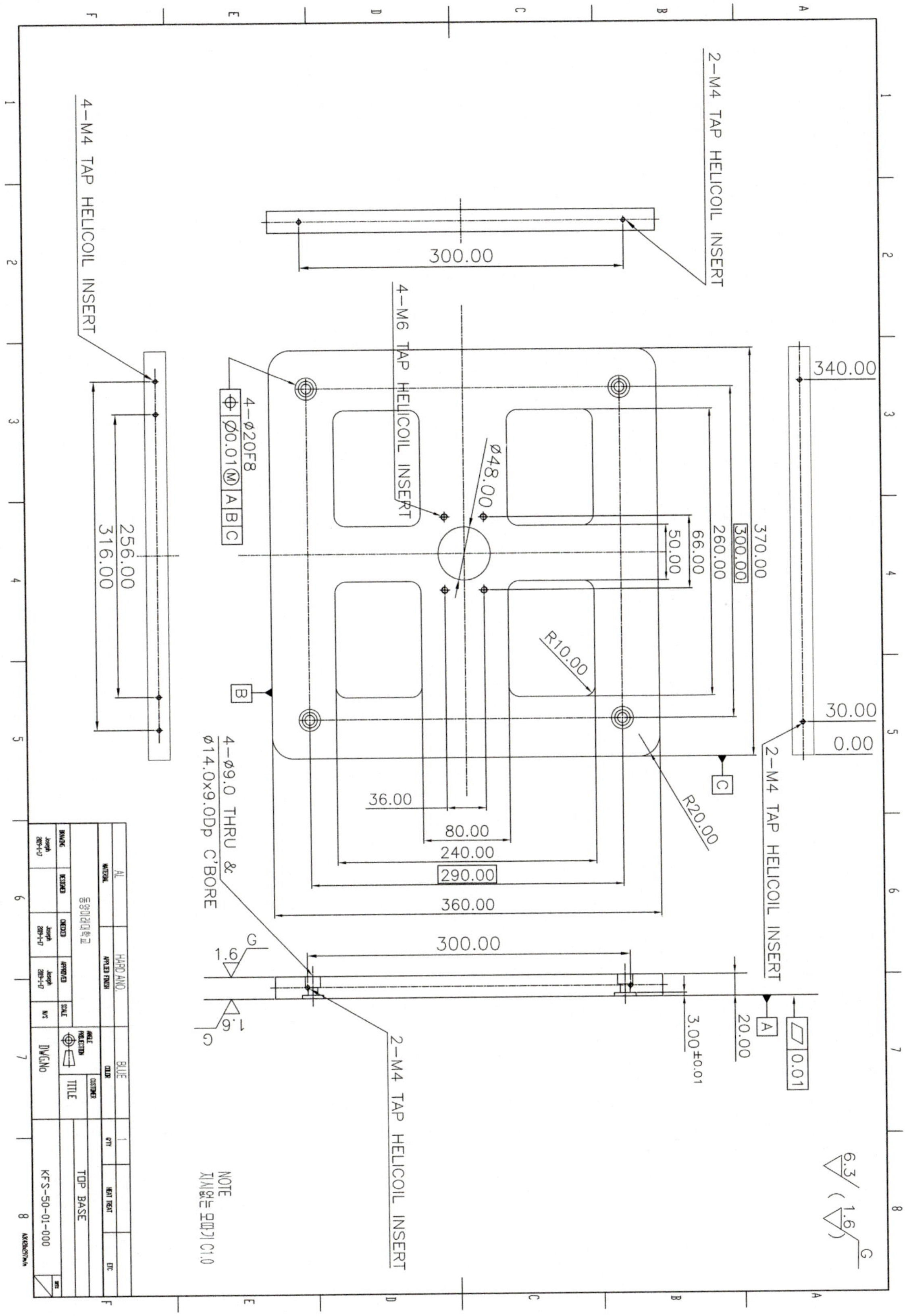
2-M4 TAP HELICOIL INSERT
300.00
4-M4 TAP HELICOIL INSERT
4-M6 TAP HELICOIL INSERT
4-Ø20F8
Ø0.01 Ⓜ A B C
Ø48.00
340.00
370.00
300.00
260.00
66.00
50.00
256.00
316.00
R10.00
R20.00
30.00
0.00
B
C
4-Ø9.0 THRU &
Ø14.0x9.0Dp C'BORE
36.00
80.00
240.00
290.00
360.00
300.00
1.6 G
20.00
3.00±0.01
A
0.01
NOTE
지시없는 모떼기 C1.0
AL
HARD ANO.
BLUE
동양미래대학교
DWG.NO
KFS-50-01-000
TITLE
TOP BASE
6.3 (1.6) G

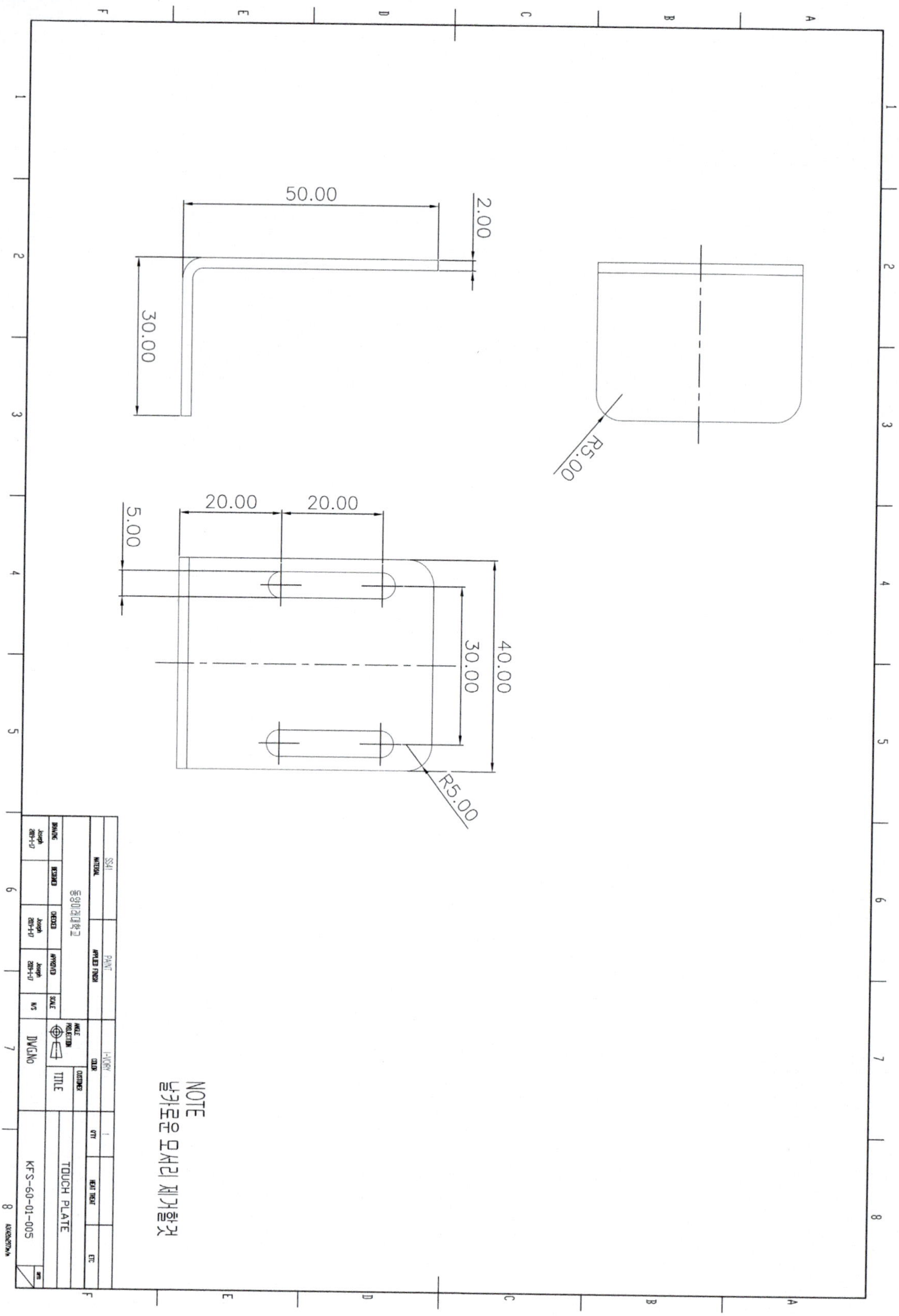
50.00
2.00
30.00
R5.00
20.00
20.00
5.00
30.00
40.00
R5.00
NOTE
날카로운 모서리 제거할것
SS41
MATERIAL
PAINT
APPLIED FINISH
I-VORY
COLOR
CUSTOMER
TITLE
TOUCH PLATE
DWG.No
KFS-60-01-005
ANGLE PROJECTION
SCALE
N/S
DRAWING
DESIGNED
CHECKED
APPROVED
QTY
HEAT TREAT
ETC

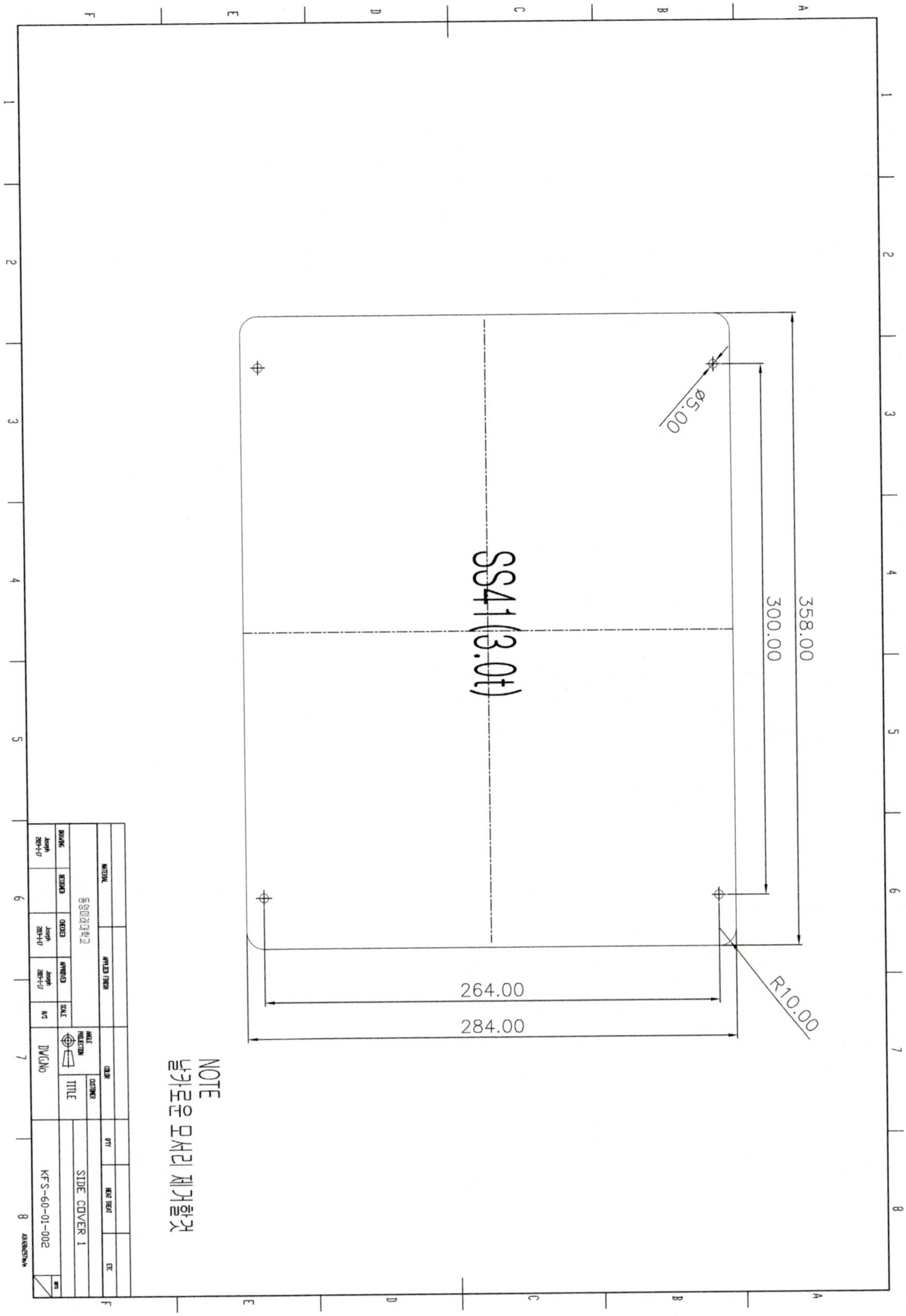
SS41(3.0t)
358.00
300.00
ø5.00
R10.00
264.00
284.00
NOTE
날카로운 모서리 제거할것
동양미래대학교
TITLE
SIDE COVER 1
DWG.No
KFS-60-01-002

b-8 SIDE COVER 2

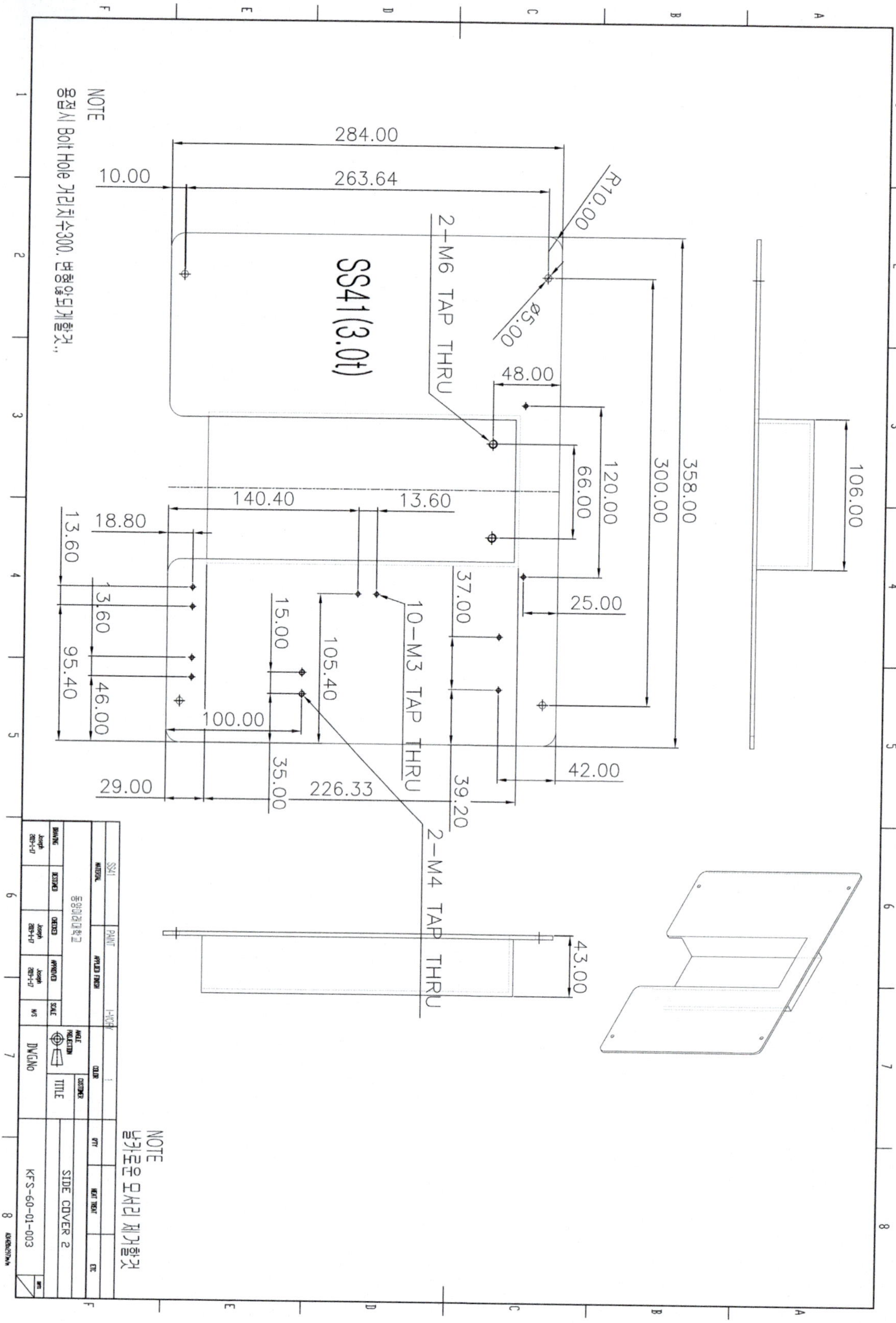

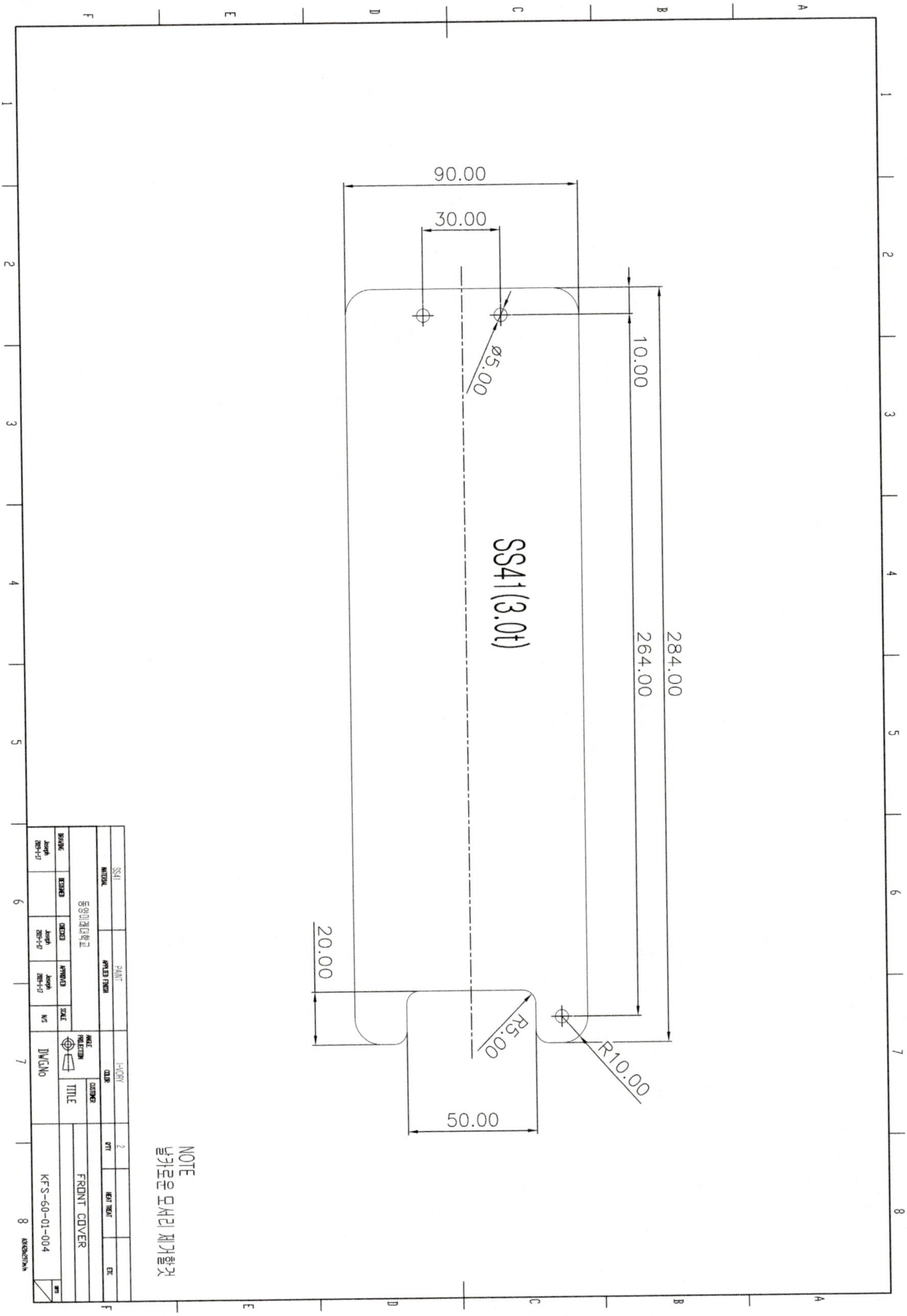
90.00
30.00
Ø5.00
10.00
SS41(3.0t)
264.00
284.00
20.00
R5.00
R10.00
50.00
NOTE
날카로운 모서리 제거할것
SS41
MATERIAL
PAINT
APPLIED FINISH
I-VORY
COLOR
2
QTY
HEAT TREAT
ETC
동양미래대학교
DRAWING
DESIGNED
CHECKED
APPROVED
SCALE
N/S
ANGLE PROJECTION
CUSTOMER
TITLE
FRONT COVER
DWG.No
KFS-60-01-004

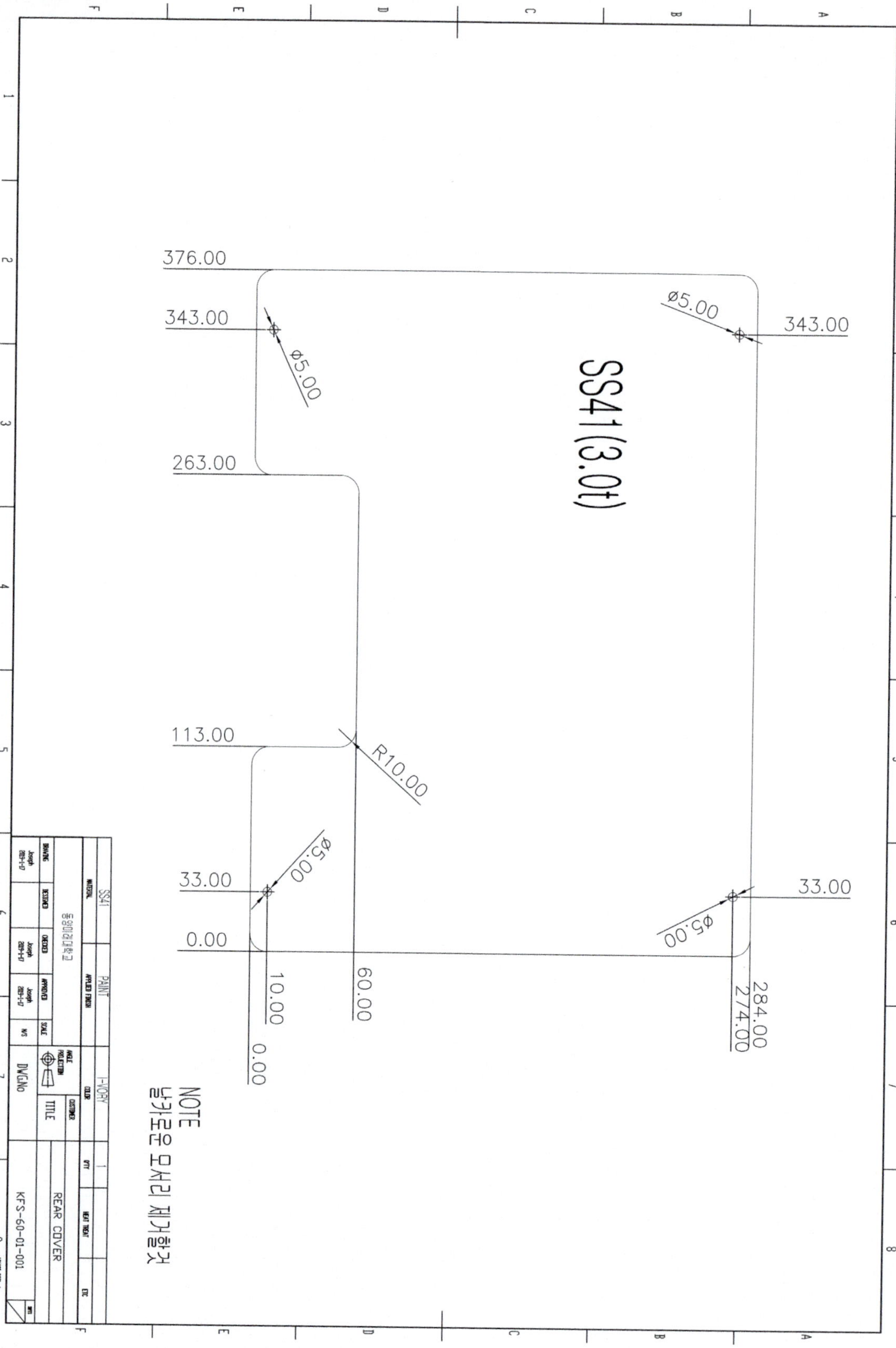
SS41(3.0t)
376.00
343.00
263.00
113.00
33.00
0.00
ø5.00
R10.00
10.00
60.00
284.00
274.00
NOTE
날카로운 모서리 제거할 것
SS41
PAINT
I-VORY
REAR COVER
KFS-60-01-001

c-1 COLUMN GUIDE

: 한국미스미 리니어샤프트, CPSFJW20-250-M8-N8-LKC

Type	D공차	M재질		H경도	S표면처리
CSFJW	h8	S45C상당	55HRC~	고주파 열처리 유효 경화층 깊이 P.99	-
CPSFJW					경질 크롬 도금 도금 경도 HV750~ 도금 두께 5μ 이상

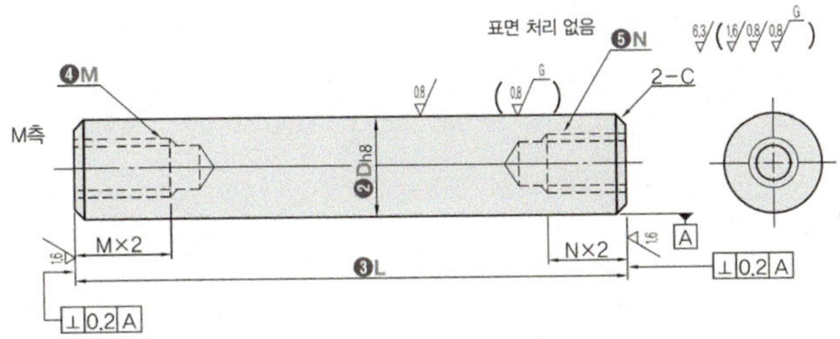

㊟축단 가공부(나사 유효 길이+약 20㎜) 가공을 위한 어닐링으로 인한 경도 저하 가능성이 있습니다. P.99

㊟진원도 · 진직도 · 직각도 · 경도 변화 P.99

형식			③L 지정 1㎜ 단위	④M(일반 나사) · ⑤N(일반 나사) 선택								C
①Type	②Dh8											
CSFJW CPSFJW	6	0 -0.018	20~ 600	3								0.5 이하
	8	0 -0.022	20~ 800	3	4	5						
	10		20~ 800	3	4	5	6					
	12	0 -0.027	20~1000		4	5	6	8				
	13		25~1000		4	5	6	8				
	16		30~1200		4	5	6	8	10			
CPSFJW	20	0 -0.033	30~1200		4	5	6	8	10	12		1.0 이하
	25		35~1200		4	5	6	8	10	12	16	
	30		35~1200				6	8	10	12	16 20	

㊟CSFJ D는 16 이내. ㊟전체 길이 L은 M×2+N×2≦L이 필요합니다. ㊟M×2.5+4+N×2.5+4≧L인 경우 탭 예비 홀이 관통하는 경우가 있습니다.

Delivery 출하일 **3** 일째발송

수량 구분	표준 대응	개별 대응
	소량	대량
수 량	1~99	100~
출하일	통상	납기 확인

㊟표시 수량 초과는 WEB에서 확인해 주십시오. P.77

Alteration 추가가공

형식(①Type · ②D) - ③L - ④M - ⑤N - (LKC···etc.)
CPSFJW20 - 500 - M8 - N10 - LKC

Alterations	Code	Spec.
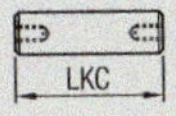	LKC	L 치수 공차 변경 지정방법 LKC LKC를 사용하는 경우, L 치수 0.1㎜ 단위 지정 가능 ㊟ L<200 ··· L±0.03 200≦L<500 ··· L±0.05 L≧500 ··· L±0.1
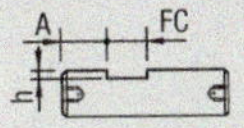	FC	1곳 평면 면취 추가 지정방법 FC10-A8 FC, A=지정 1㎜ 단위 ㊟ FC≦3×D ㊟ 1.5×D<FC인 경우 FC≦L/2 ㊟ A=0 또는 A≧2 ⊗ WFC와 병용 불가 (D 6~16: h 1 / D 20~30: h 2)
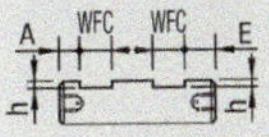	WFC	2곳 평면 면취 추가 지정방법 WFC8-A8-E2 WFC, A, E=지정 1㎜ 단위 ㊟ WFC≦3×D ㊟ 1.5×D<WFC인 경우 2WFC≦L/2 ㊟ A(E)=0 또는 A(E)≧2 ⊗ 동일한 평면 상에서 가공 불가, FC와 병용 불가 (D 6~16: h 1 / D 20~30: h 2)

Alterations	Code	Spec.
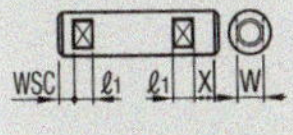	WSC	스패너 홈을 2곳 추가 가공합니다. 지정방법 WSC12-X8 ㊟ WFC, X=지정 1㎜ 단위 ㊟ WSC+X+ ℓ_1×2<L ㊟ WSC(X)≧0 ⊗ 동일한 평면 상에서 가공 불가, FC와 병용 불가

D	W	ℓ_1
6	5	8
8	7	
10	8	
12	10	10
13	11	
16	14	
20	17	10
25	22	
30	27	15

㊟추가 가공을 여러 개 선택할 경우 가공부의 위치 관계는 2㎜ 이상의 간격이 있어야 합니다.
㊟추가 가공으로 인한 경도 저하 가능성이 있습니다. P.99참조

Example 사용예

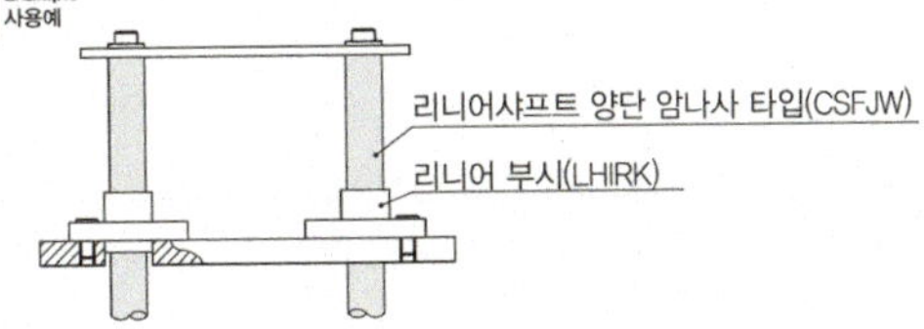

〈출처 : 한국미스미 제품 카탈로그〉

: 삼익THK LINEAR BUSH, LMF20UU

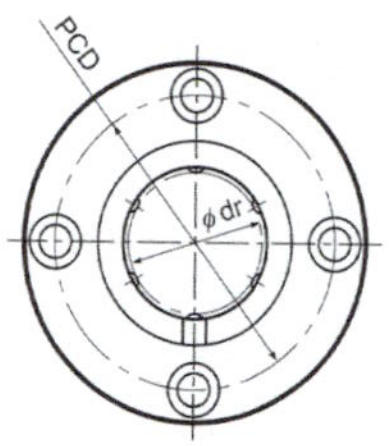

LMF형

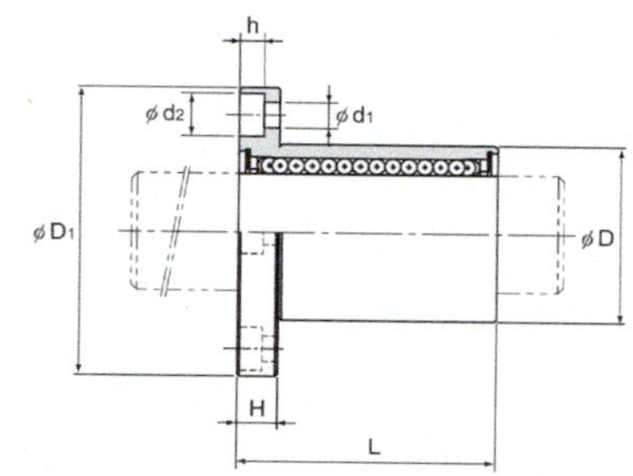

단위: mm

호칭형번 표준형	볼 조열	내접원경 dr	내접원경 허용차	외경 D	외경 허용차	길이 L	길이 허용차	플랜지경 D_1	플랜지경 허용차	H	PCD	장착구멍 $d_1 \times d_2 \times h$	플랜지 직각도 μm	편심 (최대) μm	레이디얼 클리어런스 허용차 μm	기본정격하중 C N	기본정격하중 C_0 N	질량 g
LMF 6	4	6	0 / -0.009	12	0 / -0.011	19	0 / -0.2	28	0 / -0.2	5	20	3.4×6.5×3.3	12	12	-5	206	265	23
LMF 8S	4	8	0 / -0.009	15	0 / -0.011	17	0 / -0.2	32	0 / -0.2	5	24	3.4×6.5×3.3	12	12	-5	176	225	29
LMF 8	4	8	0 / -0.009	15	0 / -0.011	24	0 / -0.2	32	0 / -0.2	5	24	3.4×6.5×3.3	12	12	-5	265	402	33
LMF 10	4	10	0 / -0.009	19	0 / -0.013	29	0 / -0.2	39	0 / -0.2	6	29	4.5×8×4.4	12	12	-5	373	549	59
LMF 12	4	12	0 / -0.009	21	0 / -0.013	30	0 / -0.2	42	0 / -0.2	6	32	4.5×8×4.4	12	12	-5	412	598	68
LMF 13	4	13	0 / -0.009	23	0 / -0.013	32	0 / -0.2	43	0 / -0.2	6	33	4.5×8×4.4	12	12	-7	510	775	80
LMF 16	5	16	0 / -0.009	28	0 / -0.013	37	0 / -0.2	48	0 / -0.2	6	38	4.5×8×4.4	12	12	-7	775	1180	126
LMF 20	5	20	0 / -0.010	32	0 / -0.016	42	0 / -0.2	54	0 / -0.2	8	43	5.5×9.2×5.4	15	15	-9	863	1370	160
LMF 25	6	25	0 / -0.010	40	0 / -0.016	59	0 / -0.3	62	0 / -0.2	8	51	5.5×9.2×5.4	15	15	-9	980	1570	305
LMF 30	6	30	0 / -0.010	45	0 / -0.016	64	0 / -0.3	74	0 / -0.2	10	60	6.6×11×6.5	15	15	-9	1570	2750	422
LMF 35	6	35	0 / -0.012	52	0 / -0.019	70	0 / -0.3	82	0 / -0.2	10	67	6.6×11×6.5	20	20	-13	1670	3140	583
LMF 40	6	40	0 / -0.012	60	0 / -0.019	80	0 / -0.3	96	0 / -0.2	13	78	9×14×8.6	20	20	-13	2160	4020	960
LMF 50	6	50	0 / -0.012	80	0 / -0.019	100	0 / -0.3	116	0 / -0.3	13	98	9×14×8.6	20	20	-13	3820	7940	1920
LMF 60	6	60	0 / -0.015	90	0 / -0.022	110	0 / -0.3	134	0 / -0.3	18	112	11×17.5×10.8	25	25	-13	4710	10000	2720

【하우징의 내경치수】

표1은 리니어 부쉬에 대한 추천 하우징 내경 허용차를 보여줍니다. 하우징과의 끼워맞춤은, 일반적으로 헐거운 끼워맞춤을 권장합니다. 클리어런스가 더 작아야되는 경우에는, 중간끼워맞춤으로 합니다.

표1 하우징의 내경공차

형식		하우징	
호칭형번	정도	헐거운 끼워맞춤	중간끼워맞춤
LM	상급 (무기호)	H7	J7
	정밀급(P)	H6	J6
LME	—	H7	K6, J6
LMF	상급 (무기호)	H7	J7
LMK			
LMH			
LM-L			
LMF-L			
LMK-L			
LMH-L			
LMIF			
LMIK			
LMIH			
LMIF-L			
LMIK-L			
LMIH-L			
LMCF-L			
LMCK-L			
LMCH-L			

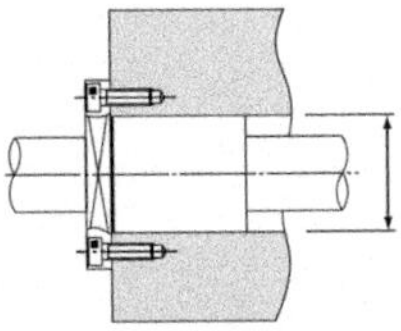

【외통과 LM 샤프트간의 클리어런스】

LM 샤프트와 조합해서 리니어 부쉬를 사용하는 경우, 통상 보통 클리어런스로 하고, 클리어런스를 최소화할 필요가 있는 경우에는 긴밀 클리어런스로 하십시오.

주1) 설치후 클리어런스를 마이너스로 하는 경우, 사양표에 표시된 레이디얼 클리어런스 허용차를 초과하지 않는 것이 바람직합니다.
주2) 케이스 유니트 SC형, SL형, SH형, SH-L형의 축공차는 상급(무기호)에 준합니다.

표2 축외경 공차

형식		LM 샤프트	
호칭형번	정도	보통 클리어런스	긴밀 클리어런스
LM	상급 (기호없음)	f6, g6	h6
	정밀급(P)	f5, g5	h5
LME	—	h7	k6
LMF	상급 (기호없음)	f6, g6	h6
LMK			
LMH			
LM-L			
LMF-L			
LMK-L			
LMH-L			
LMIF			
LMIK			
LMIH			
LMIF-L			
LMIK-L			
LMIH-L			
LMCF-L			
LMCK-L			
LMCH-L			

〈출처 : 삼익THK 제품 카탈로그〉

d 소요부품명세서

d-1 가공품 명세서

구 분	부품명	규 격	수 량
가공품	MAIN BASE	–	1
가공품	BTM STAGE	–	1
가공품	GUIDE PLATE	–	1
가공품	TOP PRESS PLATE	–	1
가공품	TOP BASE	–	1
가공품	TOUCH PLATE	–	1
가공품	SIDER COVER 1	–	1
가공품	SIDER COVER 2	–	1
가공품	FRONT COVER	–	2
가공품	REAR COVER	–	1

d-2 구매품 명세서

구 분	부품명	규 격	수 량
구매품	FOOT	한국미스미 ECRK15	4
구매품	COLUMN GUIDE	한국미스미 CPSFJW20-250-M8-N8-LKC	4
구매품	LINEAR BUSH	삼익THK LMF20UU	4
구매품	스페이서	한국미스미 KNCLM4-10-10	2
구매품	스페이서	한국미스미 KNCLM4-10-20	6
구매품	원터치피팅[straight]	한국SMC KQ2H06-01NS	14
구매품	원터치피팅[elbow]	한국SMC KQ2L06-01NS	4
구매품	T-피팅	한국SMC KQ2T06-00A	4
구매품	사일렌서	한국SMC AN10-01	4
구매품	푸쉬버튼밸브	한국SMC VM130-01-30GA	2
구매품	롤러레버밸브	한국SMC VM131-01-01SA	1
구매품	유량조절밸브	한국SMC AS2201F-02-06SA	1
구매품	파일럿체크밸브	한국SMC ASP430F-02-06S	1
구매품	오퍼레이트밸브	한국SMC SYA5220-01-F2	1
구매품	타임딜레이밸브	한국SMC VR2110-01	1
구매품	셔틀밸브	한국SMC VR1210F-06	1
구매품	잔압배기밸브	한국SMC VHS20-02A	1
구매품	플로팅조인트	한국SMC JA40-14-150	1
구매품	공압실린더	한국SMC CM2F40-125Z	1
구매품	서비스유닛	한국SMC AW20-02BG-A	1
구매품	비상정지밸브	연우뉴메틱 SFM310-MT-3	1
구매품	공압호스	∅6	-
구매품	공압호스	∅10	-

d-3 체결요소 명세서

구 분	부품명	규 격	수 량
체결요소	육각렌치볼트	M3×8L	6
체결요소	육각렌치볼트	M3×15L	6
체결요소	육각렌치볼트	M4×8L	6
체결요소	육각렌치볼트	M4×35L	4
체결요소	육각렌치볼트	M4×45L	4
체결요소	육각렌치볼트	M5×10L	16
체결요소	육각렌치볼트	M6×10L	2
체결요소	육각렌치볼트	M6×12L	4
체결요소	육각렌치볼트	M6×20L	8
체결요소	육각렌치볼트	M8×20L	8
체결요소	육각너트	M14	2
체결요소	스프링와셔	M6	4

e 공구 명세서

구 분	부품명	규 격	수 량
공구	L렌치	–	–
공구	토크렌치	–	–
공구	컴비네이션렌치	–	–
공구	몽키스페너	–	–
공구	가위	–	–
공구	테플론테입	–	–

f 측정기 명세서

구 분	부품명	규 격	정 도
측정기	하이트게이지	한국미쓰도요 192-131	±0.05mm
측정기	리니어하이트	한국미쓰도요 LH-600E	1.1+0.6L/600 μm
측정기	깊이마이크로미터	한국미쓰도요 128-101	±0.003mm
측정기	내경마이크로미터	한국미쓰도요 368-913	±0.003mm
측정기	다이알인디케이터	한국미쓰도요 1013S-10	2.5 μm
측정기	테스트인디케이터	한국미쓰도요 513-404	8 μm
측정기	마그네틱스텐드	한국미쓰도요 7032B	–
측정기	정반	750×500mm	0급
측정기	압력측정필름	한국후지필름 PRESCALE LLLW	–
측정기	압력측정필름 스캔 전용 프로그램	한국후지필름 FPD8010E	–

사례로 배우는

정밀기계제작실습 [라미네이터편]

초판인쇄 | 2022년 2월 10일
초판발행 | 2022년 2월 15일

저　　자 | 유선중
발 행 인 | 이성범
발 행 처 | 문운당
주　　소 | 서울시 종로구 혜화로5길 16 (명륜1가 45-3)
전　　화 | (02)762-6010
팩　　스 | 영업 (02)745-0265 / 편집 (02)762-8758
이 메 일 | 영업 munun2@chol.com
편집 munundang@naver.com
홈페이지 | http://munundang.co.kr

ISBN 979-11-5692-600-9 93550

정가 25,000원